高职高专"十二五"规划教材

机床电气控制与PLC

主　编　倪小敏　满海波
副主编　刘　颜
主　审　程龙泉

北　京

冶　金　工　业　出　版　社

2015

内 容 提 要

本书包括电机及拖动知识、机床常用电器及控制、典型机床电气控制、PLC 技术等，并将这些内容融入 6 个学习情境共 24 个学习性工作任务中。每一个任务经过精心设计，注重职业技能的训练和职业能力的培养。

本书可作为高职、中职院校机械制造、自动化及相关专业的教材，也可供相关专业工程技术人员参考阅读。

图书在版编目（CIP）数据

机床电气控制与 PLC/倪小敏，满海波主编 . —北京：冶金工业出版社，2015.8

高职高专"十二五"规划教材

ISBN 978-7-5024-6994-8

Ⅰ.①机…　Ⅱ.①倪…　②满…　Ⅲ.①机床—电气控制—高等职业教育—教材　②plc 技术—高等职业教育—教材

Ⅳ.①TG502.35　②TM571.6

中国版本图书馆 CIP 数据核字（2015）第 166008 号

出 版 人　谭学余
地　　址　北京市东城区嵩祝院北巷 39 号　邮编　100009　电话　(010)64027926
网　　址　www.cnmip.com.cn　电子信箱　yjcbs@cnmip.com.cn
责任编辑　俞跃春　杨盈园　王雪涛　美术编辑　杨 帆　版式设计　葛新霞
责任校对　禹 蕊　责任印制　牛晓波
ISBN 978-7-5024-6994-8
冶金工业出版社出版发行；各地新华书店经销；三河市双峰印刷装订有限公司印刷
2015 年 8 月第 1 版，2015 年 8 月第 1 次印刷
787mm×1092mm　1/16；17 印张；408 千字；260 页
38.00 元

冶金工业出版社　投稿电话　(010)64027932　投稿信箱　tougao@cnmip.com.cn
冶金工业出版社营销中心　电话　(010)64044283　传真　(010)64027893
冶金书店　地址　北京市东四西大街 46 号(100010)　电话　(010)65289081(兼传真)
冶金工业出版社天猫旗舰店　yjgycbs.tmall.com
（本书如有印装质量问题，本社营销中心负责退换）

前　言

"机床电气控制与 PLC"是职业院校机械制造及自动化等专业的一门实践性和专业性较强的课程，其目的是提高学生选择、使用和维护机床及电气控制设备的基本技能，锻炼学生解决实际工程问题的能力。通过对本书的学习，学生可以基本具备相关职业岗位高素质劳动者和高级应用型人才所需电机、电器及电气控制系统的分析、调试、维护等核心职业能力。还可为学生考取初、中、高级维修电工资格证书提供理论和实践指导。

本书是依据高职院校机械制造及自动化等专业培养目标，结合高职院校教学改革，本着"工学结合、项目引导、教学做一体化"的原则而编写的。内容包括电机及拖动知识、机床常用电器及控制、典型机床电气控制、PLC 技术等，并将这些内容融入 6 个学习情境共 24 个学习性工作任务中。每一个任务都经过精心设计，注重职业技能的训练和职业能力的培养。

本书由四川职业技术学院倪小敏、满海波、刘颜、徐敏、李凡、黄宁、陈勇、罗军、马洪波老师编写，全书由倪小敏、满海波、刘颜统稿，倪小敏、满海波担任主编，刘颜担任副主编，程龙泉担任主审。本书在编写过程中，参考了多位同行、专家的论著和文献，在此对他们表示真诚的感谢。同时得到了企业专家钢城集团综合工业公司的曹正桦和攀钢钒机械公司汤林的大力支持，感谢他们提供的技术支持和帮助。

由于作者水平有限，书中若有不妥之处，恳请读者提出宝贵批评意见。

编　者
2015 年 5 月

目 录

学习情境1 交、直流电机的认识 ………………………………………………… 1

任务1 直流电机的认识 …………………………………………………………… 1
1.1 任务描述与分析 …………………………………………………………… 1
1.2 相关知识 ……………………………………………………………………… 1
1.3 知识拓展 ……………………………………………………………………… 6
1.4 技能训练 ……………………………………………………………………… 9
课后练习 ………………………………………………………………………… 11

任务2 交流电机的认识 ………………………………………………………… 12
2.1 任务描述与分析 ………………………………………………………… 12
2.2 相关知识 ……………………………………………………………………… 12
2.3 知识拓展 ……………………………………………………………………… 18
2.4 技能训练 ……………………………………………………………………… 20
课后练习 ………………………………………………………………………… 21

任务3 三相异步电动机的启动、反转、制动与调速 ……………………… 22
3.1 任务描述与分析 ………………………………………………………… 22
3.2 相关知识 ……………………………………………………………………… 22
3.3 知识拓展 ……………………………………………………………………… 28
3.4 技能训练 ……………………………………………………………………… 29
课后练习 ………………………………………………………………………… 32

学习情境2 机床常用低压电器的认识与选用 …………………………………… 33

任务4 常用电工工具及使用 …………………………………………………… 33
4.1 任务描述与分析 ………………………………………………………… 33
4.2 相关知识 ……………………………………………………………………… 33
4.3 知识拓展 ……………………………………………………………………… 36
4.4 技能训练 ……………………………………………………………………… 37
课后练习 ………………………………………………………………………… 41

任务5 刀开关、组合开关的认识与选用 ……………………………………… 42
5.1 任务描述与分析 ………………………………………………………… 42
5.2 相关知识 ……………………………………………………………………… 42
5.3 知识拓展 ……………………………………………………………………… 45
5.4 技能训练 ……………………………………………………………………… 46

　　课后练习 ……………………………………………………………………… 47

任务6　按钮、行程开关、万能转换开关的认识与选用 ………………………… 48
　6.1　任务描述与分析 …………………………………………………………… 48
　6.2　相关知识 …………………………………………………………………… 48
　6.3　知识拓展 …………………………………………………………………… 53
　6.4　技能训练 …………………………………………………………………… 54
　　课后练习 ……………………………………………………………………… 55

任务7　接触器的认识与选用 ……………………………………………………… 56
　7.1　任务描述与分析 …………………………………………………………… 56
　7.2　相关知识 …………………………………………………………………… 56
　7.3　知识拓展 …………………………………………………………………… 60
　7.4　技能训练 …………………………………………………………………… 60
　　课后练习 ……………………………………………………………………… 62

任务8　继电器的认识与选用 ……………………………………………………… 63
　8.1　任务描述与分析 …………………………………………………………… 63
　8.2　相关知识 …………………………………………………………………… 63
　8.3　知识拓展 …………………………………………………………………… 67
　8.4　技能训练 …………………………………………………………………… 68
　　课后练习 ……………………………………………………………………… 69

任务9　保护电器认识与选用及电动机的保护 …………………………………… 70
　9.1　任务描述与分析 …………………………………………………………… 70
　9.2　相关知识 …………………………………………………………………… 70
　9.3　技能训练 …………………………………………………………………… 81
　　课后练习 ……………………………………………………………………… 83

学习情境3　C6140车床电气控制系统及改造 …………………………………… 84

任务10　机床电气图的规范与要求 ……………………………………………… 84
　10.1　任务描述与分析 ………………………………………………………… 84
　10.2　相关知识 ………………………………………………………………… 85
　10.3　知识拓展 ………………………………………………………………… 86
　10.4　技能训练 ………………………………………………………………… 90
　　课后练习 ……………………………………………………………………… 90

任务11　三相异步电动机的点动及单向启动控制 ……………………………… 91
　11.1　任务描述与分析 ………………………………………………………… 91
　11.2　相关知识 ………………………………………………………………… 91
　11.3　知识拓展 ………………………………………………………………… 94
　11.4　技能训练 ………………………………………………………………… 95
　　课后练习 ……………………………………………………………………… 96

任务12　S7-200PLC的系统组成及特性 ………………………………………… 97

12.1　任务描述与分析 ……………………………………………………………… 97
12.2　相关知识 ……………………………………………………………………… 97
12.3　知识拓展 ……………………………………………………………………… 112
12.4　技能训练 ……………………………………………………………………… 114
课后练习 …………………………………………………………………………… 116

任务13　PLC 编程基础 ……………………………………………………………… 117
13.1　任务描述与分析 ……………………………………………………………… 117
13.2　相关知识 ……………………………………………………………………… 117
13.3　知识拓展 ……………………………………………………………………… 130
13.4　技能训练 ……………………………………………………………………… 137
课后练习 …………………………………………………………………………… 150

任务14　CA6140 车床控制线路及 PLC 改造 ……………………………………… 151
14.1　任务描述与分析 ……………………………………………………………… 151
14.2　相关知识 ……………………………………………………………………… 151
14.3　知识拓展 ……………………………………………………………………… 157
14.4　技能训练 ……………………………………………………………………… 158
课后练习 …………………………………………………………………………… 159

学习情境4　X62W 铣床电气控制系统及改造 …………………………………… 160

任务15　电动机的顺序控制 ………………………………………………………… 160
15.1　任务描述与分析 ……………………………………………………………… 160
15.2　相关知识 ……………………………………………………………………… 160
15.3　知识拓展 ……………………………………………………………………… 162
15.4　技能训练 ……………………………………………………………………… 163
课后练习 …………………………………………………………………………… 163

任务16　三相异步电动机的反接制动控制及其 PLC 改造 ………………………… 165
16.1　任务描述与分析 ……………………………………………………………… 165
16.2　相关知识 ……………………………………………………………………… 165
16.3　知识拓展 ……………………………………………………………………… 169
16.4　技能训练 ……………………………………………………………………… 171
课后练习 …………………………………………………………………………… 172

任务17　X62W 铣床控制线路及 PLC 改造初探 …………………………………… 173
17.1　任务描述与分析 ……………………………………………………………… 173
17.2　相关知识 ……………………………………………………………………… 173
17.3　知识拓展 ……………………………………………………………………… 184
17.4　技能训练 ……………………………………………………………………… 189
课后练习 …………………………………………………………………………… 190

学习情境5　T68 镗床电气控制系统及改造 ……………………………………… 191

任务18　三相异步电动机的正反转控制及 PLC 改造 ……………………………… 191

18.1　任务描述与分析 ……………………………………………………………… 191
18.2　相关知识 ………………………………………………………………………… 192
18.3　知识拓展 ………………………………………………………………………… 196
18.4　技能训练 ………………………………………………………………………… 198
课后练习 ……………………………………………………………………………… 199
任务 19　三相笼型异步电动机的降压启动控制及丫—△降压启动控制的 PLC
　　　　改造 …………………………………………………………………………… 200
19.1　任务描述与分析 ……………………………………………………………… 200
19.2　相关知识 ………………………………………………………………………… 200
19.3　知识拓展 ………………………………………………………………………… 203
19.4　技能训练 ………………………………………………………………………… 204
课后练习 ……………………………………………………………………………… 205
任务 20　三相笼型异步电动机自动往复控制线路及 PLC 改造 ………………… 206
20.1　任务描述与分析 ……………………………………………………………… 206
20.2　相关知识 ………………………………………………………………………… 206
20.3　知识拓展 ………………………………………………………………………… 209
20.4　技能训练 ………………………………………………………………………… 210
课后练习 ……………………………………………………………………………… 211
任务 21　双速异步电动机控制及 PLC 改造 ……………………………………… 213
21.1　任务描述与分析 ……………………………………………………………… 213
21.2　相关知识 ………………………………………………………………………… 213
21.3　知识拓展 ………………………………………………………………………… 218
21.4　技能训练 ………………………………………………………………………… 218
课后练习 ……………………………………………………………………………… 221
任务 22　T68 镗床控制线路及 PLC 改造初探 …………………………………… 222
22.1　任务描述与分析 ……………………………………………………………… 222
22.2　相关知识 ………………………………………………………………………… 222
22.3　知识拓展 ………………………………………………………………………… 229
22.4　技能训练 ………………………………………………………………………… 230
课后练习 ……………………………………………………………………………… 230

学习情境 6　数控机床电气控制认识 ………………………………………………… 231

任务 23　数控机床控制系统 ………………………………………………………… 231
23.1　任务描述与分析 ……………………………………………………………… 231
23.2　相关知识 ………………………………………………………………………… 231
23.3　知识拓展 ………………………………………………………………………… 241
23.4　技能训练 ………………………………………………………………………… 244
课后练习 ……………………………………………………………………………… 246
任务 24　TK1640 数控车床电气控制电路认识 …………………………………… 247

24.1　任务描述与分析 ……………………………………………… 247

24.2　相关知识 ……………………………………………………… 247

24.3　知识拓展 ……………………………………………………… 253

24.4　技能训练 ……………………………………………………… 254

　　课后练习 ………………………………………………………… 256

附录　电气图常用图形及文字符号 ……………………………… 257

参考文献 …………………………………………………………… 260

学习情境1 交、直流电机的认识

【知识要点】

1. 交、直流电动机基本结构、原理。
2. 交、直流电动机启动、调速、制动原理。
3. 交、直流电动机的特性。

任务1 直流电机的认识

【任务要点】

1. 直流电机基本结构及工作原理。
2. 直流电机的类型及应用。
3. 直流电动机的电枢电动势、电磁转矩以及直流电动机的机械特性。
4. 直流电动机启动、制动、调速的原理、要求与实现方法。
5. 直流电机的拆卸、接线及维护。

1.1 任务描述与分析

1.1.1 任务描述

直流电动机以其优良的转矩特性在运动控制领域得到了广泛的应用，主要应用于对启动和调速性能要求较高的生产机械，如电力机车、轧钢机、矿井卷扬机、大型机床、船舶机械、纺织和造纸机械等的原动机。

1.1.2 任务分析

本任务介绍了直流电机的基本结构、原理，认识直流电机的分类及特点、特性，掌握直流电动机的启动、反转、制动、调速特点及方法，对直流电动机进行测试、接线与维护。

1.2 相关知识

1.2.1 直流电机概述

1.2.1.1 直流电机的分类

直流电机的运行是可逆的，即一台直流电机既可以作为发电机运行，也可以作为电动机运行。当它作为发电机运行时，外加机械转矩拖动转子旋转，线圈产生感应电动势，将机械能转换为电能。当它作为直流电动机运行时，通电线圈在磁场中受力，产生电磁转矩并拖动负载转动，将电能转换为机械能。因此，直流电机按运行方式不同分为直流电动机和直流发电机两大类。直流电机按励磁方式的不同可分为他励电机、并励电机、串励电机和复励电机四类。

1.2.1.2　直流电机的结构

无论是电动机还是发电机，其结构基本是相同的，即都有静止部分和可以旋转的部分。静止的部分称为定子，转动的部分称为转子（电枢），这两部分由空气隙分开。如图1-1 所示为直流电机的结构图。下面分别叙述各主要部件的作用：

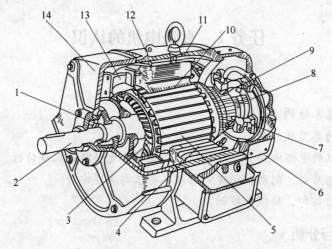

图 1-1　直流电机的结构图

1—轴承；2—轴；3—电枢绕组；4—换向极绕组；5—电枢铁心；
6—后端盖；7—刷杆座；8—换向器；9—电刷；10—主磁极；
11—机座；12—励磁绕组；13—风扇；14—前端盖

（1）定子。电动机中静止不动的部分称为定子，包括有机座、主磁极、换向磁极、电刷装置及前端盖、后端盖等部分。

1）机座。机座有两个作用，一是作为各磁极间的磁路，这部分称为定子的磁轭；二是作为电机的机械支撑。

2）主磁极。其作用是产生恒定的、有一定空间分布形状的主磁场，由主磁极铁心和套在铁心上的励磁绕组组成。

3）换向极。换向极的作用是改善直流电机的换向性能，消除直流电机换向时换向器产生的有害火花。换向极的数目一般与主磁极数目相同，只有小功率的直流电机格不装换向极或装设只有主磁极数一半的换向极。换向磁极安装在相邻的两主磁极之间，并总是和主磁极串联在一起。

4）电刷装置。其作用有两个：一是使转子绕组与电机外部电路接通；二是与换向器配合，完成直流电机外部直流与内部交流的互换。

5）前、后端盖。端盖用来安装轴承和支撑整个转子的质量，一般为铸钢件。

（2）转子。转子通常称为电枢，是电动机的旋转部分，由电枢铁心、电枢绕组、换向器和风扇组成。

1）电枢铁心。电枢铁心是磁通通路的一部分，同时对放置在其上的电枢绕组起支撑作用。为了减小由于电机磁通变化产生的涡流损耗，电枢铁心通常由 0.35 ~ 0.5mm 硅钢片冲压叠成。

2）电枢绕组。电枢绕组用来产生感生电动势和电磁转矩，从而实现电能和机械能的相互转换。它是由许多形状相同的线圈按一定的排列规律连接而成。每个线圈的两个边分别嵌在电枢铁心的槽里，在槽内的这两个边称为有效边。

3）换向器。是直流电机的关键部件，它与电刷配合，在直流电机中，能将电枢绕组中的交流电动势或交流电流转变成电刷两端的直流电动势或直流电流。

4）转轴。转轴的作用是传递转矩。

5）风扇。风扇用来降低电动机在运行中的温升。

1.2.1.3 直流他励电动机的工作原理

直流他励电动机的工作原理如图 1-2 所示。图中线圈 abcd 称为电枢绕组，与换向器相连，而电刷 A、B 则用弹簧压在换向器上。工作时，电刷 A、B 固定不动，并分别与外电源的正极和负极相接。如图 1-2（a）所示，导体 ab 通过换向器与电刷 A（+）接触，导体 cd 通过换向器与电刷 B（-）接触。当导体中的电流方向由电刷 A 流向电刷 B（如图中的箭头所示），根据左手定则，可以判断导体的受力方向，从而使整个绕组 abcd 以逆时针方向旋转。当电枢旋转到如图 1-2（b）所示位置时，导体 ab 处于 S 极下，而导体 cd 处于 N 极下〔正好与如图 1-2（a）所示位置相反〕，与导体 ab 相接的换向器与电刷 B（-）接触，与导体 cd 相连的换向器与电刷 A（+）接触。对照图 1-2（a）、图 1-2（b）可以看出，位于相同磁极下的导体虽然发生了变化，但由于电刷及换向器的作用，磁极下导体中的电流方向保持不变，即导体的受力方向不变，因此，线圈 abcd 将继续沿逆时针方向旋转，使电动机转子连续转动。

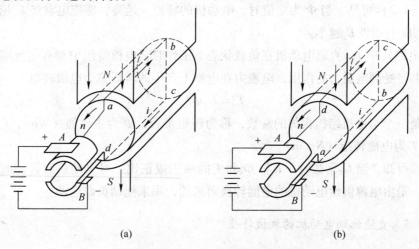

(a) (b)

图 1-2 直流他励电动机的工作原理图
(a) 位置 1；(b) 位置 2

由以上分析可以归纳出直流电动机的工作原理为：直流电动机在外加直流电源的作用下，在可绕轴转动的导体中形成电流，载流导体在磁场中因受到电磁力的作用而旋转，由于换向器的换向作用，导体进入异性磁极时，导体中的电流方向也相应改变，从而保证了电磁转矩的方向不变，使直流电动机能连续运转，把直流电能转换为机械能输出。

1.2.2　直流他励电动机的电路结构及机械特性

1.2.2.1　直流他励电动机的电路结构

如图 1-3 所示是他励直流电动机的电路原理图。图中 U 为外加电枢电压，E_a 是电枢电动势，I_a 是电枢电流，R_a 是电枢电阻，R_s 是电枢回路串联电阻，I_f 是励磁电流，Φ 是励磁磁通，R_f 是励磁绕组回路串联电阻。按图中标明的各个量的方向，可以列出电枢回路的电压平衡方程式。

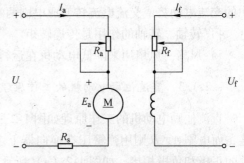

图 1-3　他励直流电动机电路原理图

$$U = E_a + RI_a \qquad (1\text{-}1)$$

式中，$R = R_a + R_s$，为电枢回路总电阻。

1.2.2.2　直流他励电动机的电枢电动势和转矩

（1）电枢电动势。直流电动机的转子在转动时，电枢绕组切割磁力线，产生感应电动势 E_a。E_a 的大小与电动机的转速 n 有关，与电动势常数 C_e 及气隙中的每极磁通 Φ 有关，表达式为：

$$E_a = C_e \Phi n \qquad (1\text{-}2)$$

由式（1-2）可见，当 Φ 为定值时，电动机的转速 n 越高，感应电动势 E_a 越大；转速 n 越低，感应电动势 E_a 越小。

（2）电磁转矩 T。直流电动机在负载状态下工作时，电枢绕组中都有电流通过，因此在磁场中都将受到电磁力的作用，电磁力在电枢上产生的转矩称为电磁转矩。

$$T = C_T \Phi I_a \qquad (1\text{-}3)$$

式中，C_T 是一个与电机结构相关的常数，称为转矩常数，Φ 为主磁通（Wb），I_a 为电枢电流（A），T 为电磁转矩（N·m）。

由上式可知，当 C_T 常数时，T 与 Φ 和 I_a 的乘积成正比。对电动机而言，电磁转矩是拖动转矩，是由电源供给电动机的电能转换而来的，用来拖动负载运动。

1.2.2.3　直流他励电动机的机械特性

（1）机械运动方程式。直流电动机的机械特性是指在电动机的电枢电压、励磁电流、电枢回路电阻为恒值的条件下，即电动机稳态运行时，电动机的转速 n 和电磁转矩 T 之间的关系，即 $n = f(T)$。

将式（1-1）、式（1-2）和式（1-3）整理，可得直流他励电动机的机械特性表达式。

$$n = \frac{U}{C_e\Phi} - \frac{RT}{C_e C_T \Phi^2} = n_0 - \beta T = n_0 - \Delta n \tag{1-4}$$

式中，$n_0 = \dfrac{U}{C_e\Phi}$，为电磁转矩 $T = 0$ 时的转速，称为理想空载转速；$\beta = \dfrac{R}{C_e C_T \Phi^2}$，为机械特性的斜率；$\Delta n = \beta T$，为转速降。

由式（1-3）可知，电磁转矩 T 与电枢电流 I_a 成正比，所以只要励磁磁通 Φ 保持不变，则机械特性表达式（1-4）也可用转速特性代替，即：

$$n = \frac{U - I_a R}{C_e\Phi} \tag{1-5}$$

由式（1-4）可知，当 U、Φ、R 为常数时，他励直流电动机的机械特性曲线是一条以 β 为斜率的向下倾斜的直线，如图 1-4 所示。

转速降 Δn 是理想空载转速与实际转速之差，转矩一定时，它与机械特性的斜率 β 成正比，β 越大，特性曲线越陡，Δn 越大；β 越小，特性曲线越平，Δn 越小。通常称 β 大的机械特性为软特性，而 β 小的特性为硬特性。

（2）固有特性。固有特性是指电动机在额定参数运转条件下的特性 $n = f(T)$，即直流他励电动机在额定电压（$U = U_N$）和额定磁通（$\Phi = \Phi_N$）下，而电枢内外加电阻 $R_s = 0$ 时的机械特性。此时的机械运动方程式为：

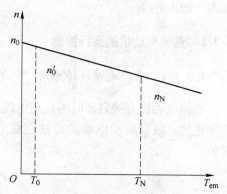

图 1-4　他励直流电动机的机械特性曲线

$$n = \frac{U_N}{C_e \Phi_N} - \frac{R_a T}{C_e C_T \Phi_N^2} \tag{1-6}$$

由于 R_a 很小，所以其特性比较硬。R_a 可以用试验方法测得，也可用以下经验公式求得。

$$R_a = \left(\frac{1}{2} - \frac{2}{3}\right)\frac{U_N I_N - P_N}{I_N^2} \tag{1-7}$$

（3）人为特性。改变电动机的一种或几种参数，使之不在额定状态下运行时的机械特性称为人为特性。由于这里有 U、Φ、R_s 3 个参数可变，而常见的有改变 U 的人为特性、改变 Φ 的人为特性和改变 R_s 的人为特性。

改变电压（降低电枢电压）的人为特性硬度不变，但理想空载转速 n_0 变小；改变电阻（电枢串电阻）的人为特性的理想空载转速 n_0 不变，但特性变软；减弱磁通的人为特性的理想空载转速 n_0 变大，同时特性变软。他励直流电动机人为机械特性如图 1-5 所示。

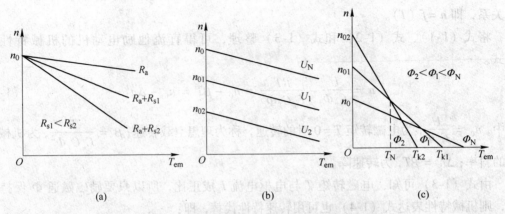

图 1-5　他励直流电动机人为机械特性

（a）电枢串电阻的人为机械特性；（b）降低电压的人为机械特性；（c）减弱励磁磁通的人为机械特性

1.3　知识拓展

1.3.1　直流电动机的运行控制

1.3.1.1　直流电动机的启动

直流电动机直接启动时的启动电流很大，达到额定电流的 10～20 倍，因此必须限制启动电流。限制启动电流的方法就是启动时在电枢电路中串接启动电阻 R_{st}。启动电阻的值：

$$R_{st} = \frac{U}{I_{st}} - R_a \tag{1-8}$$

一般规定启动电流不应超过额定电流的 1.5～2.5 倍。启动时将启动电阻调至最大，待启动后，随着电动机转速的上升将启动电阻逐渐减小。如图 1-6 所示。

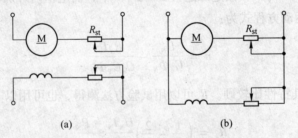

图 1-6　他励、并励直流电机启动接线原理图

（a）他励式；（b）并励式

1.3.1.2　直流电动机的制动

直流电动机的制动有能耗制动、反接制动和发电反馈制动 3 种。

能耗制动是在停机时将电枢绕组接线端从电源上断开后立即与一个制动电阻短接，由于惯性，短接后电动机仍保持原方向旋转，电枢绕组中的感应电动势仍存在并保持原方向，但因为没有外加电压，电枢绕组中的电流和电磁转矩的方向改变了，即电磁转矩的方向与转子的旋转方向相反，起到了制动作用。如图 1-7 所示。

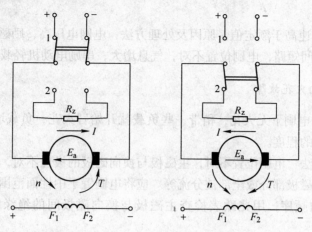

图 1-7　直流他励电动机的能耗制动原理图

反接制动分电源反接制动和倒拉反接制动。电源反接制动是将电枢绕组接线端从电源上断开后立即与一个相反极性的电源相接（同时回路中要串联一合适电阻），电动机的电磁转矩立即变为制动转矩，使电动机迅速减速至停转。如图 1-8 所示。

发电反馈制动是在电动机转速超过理想空载转速时，电枢绕组内的感应电动势将高于外加电压，使电机变为发电状态运行，电枢电流改变方向，电磁转矩成为制动转矩，限制电机转速过分升高。

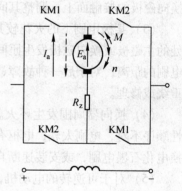

1.3.1.3　直流电动机的调速

根据直流电动机的转速公式 $n = (U - I_a R_a)/C_e \Phi$，可知直流电动机的调速方法有 3 种：改变磁通 Φ 调速、改变电枢电压 U 调速和电枢串联电阻调速。

改变磁通调速的优点是调速平滑，可做到无级调速；调速经济，控制方便；机械特性较硬，稳定性较好。但由

图 1-8　电源反接制动示意图

于电动机在额定状态运行时磁路已接近饱和，所以通常只是减小磁通将转速往上调，调速范围较小。

改变电枢电压调速的优点是不改变电动机机械特性的硬度，稳定性好；控制灵活、方便，可实现无级调速；调速范围较宽，可达到 6 ~ 10。但电枢绕组需要一个单独的可调直流电源，设备较复杂。

电枢串联电阻调速方法简单、方便，但调速范围有限，机械特性变软，且电动机的损耗增大太多，因此只适用于调速范围要求不大的中、小容量直流电动机的调速场合。

1.3.2　直流电动机运行中的常见故障与处理

1.3.2.1　电动机转速故障

（1）电动机转速低于额定值。原因及处理方法：电刷位置不对，刷握连接不良，电枢

内有脱焊处，启动电阻未切除以及电动机过载等。应该试着移动电刷，检查电枢两端电压和输入电流等。

（2）电动机转速高于额定值。原因及处理方法：电网电压高，励磁电流小，励磁绕组接地，励磁绕组匝间短路，电刷位置不对，气息增大，串励电动机轻载或空载运行等。

1.3.2.2　换向火花故障

（1）在空载时电刷下无火花，稍带一些负载就开始冒火花，负载增大时火花也增大，有时达到不能允许的程度。

原因及处理方法：电刷位置不对，主磁极与换向磁极的极性不对，换向磁极与主磁极间相接，以致换向磁极部分或全部被分流等。应将电刷置于中性面范围内，检查和纠正主磁极与换向磁极的顺序，用兆欧表检查主磁极与换向磁极间的绝缘电阻，必要时进行修理。

（2）在带负载运行时发出均匀的火花，有时非常严重，但空载时没有火花。原因及处理方法：换向磁极的磁场太强或太弱，点数与个别或全部换向磁极间的间隙太小或太大。应检查并整定全部换向磁极下的间隙，看是否符合规定的标准。用移动电刷的办法检查换向磁极是否太强或太弱，可将电阻与换向磁极绕组并联，加以分流。将钢垫片置于机壳与换向磁极的接触面上，调整其间隙，禁止用个别不大的垫片去调整间隙。

（3）某极电刷下的火花较其他极剧烈。原因及处理方法：电刷距离不均，火花较剧烈处的主磁极或换向磁极发生匝间连接或短路。对于前一种故障，可用纸条矫正换向器上各电刷的距离；对于后一种故障，可测量换向磁极或主磁极各线圈的电压，对故障线圈进行重绕或修理。

（4）换向器周围发生环火。原因及处理方法：电刷位置不对，主磁极与换向磁极的极性顺序不对，电刷太软，电枢有短路现象等。除应调试电刷位置和检查极性顺序外，可试换电化石墨电刷，或安装速断自动开关以防短路。

（5）对于可逆转的电动机，当转向改变时，剧烈冒火或火花加剧而转速改变。原因及处理方法：反转太快，应限制转速；电刷位置不在中性面上，应采用有换向磁极的电动机。可逆转的电动机的容量最好选得比一般电动机稍大一些。

1.3.2.3　直流电机其他常见故障

（1）无法启动，分析及处理方法见表 1-1。

表 1-1　直流电机无法启动的分析及处理

可 能 原 因	处 理 方 法
电源电路不通	检查熔丝是否完好，电动机接线是否正确
启动时过载	减轻电动机负载
励磁回路断开	检查磁场变阻器及励磁绕组是否断开
启动电流太小	检查电源电压是否太低，启动电阻是否太大

（2）电刷下的火花过大，分析及处理方法见表 1-2。

表1-2 直流电机电刷下火花过大的分析及处理

可 能 原 因	处 理 方 法
电刷与换向器接触不良	研磨电刷与换向器接触面，并在轻载下运行约1h
刷握松动或安装位置不正确	紧固或重新调整刷握位置
电刷磨损过短	更换同型号的新电刷
电动机过载	减轻电动机负载
电枢绕组有断路或短路故障	修理电枢绕组

（3）磁极绕组过热，分析及处理方法见表1-3。

表1-3 直流电机磁极绕组过热的分析及处理

可 能 原 因	处 理 方 法
并励绕组部分短路	用电桥测量每个磁极绕组，找出电阻阻值低绕组并修理
电动机端电压过高	降低端电压至额定电压
串励绕组因负载电流长期过载	减轻电动机所带负载

（4）电机振动，分析及处理方法见表1-4。

表1-4 直流电机振动的分析及处理

可 能 原 因	处 理 方 法
电枢平衡未矫好	重新矫好平衡
电机风叶装错位置	调整电机风叶位置
转轴变形	修理或更换转轴甚至更换整个电枢
联轴器未矫正	重新矫正联轴器
地基不平或地脚螺钉不紧	调整至符合要求

（5）机壳带电，分析及处理方法见表1-5。

表1-5 直流电机机壳带电的分析及处理

可 能 原 因	处 理 方 法
电机受潮使绝缘电阻下降	进行烘干处理或重新浸漆处理
电机绝缘老化	应拆除，重新进行绝缘处理
引出线碰壳	进行绝缘包扎处理，消除碰壳故障
电刷积灰过多	定期进行清理

1.4 技能训练

题目1：直流电动机绕组对机壳及绕组相互间绝缘电阻的测量

1. 测量时电机的状态

测量电机的绝缘电阻时应分别在实际冷状态和热状态下测量。检查试验时，可仅测量冷态绝缘电阻。

2. 兆欧表的选用

电机额定电压为36V及以下，用250V兆欧表测量；额定电压为36V以上，500V以下，用500V兆欧表测量，额定电压在500V以上，用1000V兆欧表测量。

3. 测量方法

电枢回路绕组、串励绕组和并励绕组对机壳及其相互间的绝缘电阻分别进行测量。

测量时，兆欧表的读数应在仪表指针达到稳定以后读出。

题目 2：他励直流电动机的认识

1. 目的

（1）掌握用实验方法测取直流他励电动机的工作特性和机械特性。

（2）掌握直流他励电动机的调速方法。

2. 仪器及设备

（1）电机多功能实验台：控制台电源、励磁电源和直流稳压电源、电枢调节电阻和磁场调节电阻、直流电流表和电压表、测速仪表、测功机。

（2）M03 电机。

（3）导线。

3. 线路

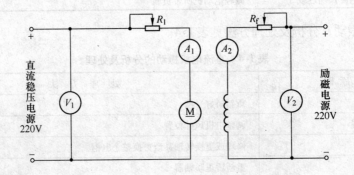

4. 步骤

（1）启动电机

1）按线路图接线，将 R_1 调至最大，R_f 调至最大，可调稳压电源调至中间位置，请教师检查线路。

2）开启测功机电源，进行调零操作。

3）开启励磁电源和可调电源，观察有无励磁电流。若有，则按下可调电源复位按钮，电机正常启动，将 R_1 调至最小。

（2）电机额定状态的调节。

5. 测试数据

测试数据见表 1-6。

表 1-6　测试数据专用表

实验数据	$T_2/N \cdot m$					
	$n/r \cdot min^{-1}$					
	I_f/A					
	I_a/A					
计算数据	P_1/W					
	P_2/W					
	$\eta/\%$					

课 后 练 习

1-1　在由励磁绕组产生主磁场的直流电动机中，根据主磁极绕组与电枢绕组连接方法不同，可分为哪几种？

1-2　简述直流电动机的工作原理。

1-3　简述直流他励电动机的固有特性及人为特性。

1-4　直流他励电动机为什么不能直接启动？其启动方法是什么？

1-5　直流电动机的制动方式有哪些？各有什么特点？

1-6　指出几种常见的直流电动机的故障。

任务 2　交流电机的认识

【任务要点】

1. 三相异步电动机基本结构及工作原理。

2. 三相异步电动机中的功率和转矩平衡方程式，各功率之间的相互关系，电磁转矩物理表达式。

3. 三相异步电动机的运行状态和机械特性。

2.1　任务描述与分析

2.1.1　任务描述

三相异步电动机由于结构简单、运行可靠、坚固耐用、价格相对便宜、使用维护简单方便，因此在工矿企业的电气传动设备中被广泛应用，如普通机床、风机泵类机械、起重机、生产性等。据统计，在整个电能消耗中，电动机的耗能约占 60%~70%，而其中三相异步电动机的耗能又居首位。

2.1.2　任务分析

本任务主要明确三相异步电动机的基本结构、原理，认识三相异步电动机机械、特性，掌握三相异步电动机机的启动、反转、制动、调速特点及方法，对三相异步电动机进行测试与维护。

2.2　相关知识

2.2.1　交流异步电动机的分类及用途

交流电机可分为同步电机和异步电机两大类。同步电机是指电机运行时转子的转速与旋转磁场的转速相等或与电源频率之间有严格不变的关系，不随负载大小而变化。异步电机是指电机运行时转子的转速与旋转磁场的转速不相等或与电源频率之间没有严格不变的关系，且随着负载的变化而有所改变。

异步电机有异步发电机和异步电动机之分。因为异步发电机一般只用于特殊场合，所以异步电机主要用作电动机。异步电动机又分为三相异步电动机和单相异步电动机两类，后者常用于只有单相交流电源的家用电器和医疗仪器中。而三相异步电动机在各种电动机中的应用最广，需求量最大。由于三相异步电动机具有结构简单、制造方便、价格低廉、运行可靠等优点，另外还具有较高的运行效率和较好的工作特性，从空载到满载范围内接近恒转速运行，所以能满足各行业大多数生产机械的传动要求。

但是异步电动机运行时，必须从电网吸取感性无功功率以建立旋转磁场，使电网的功率因数降低，而且运行是受电网电压波动的影响较大。另外，异步电动机的启动性能与调速性能都要逊色于直流电动机。不过随着大功率电子技术的发展，异步电动机变频调速得到越来越广泛的应用，更加扩大了异步电动机的应用领域。这里只介绍三相异步电动机。

2.2.2　三相异步电动机的结构及工作原理

2.2.2.1　三相异步电动机的结构

三相异步电动机在结构上主要有两大部分组成，即静止部分和转动部分。静止部分称为定子，转动部分称为转子。定子、转子之间有一缝隙，称为气隙。此外，还有机座、端盖、轴承、接线盒、风扇等其他部分。如图2-1所示为三相笼型异步电动机的结构。

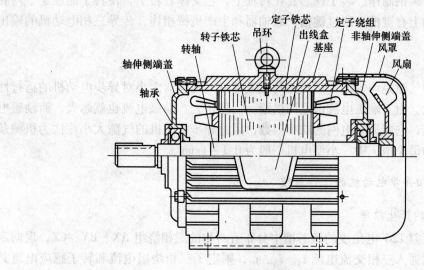

图2-1　三相笼型异步电动机的结构图

A　定子

定子是用来产生旋转磁场的，主要由定子铁芯、定子绕组和机座等三部分组成。

a　定子铁芯

定子铁芯的作用是嵌装定子绕组，也是磁路的重要组成部分。为了减少涡流损耗，采用由涂有绝缘漆的环形硅钢片叠压而成，铁芯的内圆周开有均匀的槽，用以安装定子绕组。

b　定子绕组

定子绕组是由在几何空间完全对称的三相线圈独立绕成，嵌于定子槽内，外接三相对称电源。其主要作用是接受外部的三相交流电能，产生旋转磁场，是完成电能与机械能相互转换的中枢。

c　机座

机座指固定的外壳和底座，主要的作用是固定和支撑铁芯。机座的前后装有轴承，以支撑旋转的转子轴。

B　转子

转子是异步电动机的转动部分，它在定子绕组旋转磁场的作用下产生感应电流，形成电磁转矩，通过联轴器或带轮带动其他机械设备做功，主要由转子铁芯、转子绕组和转轴三部分组成。整个转子靠端盖和轴承支撑。

　　a　转子铁芯

　　紧套装在转轴上，由环形硅钢片叠压而成，开有装设转子绕组的槽。其作用是提供电机磁路及固定转子绕组。

　　b　转子绕组

　　为安装在转子槽中的导体。其作用是在磁场作用下产生感应转子电流，配合完成电能与机械能的转换。根据转子绕组的结构形式，异步电动机分为笼型转子和绕线转子两种。

　　c　转轴

　　转轴一般用中碳钢制作。转子铁芯套在转轴上，它支撑着转子，使转子能在定子内腔均匀地旋转。转轴上有键槽，通过键槽、联轴器和生产机械相连，传导三相电动机的输出转矩。

　　C　气隙

　　异步电动机的气隙是均匀的，是磁路的组成部分。气隙的大小对异步电动机的运行性能和参数影响较大，由于励磁电流由电网供给，气隙越大，励磁电流也就越大，而励磁电流又属于无功性质，它要影响电网的功率因数，因此异步电动机的气隙大小往往为机械条件所能允许达到的最小值，中、小型电机一般为 $0.1 \sim 1\text{mm}$。

2.2.2.2　三相异步电动机的工作原理

　　A　旋转磁场的产生原理

　　在定子空间互差 $120°$ 电角度的铁芯槽中分布有对称的三相绕组 AX、BY、CZ，现向定子三相绕组中分别通入三相交流电流 i_A、i_B、i_C，则定子三相绕组电流和转子感应电流共同作用下产生合成磁场，如图 2-2 所示。

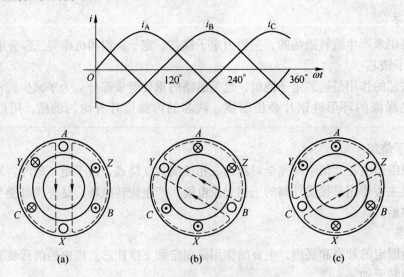

图 2-2　两极定子绕组的旋转磁场
(a) $\omega t = 0°$；(b) $\omega t = 120°$；(c) $\omega t = 240°$

　　根据分析可得到如下结论：

　　（1）在对称的三相绕组中通入三相电流，可以产生在空间旋转的合成磁场。

（2）磁场旋转方向与电流相序一致。电流相序为 A-B-C 时磁场顺时针方向旋转；电流相序为 A-C-B 时磁场逆时针方向旋转。

（3）磁场转速（同步转速）与电流频率有关，改变电流频率可以改变磁场转速。对两极（一对磁极）磁场，电流变化一周，则磁场旋转一周。同步转速 n_1 与磁场磁极对数 p 的关系为：

$$n_1 = \frac{60f}{p} \tag{2-1}$$

B　三相异步电动机的旋转原理

如图 2-3 所示为异步电动机的工作原理图。在三相异步电机定子三相对称绕组加上对称三相交流电后，则在定子三相绕组产生三相对称电流，进而产生一个以同步转速为 n_1 的合成圆形旋转磁场。

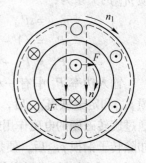

图 2-3　异步电动机的
工作原理图

由于此时转子是静止的，转子与旋转磁场之间有相对运动，转子绕组被旋转着的磁场切割，转子绕组内就会产生感应电势，从而在闭合的转子绕组内产生感应电流。转子导体在感应电流与旋转磁场的共同作用（电磁力定律），使转子导体受到电磁力 F 作用，从而形成了电磁力矩。转子于是在电磁力矩的作用下被拖动，沿旋转磁场的旋转方向转动。

不难理解，异步电动机正常运行时，转子转速 n 不可能达到同步转速。假设达到同步转速的话，两者之间就不存在相对运动，转子导体不再切割磁力线，因而转子导体中的感应电流随即消失，转子所受电磁力为零。此时即使转轴上不带机械负载，也会由于摩擦阻力的作用，是转子转速减慢；这就意味着转子与旋转磁场之间又有了相对运动，转子导体又开始切割磁力线，重新获得电磁转矩。可见，转子转速 n 总是要低于同步转速 n_1，即转子不能与旋转磁场同步，这就是"异步"名称的由来。

2.2.3　三相异步电动机的重要概念

2.2.3.1　转差率

异步电动机的特点在于转子的转速与定子产生的旋转磁场的转速不同。同步转速 n_1 与转子转速 n 之差（$n_1 - n$）与同步转速 n_1 的比值称为转差率，用字母 s 表示。

$$s = \frac{n_1 - n}{n_1} \tag{2-2}$$

转差率 s 是异步电动机的一个基本物理量，它反映异步电动机的各种运行情况。对异步电动机而言，当转子尚未转动（如启动瞬间）时，$n = 0$，此时转差率 $s = 1$；当转子转速接近同步转速（空载运行）时，$n \approx n_1$，此时转差率 $s \approx 0$。由此可见，对于异步电动机，转速在 $0 \sim n_1$ 范围内变化，其转差率 s 在 $0 \sim 1$ 范围内变化。在正常运行范围内，转差率的数值很小，一般为 $0.01 \sim 0.07$，即异步电动机的转速很接近同步转速。

异步电动机的负载越大，转速就越低，其转差率就越大；反之，负载越小，转速就越高，其转差率就越小。

2.2.3.2　功率和转矩

A　功率及功率平衡关系

异步电动机消耗和占用的功率有两类，有功功率与无功功率，这些功率都是由交流电源提供的，由功率守恒原则，它们随时都保持着"供-需"平衡。异步电动机功率流程图如图 2-4 所示。

电磁功率 P_M、总机械功率 P_m、转子铜损 p_{Cu2} 的关系为：

$$p_{Cu2} = sP_M \tag{2-3}$$
$$P_m = (1-s)P_M \tag{2-4}$$
$$P_M = P_m + p_{Cu2} \tag{2-5}$$

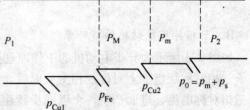

图 2-4　异步电动机功率流程图

输入功率 P_1 中有一小部分供给定子铜损 p_{Cu1} 和定子铁损 p_{Fe} 后，余下的大部分功率通过旋转磁场的电磁作用经过气隙传递给转子，这部分功率称为电磁功率 P_M。电磁功率扣除转子铜损 p_{Cu2} 后，便是转子旋转的总机械功率 P_m。总机械功率减去因摩擦引起的机械损耗 p_m 和因谐波磁场引起的附加损耗 p_s 后，才是转子轴上输出的机械功率 P_2。

电动机的功率平衡方程式为：

$$P_2 = P_M - p_{Cu2} - p_0 \tag{2-6}$$
$$P_2 = P_1 - p_{Cu1} - p_{Fe} - p_{Cu2} - p_0 = P_1 - \Sigma p \tag{2-7}$$

式中，$\Sigma p = p_{Cu1} + p_{Fe} + p_{Cu2} + p_0$，为功率损耗。

三相异步电动机的效率为输出功率与输入功率的比率，即，

$$\eta = \frac{P_2}{P_1} \times 100\% \tag{2-8}$$

B　转矩及转矩平衡关系

由力学可知，旋转体的机械功率等于作用在旋转体上的转矩与其机械角速度 Ω 的乘积，$\Omega = \dfrac{2\pi n}{60}$（r/min）。将式（2-6）的两边同除以转子机械角速度 Ω，可得到稳态时异步电动机的转矩平衡方程式，即

$$T_2 = T - T_0 \tag{2-9}$$

式中　T——电动机的电磁转矩，$T = \dfrac{P_m}{\Omega} = \dfrac{(1-s)P_M}{\Omega} = \dfrac{P_M}{\Omega_1} = 9.55\dfrac{P_M}{n_1}$；

Ω_1——同步机械角速度，$\Omega_1 = \dfrac{2\pi n_1}{60}$（r/min）；

T_2——电动机的输出机械转矩，$T_2 = \dfrac{P_2}{\Omega} = 9.55\dfrac{P_2}{n}$；

T_0——电动机的空载转矩，$T_0 = \dfrac{p_m + p_s}{\Omega} = 9.55\dfrac{p_m + p_s}{n}$。

当电动机在额定状态下运行时，T_2、P_2、n 分别为额定输出转矩（N·m）、额定输出功率（kW）和额定转速（r/min）。

2.2.4　三相异步电动机的机械特性

2.2.4.1　三相异步电动机的固有机械特性

三相异步电动机的固有机械特性是指电动机在额定电压和额定频率下，按规定的接线方式接线，定子和转子电路不外接电阻或电抗时的转速与转矩的关系，如图 2-5 所示。

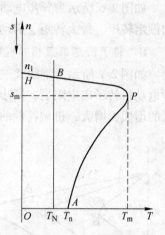

通常异步电动机稳定运行在机械特性曲线的 *HBP* 段上。从这段曲线上可以看出，当负载转矩有较大的变化时，异步电动机转速的变化并不大，因此异步电动机具有硬的机械特性。这个工作区域称为异步电动机的稳定运行区。

在机械特性曲线的 *PA* 段，随着转速的减小，电动机产生的转矩也减小，因此该范围称为不稳定运行区。异步电动机一般不能在该区域内正常稳定运行，只有电扇、通风机等风机类负载时可以在该区域稳定运行。

图 2-5　异步电动机固有
机械特性曲线

由此可见，临界转速是三相异步电动机机械特性的"稳定"区域和"不稳定"区域的分界点。下面对机械特性曲线上的几个特殊点进行说明。

H 点：同步转速点。

B 点：额定运行点 *B*。

P 点：临界转速点 *P*。

A 点：启动点 *A*。

对异步电动机的机械特性曲线进一步分析后，得到下面几点结论：

（1）启动转矩 T_{st} 与启动转矩倍数 λ_{st}。启动转矩 T_{st} 是衡量电动机启动性能好回的重要指标，通常用启动转矩倍数 λ_{st} 表示。

$$\lambda_{st} = \frac{T_{st}}{T_N} \tag{2-10}$$

式中，T_N 是电动机的额定转矩。启动转矩必须大于电动转轴上所带的机械负载，电动机才能启动。

（2）最大转矩 T_m 和过载能力 λ。电动机产生的最大转矩 T_m 与额定转矩 T_N 之比称为电动机的过载能力，即：

$$\lambda = \frac{T_m}{T_N} \tag{2-11}$$

λ 表明电动机具有过载能力。一般电动机的 λ 值为 $1.8 \sim 2.2$，表明在短时间内电动机轴上的负载只要不超过 $(1.8 \sim 2.2)T_N$，电动机仍能继续运行。

2.2.4.2　三相异步电动机的人为机械特性

由电磁转矩的表达式可知，人为地改变异步电动机的任何一个或多个参数都可以得到不同的机械特性，这些机械特性统称为人为机械特性。下面介绍改变某些参数是的人为机械特性。

　　A　降低定子电压时的人为机械特性

　　如图 2-6 所示为异步电动机定子降压时的人为机械特性。降低定子电压，异步电动机的额定转矩、最大转矩、启动转矩都会近似与电压呈平方关系降低。

　　B　转子回路串三相对称电阻式的人为机械特性

　　如图 2-7 所示为绕线式三相异步电动机转子串电阻时的机械特性曲线，绕线式三相异步电动机转子串电阻后，同步转速 n_1 不变，最大转矩 T_m 不变，但临界转差率 S_m 随转子电阻的增大而增大，机械特性曲线变软。

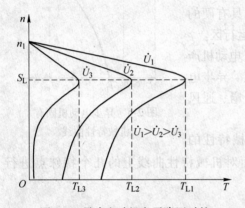
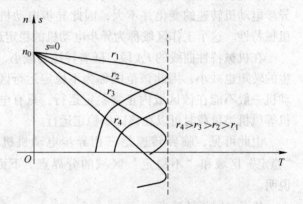

图 2-6　异步电动机定子降压时的　　　　　图 2-7　异步电动机转子串电阻
　　　　人为机械特性　　　　　　　　　　　　　时的机械特性

2.3　知识拓展

2.3.1　电动机铭牌

　　每台电动机的铭牌上都标注了电动机的型号、额定值和额定运行情况下的有关技术数据。按铭牌上所规定的额定值和工作条件运行，称为额定运行，某三相异步电动机铭牌见表 2-1。

表 2-1　某三相异步电动机的铭牌

项　　目	三相异步电动机		
	型号 Y-112L-2	功率 5.5kW	电流 11.7A
频率 50Hz	电压 380V	接法 △	转速 1440r/min
防护等级 IP44	重量 66kg	工作制 S1	F 级绝缘
×× 电机厂			

2.3.1.1　型号（Y-112L-2）

三相异步电动机型号的含义如下：

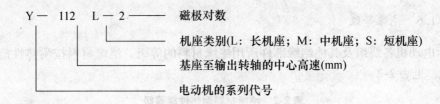

$$Y-112\ L-2\ ——\ 磁极对数$$

机座类别(L：长机座；M：中机座；S：短机座)

基座至输出转轴的中心高速(mm)

电动机的系列代号

2.3.1.2　额定值

额定值是制造厂对电动机在额定工作条件下所规定的一个量值。

（1）额定功率 P_N：表示电动机在额定工作状态下运行时，允许输出的机械功率（kW）。

（2）额定电流 I_N：表示电动机在额定工作状态下运行时，定子电路输入的线电流（A）。

（3）额定电压 U_N：表示电动机在额定工作状态下运行时，定子电路所加的线电压（V）。

（4）额定转速 n_N：表示电动机在额定工作状态下运行时的转速（r/min）。

三相异步电动机的额定功率 P_N 与其他额定数据之间有如下关系。

$$P_N = \sqrt{3}U_N I_N \cos\varphi_N \eta_N \times 10^{-3} \tag{2-12}$$

式中，$\cos\varphi_N$ 为额定功率因数，η_N 为额定效率。

2.3.1.3　接法

接法表示电动机定子三相绕组与交流电源的连接方法。对 J02、Y 及 Y2 系列电动机而言，国家标准规定凡 3kW 及以下者均采用星形连接，4kW 及以上者均采用三角形连接。如图 2-8 所示为三相异步电动机的两种接线法。

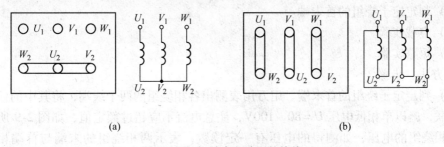

(a)　　　　　　　　　　　　　　　　(b)

图 2-8　三相异步电动机的接线

（a）星形连接；（b）三角形连接

2.3.1.4　防护等级

防护等级表示电动机外壳防护的方式。IP11 是开启式，IP22、IP23 是防护式，IP44 是封闭式。

2.3.1.5　频率

表示电动机所用交流电源的频率（Hz）。

2.3.1.6　绝缘等级

表示电动机各绕组及其他绝缘部件所用绝缘材料的等级。绝缘材料按耐热性能可分为 7 个等级，见表 2-2。

表 2-2　绝缘材料耐热性能等级

绝缘等级	Y	A	E	B	F	H	C
最高允许温度/℃	90	105	120	130	155	180	>180

2.3.1.7　定额工作制

这里指电动机按铭牌值工作时，可以持续运行的时间和顺序。电动机定额分连续定额、短时定额和断续定额 3 种，分别用 S_1、S_2、S_3 表示。

2.4　技能训练

实验项目一　认识三相异步电动机

1. 目的

(1) 测取三相笼型异步电动机的工作特性。

(2) 测定三相笼型异步电动机的参数。

2. 仪器及设备

(1) 电机多功能实验台：总电源、交流测量仪表。

(2) M04 交流异步电机。

(3) 导线。

3. 内容

(1) 判定定子绕组的首末端。

(2) 空载实验。

(3) 短路实验。

4. 方法、步骤

(1) 判定定子绕组的首末端。用万用表测出各相绕组的两个线端，将其中的任意两相绕组串联，施以单相低电压 $U = 80 \sim 100V$，注意电流不应超过额定值，如图 2-9 所示，测出第三相绕组的电压，如测得的电压有一定读数，表示两相绕组的末端与首端相联。反

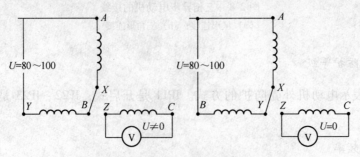

图 2-9　判定定子绕组首末端接线原理图

之，如测得的电压近似为零，则表示两相绕组的末端与末端（或首端与首端）相连，用同样方法测出第三相绕组的首末端。

（2）空载实验。按如图 2-10 所示接线，电机绕组 △ 接法。首先把交流调压器退到零位，然后接通电源，逐渐升高电压，使电机启动旋转，观察电机旋转方向。并使电机旋转方向符合要求。调节电压由 1.2 倍额定电压开始逐渐降低，直至电流或功率显著增大为止。读取 7～9 组数据填于表格中。

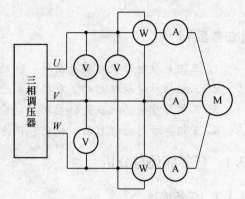

图 2-10　三相异步电动机空载
试验接线原理图

（3）短路实验。按如图 2-10 所示接线，把电机堵住，调压器退至零，合上交流电源，调节调压器使之逐渐升压至短路电流到 1.2 倍额定电流，再逐渐降压至 0.3 倍额定电流为止。在这范围内读取短路电压、短路电流、短路功率。

课 后 练 习

2-1　三相笼型异步电动机主要有哪几部分组成？各部分作用是什么？

2-2　简述三相异步电动机的工作原理。

2-3　某三相异步电动机旋转磁场的转速 $n_1 = 1500 \text{r/min}$，这台电动机为几对磁极电动机？试分别求出 $n = 0$ 和 $n = 1440 \text{r/min}$ 时该电动机的转差率。

2-4　某三相异步电动机的额定输出功率 $P_N = 20 \text{kW}$，额定转速 $n_N = 1450 \text{r/min}$，过载系数 $\lambda = 2.0$，启动转矩倍数 $\lambda_{st} = 1.8$。试求该电动机额定转矩 T_N、最大转矩 T_m 和启动转矩 T_{st}。

任务3　三相异步电动机的启动、反转、制动与调速

【任务要点】

1. 三相异步电动机启动、反转、制动和调速原理。
2. 三相异步电动机启动、反转、制动和调速实现方法、要求。
3. 三相异步电动机正反转启动、制动、调速和反转控制线路的故障诊断方法与手段。
4. 三相异步电动机启动、制动、调速和反转控制线路的安装、调试。

3.1　任务描述与分析

3.1.1　任务描述

三相异步电动机常常要根据生产机械的要求进行启动、停止、反转、制动、调速等，而电动机的启动、停止、反转、制动、调速等的性能直接影响生产机械的工作情况，因此对三相异步电动机的启动、停止、反转、制动、调速原理、要求及特性的掌握，是正确选择合适方式控制电动机的前提。

3.1.2　任务分析

本任务介绍了三相异步电动机启动、制动、调速和反转实现的具体方法和手段及特点，掌握三相异步电动机启动、制动和调速控制线路的故障分析、排查的方法。

3.2　相关知识

3.2.1　三相异步电动机的启动

三相异步电动机从接入电源开始转动到稳定运转的过程称为启动。对三相异步电动机的启动性能要求主要有下面几方面：

（1）电动机应有足够大的启动转矩。
（2）在保证一定大小的启动转矩的前提下，电动机的启动电流应尽量小。
（3）启动所需的控制设备应尽量简单，价格低廉，操作及维护方便。
（4）启动过程的能量损耗应尽量小。

三相异步电动机在启动瞬间，旋转磁场与静止的转子之间有很大的相对转速，转子绕组的感应电动势很大，因此转子电流也很大，使定子绕组中流过的启动电流也很大，一般为额定电流的 4~7 倍。虽然启动电流很大，但由于启动时功率因数很小，因此电动机的启动转矩并不大。因此，三相异步电动机启动的主要问题是启动电流大，而启动转矩小。在一般情况下的启动要求是尽可能限制启动电流，有足够大启动转矩。下面介绍三相异步电动机的一些常用启动方法。

3.2.1.1　直接启动

直接启动也称全压启动，启动时电动机定子绕组直接接入额定电压的启动方法。

采用直接启动，需满足下述三个条件中的一条即可。

（1）容量在7.5kW以下的三相异步电动机一般均可以直接启动。

（2）如果电网的容量很大，用户设备由专用的变压器供电时，如电动机的容量小于变压器容量的20%时，可允许较大容量的电动机直接启动。

（3）若电动机的启动电流倍数、容量与电网容量满足下列经验公式，则电动机便可直接启动。

$$\frac{I_{st}}{I_N} \leqslant \frac{1}{4}\left[3 + \frac{变压器容量（kV \cdot A）}{启动电动机功率（kW）}\right] \tag{3-1}$$

式中，$\dfrac{I_{st}}{I_N}$ 表示启动电流倍数。

3.2.1.2　三相笼型异步电动机的降压启动

若不满足直接启动条件的则可以采用降压启动，降压启动是指启动时使加在电动机定子绕组上的电压降低的启动方法。降压启动虽然能起到降低电动机启动电流的目的，但由于电动机的转矩与电压的平方成正比，因此降压启动时电动机的转矩减小得较多，故降压启动一般是用于电动机空载或轻载启动。降压启动常采取定子串电阻或电抗降压启动、星—三角形降压启动等几种方法。

A　定子串电阻或电抗降压启动

此种方法就是启动时在笼型电动机定子三相绕组上串接对称的电阻或电抗的启动方法，如图3-1所示。

这种启动方法的优点是启动平稳，运行可靠，设备简单；缺点是启动转矩随电压的平方降低，只适合轻载启动，同时启动时电能损耗较大，一般不适合频繁启动。

B　星—三角形降压启动

这种启动方法是在启动时将定子绕组接成星形，运行时接成三角形。其接线原理图如图3-2所示。

进行星—三角形降压启动时，启动电流为直接采用三角形连接时启动电流的1/3。此种方法的最大优点是所需设备较少，价格低，因而获得了较广泛的应用。但仅适用于正常运行时定子绕组为三角形接法的三相交流电动机空轻载启动。

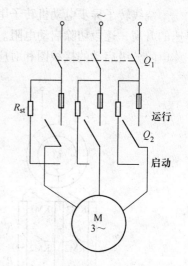

图3-1　笼型异步电动机定子
串电阻降压启动电路

C　自耦变压器降压启动

这种启动方法是通过自耦变压器把电压降低后再加到电动机定子绕组上，以达到减小启动电流的目的，其接线原理图如图3-3所示。

自耦变压器降压启动的优点是：电网限制的启动电流相同时，用自耦变压器降压启动将比用其他降压启动方法获得的启动转矩更大；启动用自耦变压器的二次绕组一般有三个

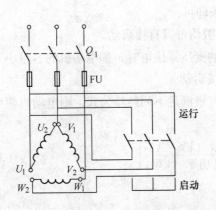
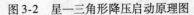
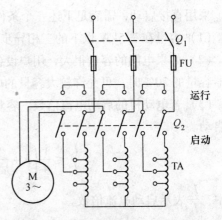

图 3-2　星—三角形降压启动原理图　　　　图 3-3　自耦变压器降压启动原理图

抽头（二次侧电压分别为 80%、60%、40% 的电源电压），用户可根据电网允许的启动电流和机械负载所需的启动转矩进行选配。其缺点是：自耦变压器体积大、价格高、需维护检修；启动转矩随电压的平方降低，只适合轻载启动。

3.2.1.3　三相绕线式异步电动机的启动

A　转子串阻启动

绕线转子异步电动机转子串阻启动，是在启动时若转子回路串入适当的电阻，随着转速的升高，逐段切除启动电阻。如图 3-4 所示分别为三相绕线转子异步电动机转子串接对称电阻分级启动的接线图和对应的三级启动的机械特性。

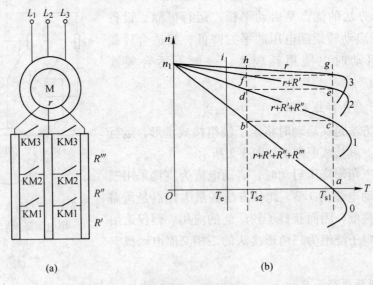

图 3-4　转子串电阻启动接线图及机械特性

（a）接线图；（b）机械特性

绕线式三相异步电动机串电阻启动，则既能限制启动电流，又能增大启动转矩。适合于重载启动，主要用于桥式起重机、卷扬机、龙门吊车等机械。其主要缺点是所需启动设备较多，启动级数较小，启动时有一部分能量消耗在启动电阻上。

B 转子串频敏变阻器启动

频敏变阻器的外形结构如图 3-5 所示，结构与三相电抗器相似，由 3 个铁芯柱和 3 个绕组组成，3 个绕组接成星形，通过滑环和电刷与绕线转子异步电动机的三相转子绕组相连。频敏变阻器的铁损随绕组中电流频率降低而减小，而其铁损，反映铁损大小的等效电阻也随着减小。异步电动机启动时转子频率最大，随着转子转速增加转子频率逐渐减小，在这个过程中频敏变阻器的等效电阻也即从启动开始时的最大逐渐降低。启动结束后，切除频敏变阻器，转子电路直接短路。从而达到近似于逐级切除电阻的启动方法。

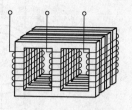

图 3-5 频敏变阻器的结构

如果参数选择适当，可以在启动过程中保持转矩近似不变，使启动过程平稳、快速。频敏变阻器的主要不足之处是由于有电感的存在，功率因数较小，启动转矩并不是很大。因此当绕线转子电动机在轻载启动时，采用频敏变阻器启动优势比较明显，而重载时一般采用串电阻启动的方法。

3.2.2 三相异步电动机的制动

异步电动机的制动是指在电动机的轴上加一个与其旋转方向相反的转矩，使电动机减速停止。对于位能性负载，制动运行可获得稳定的下降速度。异步电动机制动的方法分为机械制动和电气制动两种，电气制动又分为反接制动、能耗制动和回馈制动（再生制动）3 种。

3.2.2.1 三相异步电动机的反接制动

当异步电动机转子的旋转方向与定子磁场的旋转方向相反时，电动机便处于反接制动状态。这时有两种情况：一是在电动状态下突然将电源两相反接，是定子旋转磁场的方向由原来的顺转子转向改为逆转子转向，这种情况下的制动称为电源反接制动；二是保持定子磁场的转向不变，而转子在位能负载作用下倒拉反转，这种情况下的制动称为倒拉反接制动。

A 电源反接制动

电动机停车时，可将接到电源的三根端线中的任意两根对调，旋转磁场立即反向旋转，转子中的感应电动势和电流也都反向，因而是制动转矩，是电动机迅速停转。当电动机转速接近于零时，应立即切断电源，一面电动机反转。

B 倒拉反接制动

倒拉反接制动适用于绕线转子异步电动机拖动位能性负载的情况，它能够使重物获得稳定的下放速度，原理电路如图 3-6（a）所示。

绕线型异步电动机带位能性负载时，若要下放重物，可在转子回路串接较大电阻，使电动机的 $T_{st} < T_Z$，电动机将由重物产生的转矩拖动反向启动，随着下放速度的提高，电动机的转矩逐步增大。可由机械特性看出，当工作点达 B 点时，稳速下放重物。转子回路的电阻 R_f 越大，下放速度越快。

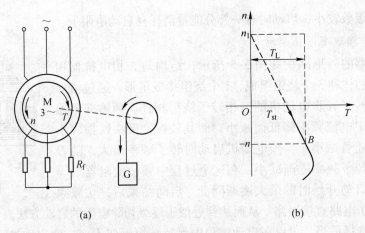

(a)　　　　　　　　　　　　　　　(b)

图 3-6　倒拉反接制动原理图及机械特性

（a）反接制动原理图；（b）倒拉反接制动机械特性

3.2.2.2　三相异步电动机的能耗制动

异步电动机的能耗制动接线如图 3-7 所示。制动时，在断开电动机三相电源的同时接通直流电源，直流电流流入定子的两相绕组，产生恒定磁场，使旋转着的转子感应出电动势和电流，从而获得制动转矩，强制转子迅速停转。

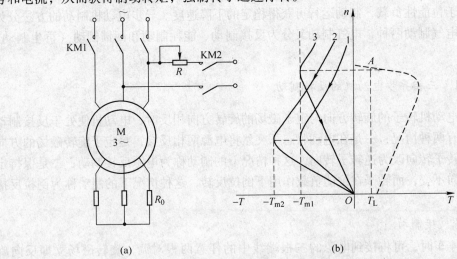

(a)　　　　　　　　　　　　　　　(b)

图 3-7　异步电动机能耗制动的电路图及机械特性

（a）电路图；（b）机械特性

三相异步电动机采用能耗制动时，制动平稳，能准确快速地停车。另外由于定子绕组与电网脱开，电动机不从电网中吸收交流电能，从能量的角度看，能耗制动比较经济。缺点是需要一套直流电源装置，而且拖动系统制动至转速较低时，制动转矩较小，此时制动效果不理想。

3.2.2.3　三相异步电动机的回馈制动

若异步电动机在电动状态下运行时，由于某种原因，电动机的转速超过了同步转速

（转向不变），这时电动机便处于回馈制动状态。此时电动机变成了一台与电网并联的发电机，将机械能变成电能并送回电网，因此又称再生制动。

在生产实践中，异步电动机的回馈制动有以下两种情况：一种是出现位能负载下放时，另一种是出现在电动机变极调速或变频调速过程中。

回馈制动可向电网回送电能，所以经济性好，但只有在特定状态（$n > n_1$）下才能实现制动，而且只能限制电动机转速，不能制动。

3.2.3 三相异步电动机的调速

由转差率公式和同步转速公式，可得出转子转速为：

$$n = n_1(1 - s) = \frac{60f_1}{p}(1 - s) \tag{3-2}$$

由此可见，改变 p、f_1、s 三者中的任一量，都能改变电动机的转速。下面介绍这三种调速方法。

3.2.3.1 变极调速

定子每相绕组有两个相同部分组成，这两部分串联时得到的磁极对数为并联时的二倍，因而转速就等于并联时的一半。笼型电动机常采用这种方法调速，即制成多速电动机。多速电动机可制成双速、三速或四速电动机。这种方法只能分级调速，不能均匀调速。

这种调速方法比较经济、简便，常用于金属切削机床或其他不要求均匀调速的生产机械上，使变速箱结构简化。

3.2.3.2 变频调速

电网的交流频率为50Hz，用改变 f_1 的方法调速，需要专门的变频设备。变频电源采用变频装置，可以平滑地调节交流电频率，因而能使笼型电动机实现均匀调速。变频调速具有优异的性能，主要是调速范围较大、平滑性好、能实现无级调速，可适应各种不同负载的要求，效率较高。但它需要一套专门的变频电源，控制系统较复杂，成本较高。随着计算机技术的发展，采用矢量控制技术，异步电动机调速的运行特性曲线可以做得像直流电动机调速一样硬，是交流电动机调速的发展方向。

3.2.3.3 转子回路串电阻调速

改变转差率调速的具体方法较多，这里只介绍常用于绕线式异步电动机的改变转子电路电阻的调速方法。

用这种方法调速，具有一定的平滑性，并且设备简单、方法简便。缺点是变阻器上耗能较多，经济性差。这种调速方法常用于起重机的提升设备、矿井运输用的绞车以及通风机等。

3.2.4 三相异步电动机的反转

前面讲过，只要把电源接到定子的三根端线任意对调两根，磁场旋转方向就会改变，电动机的旋转方向就随之改变。

3.3　知识拓展

电力拖动系统的稳定运行。

3.3.1　负载的机械特性

$$n = f(T_L)$$

3.3.1.1　恒转矩负载

恒转矩负载特性是指生产机械的负载转矩 T_L 的大小与转速 n 无关，即无论转速 n 如何变化，负载转矩 T_L 的大小都保持不变。根据负载转矩的方向与转向有关，恒转矩负载又分为反抗性恒转矩负载和位能性恒转矩负载两种。

A　反抗性恒转矩负载

负载转矩的产生：由摩擦力产生的转矩。

特点：当 $n > 0$，$T_L > 0$；当 $n < 0$，$T_L < 0$。如图 3-8 所示。

应用场合：皮带运输机、轧钢机、机床的刀架平移和行走机构等。

B　位能性恒转矩负载

负载转矩的产生：由物体重力产生的转矩。

特点：当 $n > 0$，$T_L > 0$；当 $n < 0$，$T_L > 0$。

应用场合：起重机的提升机构和矿场卷扬机等。如图 3-9 所示。

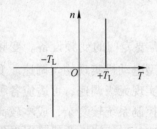 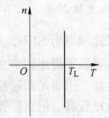

图 3-8　反抗性恒转矩负载特性　　　　图 3-9　位能性恒转矩负载特性

3.3.1.2　恒功率负载

恒功率负载的特点是：负载转矩与转速的乘积为一常数，如图 3-10 所示。即

$$T_L n = 常数 \qquad \left(T_L \propto \frac{1}{n} \right)$$

应用场合：机床的主轴系统等。

3.3.1.3　泵与风机负载

水泵、油泵、通风机和螺旋桨等机械的负载转矩基本上与转速的平方成正比，即 $T_L \propto n^2$，这类机械的负载特性是一条抛物线。如图 3-11 所示。

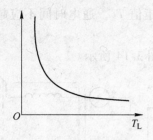
图 3-10 恒功率负载特性

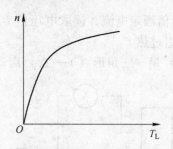
图 3-11 通风机类负载特性

3.3.2 稳定运行条件

（1）稳定运行：$n = $ 常数 即 $T - T_L = 0$。

（2）过渡过程：$T - T_L > 0$，系统加速；$T - T_L < 0$，系统减速。

（3）工作点：在电动机的机械特性与负载的机械特性的交点上。

电动机的自适应负载能力：电动机的电磁转矩可以随负载的变化而自动调整这种能力称为自适应负载能力。

自适应负载能力是电动机区别于其他动力机械的重要特点。如：柴油机当负载增加时，必须有操作者加大油门，才能带动新的负载。其机械特性调整如图 3-12 所示。

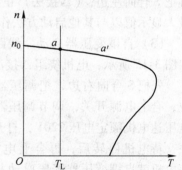
图 3-12 自适应负载能力
机械特性调整示意图

3.4 技能训练

题目 1：三相异步电动机的启动与调速

1. 目的

（1）掌握三相异步电动机的星-三角降压启动、串自耦变压器降压启动和串电阻降压启动的方法。

（2）掌握绕线式三相异步电动机转子绕组串入可变电阻器的调速方法。

2. 仪器及设备

准备好三相异步电动机一台、三相绕线式异步电动机一台、三相调压器一台、三刀双掷开关一个、交流电压表一个、交流电流表三个、导线若干。

3. 内容与步骤

（1）三相笼型异步电机直接启动。

按如图 3-13 所示接线，电机绕组为 △ 接法。首先，先把交流调压器退到零位，然后接通电源。增加电压使电机启动旋转。观察电机旋转方向。调整电机相序，使电机旋转方向符合要求。调整相序时，必须切断电源。

调节调压器，使输出电压达电机额定电压 220V，打开开关，等电机完全停止旋转后，再合上开关，使电机全压启动，电流表受启动电流冲击，电流表显示的最大值虽不能完全代表启动电流的读数，但用它可和下面几种启动方法的启动电流作定性的比较。

断开开关，将调压器退到零位，把电机堵住，合上开关，调节调压器，使电机电流达 2～3 倍额定电流，读取电压值 U_K、电流值 I_K，转矩值 T_K，通电时间不应超过 10s，以免绕组过热。

（2）星—三角形（丫—△）启动。线路原理图如图 3-14 所示。

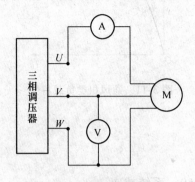

图 3-13　电机启动试验图

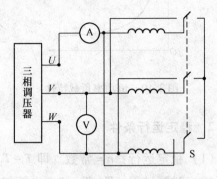

图 3-14　电机丫—△启动试验

把调压器退到零位，合上电源开关，三相双掷开关合向右边（丫接法），调节调压器使逐渐升压至电机额定电压 220V，打开电源开关，待电机停转后，再合上电源开关，再把 S 合向左边，（△接法）正常运行，整个启动过程结束。观察启动过程中电流表的最大显示值以与其他启动方法作定性比较。

（3）自耦变压器启动。线路原理图如图 3-15 所示，电机绕组△接法。

先把 S 合向右边，把调压器退到零位，合上电源开关，调节调压器使输出电压达电机额定电压 220V，打开电源开关，待电机停转后，再合上电源开关，使电机就自耦变压器降压启动并经一定时间把 S 合向左边，额定电压正常运行，整个启动过程结束。观察启动过程电流以作定性的比较。

（4）绕线式异步电动机转子绕组串

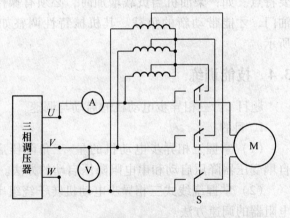

图 3-15　自耦变压器降压启动试验图

入可变电阻器启动。线路图如图 3-16 所示，电机定子绕组丫形接法。

调整相序使电机旋转方向符合要求，把调压器退到零位，用弹簧秤把电机堵住，定子加电压为 180V，转子绕组串入不同电阻时，测定子电流和转矩。注意：试验时通电时间不应超过 10s 以免绕组过热。

（5）绕线式异步电动机转子绕组串入可变电阻器调速。实验线路如图 3-16 所示。

使电机不堵转。转子附加电阻调至最大，合上电源开关，电机空载启动，保持调压器的输出电压为电机额定电压 220V，转子附加电阻调至零，调节直流发电机负载电流，使电动机输出功率接近额定功率并保持这输出转矩 T_2 不变，改变转子附加电阻，测相应的转速。

题目 2：实验项目二　三相异步电动机的制动与反转

1. 目的

（1）掌握三相异步电动机反接制动的工作原理和接线方法，并了解制动控制的制动效果和能耗制动的原理。

（2）掌握三相异步电动机能耗制动的工作原理和接线方法，并了解制动控制的制动效果。

2. 仪器及设备

在实验前准备好三相异步电动机一台、三相调压器一台、三刀双掷开关一个、交流电压表一个、可调电阻箱一个、导线若干。

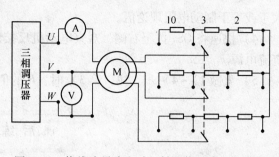

图 3-16　绕线式异步电动机转子绕组串电阻启动

3. 内容与步骤

（1）单向运转反接制动控制线路。

1）单向运转反接制动控制线路按如图 3-17 所示接线，经检查确认无误后，方可进行操作。

2）将 QS$_2$ 拨至左侧，接通 QS$_1$，调节调压器使其输出电压 $U_{UV} = U_{VW} = U_{WU} = 220V$，电动机正常启动。

3）根据电机的额定数据计算出制动电阻的大小，调节 R 使其大于或等于制动电阻理论值。

4）快速将 QS$_2$ 拨至右侧，观察电动机反接制动的效果（电机转速降至零时应及时切断电源，否则电动机会反转）。

5）重做 1）~ 4）步。注：第 3）时，R 的值要大一些，观察电动机反接制动的效果。

（2）能耗制动控制线路。

1）单向运转反接制动控制线路按如图 3-18 所示接线，经检查确认无误后，方可进行操作。

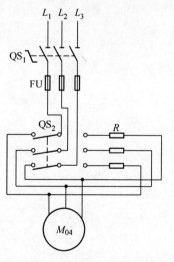

图 3-17　单向运转反接制动线路图

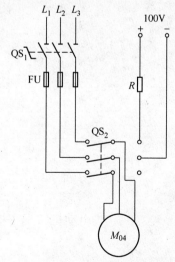

图 3-18　单向运转能耗制动线路图

2）将 QS$_2$ 拨至左侧，接通 QS$_1$，调节调压器使其输出电压 $U_{UV} = U_{VW} = U_{WU} = 220V$，电动机正常启动。

3）调低直流电压至100V，根据电机的额定数据计算出制动电阻的大小，调节 R 使其大于或等于制动电阻理论值。

　　4）快速将 QS_2 拨至右侧，观察电动机反接制动的效果。电动机在停机后能及时切断直流电源。

　　5）重做 1）~4）步。注：第 3）时，R 的值要大一些，观察电动机反接制动的效果。

课 后 练 习

3-1　三相异步电动机直接启动存在什么问题？有什么危害？

3-2　三相鼠笼异步电动机降压启动有哪几种方法？比较它们的优缺点。

3-3　什么叫三相异步电动机的制动？制动方法有哪几种？

3-4　三相异步电动机电气调速的方法主要有哪些？试比较它们的优缺点。

学习情境 2 机床常用低压电器的认识与选用

【知识要点】

1. 机床常用低压电器的结构、原理。
2. 常用电工工具的类型、用途、使用方法。
3. 机床常用低压电器的用途、选用方法和符号表示。
4. 低压电器元件的维护、维修及选用。

任务 4 常用电工工具及使用

【任务要点】

1. 常用电工工具的结构。
2. 使用常用电工工具的注意事项。
3. 使用常用电工工具安全知识。
4. 常用电工工具运用。

4.1 任务描述与分析

4.1.1 任务描述

电工常用工具是指一般专业电工都要使用的常备工具。对于电气操作人员而言，必须正确掌握电工常用工具的使用。养成正确使用电工常用工具的习惯。能否掌握电工工具的结构、性能、使用方法和正确熟练操作，将直接影响工作效率、效果及认识安全。

4.1.2 任务分析

本任务介绍了低压电笔、钢丝钳、尖嘴钳的、斜口钳和剥线钳、螺钉旋具、电工刀的基本结构，掌握上述电工工具的正确使用方法，学会电工工具的使用，注意在使用过程中的安全。

4.2 相关知识

4.2.1 低压电笔

低压验电器又称试电笔，是检验导线、电器和电气设备是否带电的一种常用工具，有钢笔式和旋具式（螺丝刀式）两种。它主要由氖管、电阻、弹簧和笔身等部分组成。其结构如图 4-1 所示。

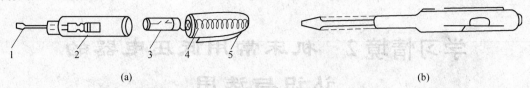

图 4-1　低压电笔的结构

（a）钢笔式低压验电笔；（b）旋具式低压验电器

1—笔尖金属体；2—电阻；3—氖管；4—弹簧；5—笔尾金属体

用电笔测试带电体时，带电体经电笔，人体到大地形成通电回路，只要带电体与大地之间的电位差超过一定的数值，电笔中的氖管就能发出红色辉光。电笔的测试范围为 60～500V。

使用时，如图 4-2 所示以手指触及笔尾的金属体，并使氖管小窗背光朝向自己，以便于观察，同时要防止笔尖金属体触及皮肤，以避免触电。为此，在螺丝刀式电笔的金属杆上，必须套上绝缘套管，仅留出刀口部分供测试需要。

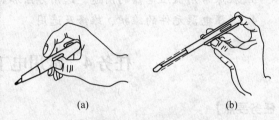

图 4-2　电笔的测试方法

（a）钢笔式电笔用法；（b）旋具式电笔用法

使用注意事项：

（1）使用电笔前，一定要在有电的电源上检查氖管能否正常发光。

（2）在明亮的光线下测试时，往往不易看清氖管的光辉，所以应避光检测。

（3）电笔的金属探头多制成螺丝刀式，它只能承受很小的扭矩，使用时应特别注意，以免损坏。

（4）电笔不可受潮，不可随意拆装或受到震动，以保证测试可靠。

4.2.2　钢丝钳、尖嘴钳

钢丝钳是钳夹和剪切导线线头的主要工具。由钳头和钳柄组成，钳口用来弯绞或钳夹导线线头，齿口用以固紧或起松螺母，刀口用来剪切导线或部切软导线的绝缘层，铡口用来铡切导线线芯，钢丝等较硬金属。其结构如图 4-3 所示。

尖嘴钳的头部尖细，适应于狭小的工作空间或带电操作低压电气设备；尖嘴钳也可用来剪断细小的金属丝。它适应于电气仪表制作或维修。其外形如图 4-4 所示。

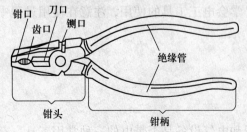

图 4-3　钢丝钳的构造

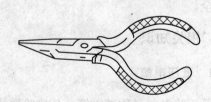

图 4-4　尖嘴钳外形

钳子的绝缘套管耐压在 500V 以上，使用时刀口应朝向自己面部。

使用注意事项：

（1）钳头不可代替手锤作为敲打工具使用。

（2）钳头应防锈，轴销处应经常加机油润滑，以保证使用灵活。

（3）钳柄上破碎的绝缘套管应及时调换，不可勉强使用。

4.2.3　斜口钳和剥线钳

斜口钳又称为断线钳，其头部偏斜，专用于剪断较粗的金属丝、线材及电线电缆等，如图 4-5（a）所示。对于粗细不同、硬度不同的线材，应选用规格不同的斜口钳。

剥线钳专用于剥削较细小的导线绝缘层，由钳口和手柄两部分组成。其外形如图 4-5（b）所示。

使用剥线钳时不允许用小咬口剥大直径导线，以免咬伤导线线芯；不允许当钢丝钳使用。

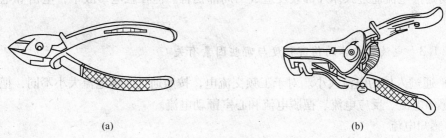

(a)　　　　　　　　　　　　　　　　(b)

图 4-5　斜口钳和剥线钳
（a）斜口钳；（b）剥线钳

4.2.4　螺钉旋具的使用

螺钉旋具俗称螺丝刀，分平口和十字两种，以配合不同槽型螺钉使用，有 50mm、100mm、150mm、200mm 几种规格，电工不可使用金属杆直通柄顶的螺丝刀。为了避免金属杆触及皮肤或邻近带电体，应在金属杆上加套绝缘管，如图 4-6 所示。

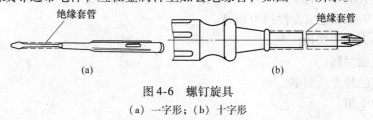

绝缘套管　　　　　　　　　　　　　　　　　　绝缘套管

(a)　　　　　　　　　　　　　(b)

图 4-6　螺钉旋具
（a）一字形；（b）十字形

4.2.5　电工刀

电工刀是用来剖削或切割电工器材的常用工具，其外形如图 4-7 所示。

使用电工刀时应注意：

（1）使用时，刀口应朝外进行操作，避免伤及手指。

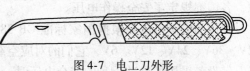

图 4-7　电工刀外形

（2）电工刀的刀柄是不绝缘的，不能在带电体上进行操作，以免触电。

（3）使用完毕，应随即把刀刃折入刀柄。

4.3　知识拓展

4.3.1　安全用电基本知识

4.3.1.1　触电事故

触电事故是指人体触及电流所发生的事故。

4.3.1.2　电对人体的伤害

电对人体的伤害（触电事故）分类：分电击和电伤两种类型。电击指的是电流通过人体内部，对人体内脏及神经系统造成破坏直至死亡。

电伤是指电流通过人体外部表皮造成的局部伤害。但在触电事故中，电击和电伤常会同时发生。

4.3.1.3　电流对人体的伤害程度与哪些因素有关

（1）通过人体的电流大小。对于工频交流电，按照通过人体电流大小不同，把触电电流分为感知电流、反应电流、摆脱电流和心室颤动电流。

1）感知电流

是指引起人的感觉的最小电流。通常成年男性平均感知电流：直流 1mA，工频交流 0.4mA；成年女性的感知电流：直流 0.6mA，工频交流 0.3mA。

2）反应电流

是指引起意外的不自主反应的最小电流。这种预料不到的电流作用，可能造成高空坠落或其他事故，在数值上反应电流略大于感知电流。

3）摆脱电流

是指人触电以后在不需要任何外来帮助下能自主摆脱的最大电流。规定正常男性的最大摆脱电流为 9mA，正常女性约为 6mA。

（2）通过人体的途径。

（3）持续的时间。

（4）电流的种类及频率。

（5）人体电阻。

4.3.1.4　安全电压

由于触电时对人体的危害性极大，为了保证人的生命安全，使触电者能够自行脱离电源，各国都规定了安全操作电压。

我国的安全电压是根据国家标准 GB 3805—1983 制定的，安全电压额定值的等级为 42V、36V、24V、12V、6V，它们的对应空载上限值分别为 50V、43V、29V、15V 和 8V。当电气设备采用了超过 24V 的安全电压时，必须采取防止直接触及带电体的保护措施，其电路必须与大地绝缘，并应安装漏电保护装置。

4.3.2　触电的原因、形式及其预防

4.3.2.1　触电原因归纳为以下几类

（1）线路架设不合格。

（2）用电设备不合要求，电烙铁、电熨斗、电风扇等家用电器绝缘损坏、漏电及其外壳无保护接地线或保护接地线接触不良等。

（3）电工操作制度不严格、不健全。

（4）用电不谨慎。违反布线规程，在室内乱拉电线，在使用中不慎造成触电。

4.3.2.2　触电形式

人体触及带电体按接触电源的形式不同，可把触电方式分为直接触电、跨步电压触电、感应电压触电、残余电荷触电、静电触电等几类。

A　直接触电

直接触电按其方式可分单相触电、两相触电和接触电压触电。

（1）单相触电是指人体站在地面或其他接地体上，人体某一部分触及一相带电体的触电事故。在触电事故中，大部分属于单相触电。

（2）不管电网中性点是否接地，只要人体同时触及两相带电体的触电，就称作两相触电。在两相触电情形下，人体承受线电压，触电后果相当严重。

B　跨步电压触电

跨步电压是指当设备发生接地故障时，接地电流通过接地体向大地流散，在地面上形成分布电位，此时若人在接地点附近活动，其两脚之间跨步（按 0.8m 考虑）的电位差，就称为跨步电压，这样的触电方式称为跨步电压触电。

4.3.2.3　触电的预防

触电事故往往发生在极短的时间内，造成严重的后果。要防止触电事故，应在思想上高度重视，健全组织措施和完善各种技术措施。

（1）防止触电的技术措施。为防止偶然触及或过分接近带电体，可设置遮栏，柑橘各种电压等级、周围环境和运行条件采取相应的绝缘措施。

（2）严密的组织措施。尽量不带电作业，特别是对地电压超过 250V 的危险场所。

各种电气设备应建立定期的检查制度，不符合安全要求的应及时处理。停电检修时，要悬挂"禁止合闸、有人工作"的警告牌，并应有人监视。经常加强安全教育，宣传安全用电知识。

4.4　技能训练

题目1：导线的剖削

对于导线线芯横截面积在 4mm^2 及以下的塑料硬线，一般用钢丝钳进行剥削，如图4-8所示，要求剥出的导线线芯应保持完整无损，以免影响使用质量。

导线线芯截面积在 $4mm^2$ 及以上的塑料硬线，可用电工刀进行剥削，剥削方法如图4-9所示。

根据所需长度电工刀以45°倾斜切入塑料层并向线端推削，如图4-9（a），图4-9（b）所示。

削去一部分塑料层，并将另一部分塑料层翻下，削去露出线芯下的绝缘层。如图4-9（c），图4-9（d）所示。

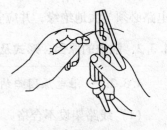

图4-8　钢丝钳剖削导线绝缘层

题目2：单股导线连接

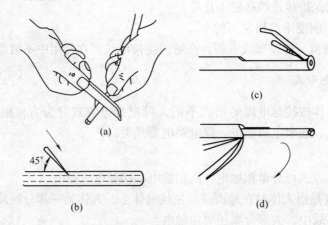

图4-9　电工刀剖削导线绝缘层

1. 直接连接

（1）先将两线端去绝缘后作X形相交。方法如图4-10（a）所示。

（2）互相绞合2～3圈后扳直。方法如图4-10（b）所示。

（3）两线端分别紧密向芯线上并绕6圈，钳去余端，压平切口。方法如图4-10（c）所示。

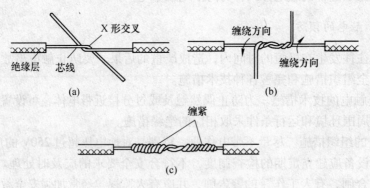

图4-10　单股导线直接连接

2. T形分支连接

（1）支线端和干线端去其绝缘后作十字相交，使支线线芯根部留出约3mm后往干线上缠绕一圈，再环绕成结状，收紧线端向干线上并绕6～8圈剪平切口。此方法适用于导线截面积较小的，如图4-11（a）所示。

（2）若导线截面积较大，两线芯十字形相交后，直接在干线上紧密缠绕8圈即可，如

图4-11（b）所示。

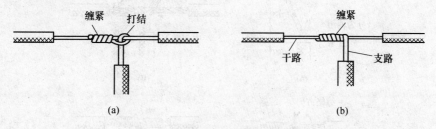

图4-11 单股导线T形分支连接

题目3：7芯多股导线连接

1. 直接连接

（1）首先将剥去绝缘层的多股芯线拉直，将其靠近绝缘层的约1/3芯线绞合拧紧，而将其余2/3芯线成伞状散开，另一根需连接的导线芯线也如此处理，如图4-12（a）所示。

（2）将两伞状芯线相对着互相插入后捏平芯线，如图4-12（b）所示。

（3）将每一边的芯线线头分作3组，先将某一边的第1组（两根）线头翘起并紧密缠绕在芯线上，再将第2组（两根）线头翘起并紧密缠绕在芯线上，最后将第3组（三根）线头翘起并密绕至根部，钳去余端，压平切口。如图4-12（c）、图4-12（d）、图4-12（e）所示。

（4）以同样方法缠绕另一边的线头。

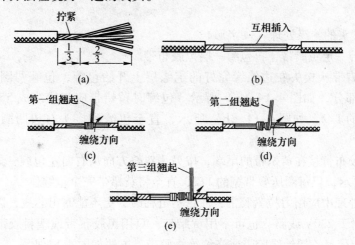

图4-12 多股导线直接连接

2. T形分支连接

（1）将支路芯线靠近绝缘层的约1/8芯线绞合拧紧，其余7/8芯线分为两组，如图4-13（a）所示。

（2）一组插入干路芯线当中，另一组放在干路芯线前面，并朝右边按图所示方向缠绕4～5圈，如图4-13（b），图4-13（c）所示。

（3）再将插入干路芯线当中的那一组朝左边方向缠绕4～5圈，剪去余端，压平切口即可。如图4-13（d）所示。

（4）另一端方法同前。

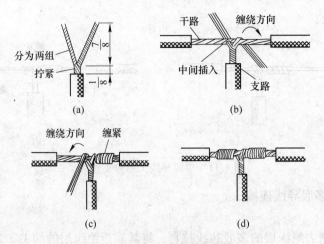

图 4-13　多股导线分支连接

题目 4：线头绝缘层恢复

为了进行连接，导线连接处的绝缘层已被去除。导线连接完成后，必须对所有绝缘层已被去除的部位进行绝缘处理，以恢复导线的绝缘性能，恢复后的绝缘强度应不低于导线原有的绝缘强度。

导线连接处的绝缘处理通常采用绝缘胶带进行缠裹包扎。一般电工常用的绝缘带有黄蜡带、涤纶薄膜带、黑胶布带、塑料胶带、橡胶胶带等。绝缘胶带的宽度常用 20mm 的，使用较为方便。

一般导线接头的绝缘处理（一字形）。

（1）先包缠一层黄蜡带，再包缠一层黑胶布带。

（2）将黄蜡带从接头左边绝缘完好的绝缘层上开始包缠，包缠两圈后进入剥除了绝缘层的芯线部分，如图 4-14（a）所示。包缠时黄蜡带应与导线成 55°左右倾斜角，每圈压叠带宽的 1/2，如图 4-14（b）所示，直至包缠到接头右边两圈距离的完好绝缘层处。

（3）将黑胶布带接在黄蜡带的尾端，按另一斜叠方向从右向左包缠，如图 4-14（c）、图 4-14（d）所示，仍每圈压叠带宽的 1/2，直至将黄蜡带完全包缠住。

（4）包缠处理中应用力拉紧胶带，注意不可稀疏，更不能露出芯线，以确保绝缘质量和用电安全。对于 220V 线路，也可不用黄蜡带，只用黑胶布带或塑料胶带包缠两层。在潮湿场所应使用聚氯乙烯绝缘胶带或涤纶绝缘胶带，方法如图 4-13 所示。

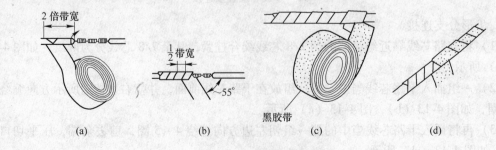

图 4-14　绝缘带的包缠

课 后 练 习

4-1　利用电工工具进行导线的剥削。

4-2　单股导线的连接练习。

4-3　多股导线的连接练习。

任务 5　刀开关、组合开关的认识与选用

【任务要点】

1. *刀开关、组合开关的结构。*
2. *会刀开关、组合开关的选型。*
3. *刀开关、组合开关的拆装。*
4. *刀开关、组合开关的接线及基本故障的排除。*

5.1　任务描述与分析

5.1.1　任务描述

刀开关、组合开关被广泛应用于各种配电设备和供电线路，一般用来作为电源的引入开关或隔离开关，也可用于小容量的三相异步电动机不频繁地启动或停止。

5.1.2　任务分析

本任务介绍了刀开关、组合开关的基本结构、原理及类型，掌握刀开关、组合开关的选用、接线及故障判断、维修。

5.2　相关知识

5.2.1　低压开关的概念及分类

低压电器一般是指在交流 50Hz、额定电压 1200V、直流电压 1500V 及以下在电路中起通断、保护、控制或调节作用的各种电器。

低压开关又称低压隔离器，是低压电器中结构比较简单、应用广泛的一类手动电器。主要有刀开关、组合开关以及用刀与熔断器组合成的胶盖瓷底刀开关，还有转换开关等。其外观如图 5-1 所示。

图 5-1　低压开关

5.2.2　刀开关

刀开关被广泛应用于各种配电设备和供电线路，一般用来作为电源的引入开关或隔离开关，也可用于小容量的三相异步电动机不频繁地启动或停止。

刀开关由手柄、触刀、静插座和底板组成。

刀开关按极数分为单极、双极和三极；按操作方式分为直接手柄操作式、杠杆操作机构式和电动操作机构式；按刀开关转换方向分为单投和双投等。

刀开关的型号含义：

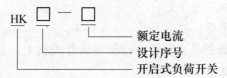

　　　　　额定电流
　　　　　设计序号
　　　　　开启式负荷开关

图形符号如图 5-2 所示。

在电力拖动控制线路中最常用的是由刀开关和熔断器组合而成的负荷开关，负荷开关又分为开启式负荷开关和封闭式负荷开关两种。

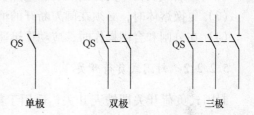

5.2.2.1　开启式负荷开关

开启式负荷开关又称为瓷底胶盖刀开关，简称闸刀开关，适用于照明、电热设备及小容

图 5-2　刀开关图形及文字符号

量电动机控制线路中，供手动不频繁地接通和分断电路，并起短路保护作用。常用的有 HK1 和 HK2 系列，其外观及结构如图 5-3 所示。

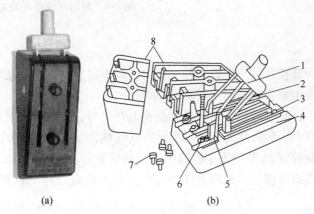

(a)　　　　　　　　　(b)

图 5-3　HK 系列刀开关外形及结构图

（a）外形；（b）结构

1—瓷柄；2—动触点；3—出线座；4—瓷底座；
5—静触点；6—进线座；7—胶盖紧固螺钉；8—胶盖

HK2 系列刀开关的技术数据见表 5-1。

表 5-1　HK2 系列刀开关技术数据

型号规格	额定电压/V	额定电流/A	极数	型号规格	额定电压/V	额定电流/A	极数
HK2-100/3	380	100	3	HK2-60/2	220	60	2
HK2-60/3	380	60	3	HK2-30/2	220	30	2
HK2-30/3	380	30	3	HK2-15/2	220	15	2
HK2-15/3	380	15	3	HK2-10/2	220	10	2

选用时应注意以下几点：

（1）用于照明和电热负载时，选用额定电压220V或250V，额定电流不小于电路所有负载额定电流之和的两极开关。

（2）用于控制电动机的直接启动和停止时，选用额定电压380V或500V，额定电流不小于电动机额定电流3倍的三极开关。

在安装使用方面则应注意：

（1）开启式负荷开关必须垂直安装在控制屏或开关板上，且合闸状态时手柄应朝上，不允许倒装或平装，以防发生误合闸事故。

（2）开启式负荷开关控制照明和电热负载使用时，要装接熔断器作短路和过载保护。

（3）更换熔体时，必须在闸刀断开的情况下按原规格更换。

（4）在分闸和合闸操作时，应动作迅速，使电弧尽快熄灭。

5.2.2.2　封闭式负荷开关

封闭式负荷开关即铁壳开关，适用于额定工作电压为380V、额定工作电流至400A、频率50Hz的交流电路中，作为手动不频繁地接通、分断有负载的电路，并有过载和短路保护作用。常用型号为HH3、HH4系列，其图形符号如图5-4所示。

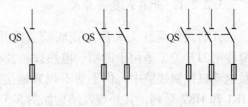

图5-4　封闭式负荷开关文字符号及图形符号

5.2.3　组合开关

组合开关又称为转换开关，也是一种刀开关。只不过它的刀片是转动式的，比刀开关轻巧且组合性强，能组成各种不同的线路。

组合开关体积小，触头对数多，灭弧性能比刀开关好，接线方式灵活，操作方便，常用于交流50Hz、380V以下及直流220V以下的电气线路中，非频繁的接通和分断电路、转换电源和负载以及控制5kW以下小容量感应电动机的启动、停止和正反转。

组合开关的种类有单极、双极和三极等几种。常用的组合开关有HZ10系列，其型号含义如下说明：

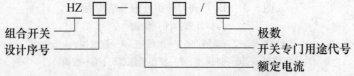

HZ10系列组合开关的三对静触头分别装在三层绝缘垫板上，并附有接线柱，用于与电源及用电设备相连。动触头是由磷铜片或硬紫铜片和具有良好灭弧性能的绝缘钢纸板铆合而成，并和绝缘垫板一起套在附有手柄的方形绝缘轴上。手柄和转轴能沿顺时针或逆时针方向转动90°，从而带动三对动触头分别与静触头接触或分离，实现接通或分断电器的目的。开关的顶盖由滑板、凸轮、扭簧和手柄等构成操作机构，由于采用了扭簧储能，可使触头快速闭合或分断，从而提高了开关的分断能力。其外形、结构、符号如图5-5所示。

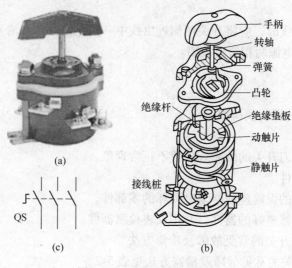

图 5-5 HZ10 系列组合开关
（a）外形；（b）结构；（c）符号

组合开关应根据电源种类、电压等级、所需触头数、接线方式和负载容量进行选用。

（1）用于照明或电热电路时，组合开关的额定电流应等于或大于电路中各负载电流的总和。

（2）用于直接控制异步电动机的启动和正反转时，开关的额定电流一般取电动机的额定电流的 1.5~2.5 倍。

5.3 知识拓展

5.3.1 开启式负荷开关的安装与使用

（1）开启式负荷开关必须垂直安装在控制屏或开关板上，且合闸状态时手柄应朝上，不允许倒装或平装，以防发生误合闸事故。

（2）开启式负荷开关控制照明和电热负载使用时，要装接熔断器作短路和过载保护。

（3）更换熔体时，必须在闸刀断开的情况下按原规格更换。

（4）在分闸和合闸操作时，应动作迅速，使电弧尽快熄灭。

5.3.2 组合开关的安装与使用

（1）HZ10 系列组合开关应安装在控制箱（或壳体）内，其操作手柄最好在控制箱的前面或侧面。开关为断开状态时手柄应在水平位置。HZ3 系列组合开关外壳上的接地螺钉应可靠接地。

（2）若需在箱内操作，开关最好装在箱内右上方，且在它的上方不安装其他电器，否则应采取隔离或绝缘措施。

（3）组合开关的通断能力较低，不能用来分断故障电流。用于控制异步电动机的正反转时，必须在电动机完全停止转动后才能反向启动，且每小时的接通次数不能超过 15~20 次。

（4）当操作频率过高或负载功率因数较低时，应降低开关的容量使用，以延长其使用寿命。

（5）倒顺开关接线时，应将开关两侧进出线中一相互换，并看清开关接线端标记，切忌接错，否则将产生电源两相短路故障。

5.4　技能训练

题目1：刀开关的拆装及检修

1. 刀开关的拆装

（1）了解和观察刀开关的故障现象或不正常现象。

（2）拆卸待修器件。

（3）更换已熔断的保险丝或修复已损坏的零部件。

（4）重新装配已修整好的器件，并用仪表检测器件。

2. 开启式负荷刀开关的常见故障及检修方法

开启式负荷刀开关的常见故障及检修方法见表5-2。

表5-2　开启式负荷刀开关的常见故障及检修方法

故障现象	原　因	处理方法
合闸后，开关一相或两相开路	（1）静触头弹性消失，开口过大，造成动、静触头接触不良； （2）熔丝熔断或虚连； （3）动、静触头氧化或有尘污； （4）开关进线或出线线头接触不良	（1）修整或更换静触头； （2）更换或紧固熔丝； （3）清洁触头； （4）重新连接
合闸后熔丝熔断	（1）外接负载短路； （2）熔体规格偏小	（1）排除负载短路故障； （2）按要求更换熔体
触头烧坏	（1）开关容量太小； （2）拉、合闸动作过慢，造成电弧过大，烧坏触头	（1）更换开关； （2）修整或更换触头，并改善操作方法

题目2：组合开关的拆装及检修

1. 组合开关的拆装

（1）了解和观察刀开关的故障现象或不正常现象。

（2）按照如图5-5所示的组合开关结构进行拆卸，并观察期内部构造。

（3）更换或修复已损坏的零部件

（4）重新装配已修整好的器件，并用仪表检测器件。

2. 组合开关的常见故障及检修方法

组合开关的常见故障及检修方法见表5-3。

表5-3　组合开关的常见故障及检修方法

故障现象	原　因	处理方法
手柄转动后，内部触头触头未动	（1）手柄上的轴孔磨损变形； （2）绝缘杆变形（由方轴磨为圆形）； （3）手柄与方轴，或轴与绝缘杆配合松动； （4）操作机构损坏	（1）调换手柄； （2）更换绝缘杆； （3）紧固松动部件； （4）修理更换

故障现象	原　因	处 理 方 法
手柄转动后，动静触头不能按要求动作	（1）组合开关型号选用不正确； （2）触头角度装配不正确； （3）触头失去弹性或接触不良	（1）更换开关； （2）重新装配； （3）更换触头或清除氧化层或尘污
接线柱间短路	因铁屑或油污附着接线柱，形成导电层，将胶木烧焦，绝缘损坏而形成短路	更换开关

课 后 练 习

5-1　刀开关的选型。

5-2　刀开关的拆装。

5-3　组合开关的选型。

5-4　组合开关的拆装。

任务 6　按钮、行程开关、万能转换开关的认识与选用

【任务要点】

1. 按钮、行程开关、万能转换开关的结构。
2. 按钮、行程开关、万能转换开关的工作原理。
3. 按钮、行程开关、万能转换开关的选用。
4. 控制电路中按钮、行程开关、万能转换开关的接线安装。
5. 控制电路中按钮、行程开关、万能转换开关的故障判断、维修。

6.1　任务描述与分析

6.1.1　任务描述

按钮、行程开关、万能转换开关等在电气控制系统中主要用于发送动作指令，因此也称为主令电器，主令电器通过接通和分断控制电路以发布命令、或对生产过程作程序控制。

6.1.2　任务分析

本任务介绍了按钮、行程开关、万能转换开关等主令电器的基本结构、原理，掌握按钮、行程开关、万能转换开关等的选用、接线及故障判断、维修。

6.2　相关知识

主令电器是在自动控制系统中发出指令的操纵电器，用它来控制接触器、继电器或其他电器，使电路接通或断开来实现生产机械的自动控制。

常用的主令电器有控制按钮、行程开关、万能转换开关、主令控制器等。

6.2.1　按钮

按钮是一种以短时接通或分断小电流的电器，它不直接去控制主电路的通断，而在控制电路中发出"指令"去控制接触器、继电器等电器，再由它们去控制主电路。

按钮的触头，允许通过电流很小，一般不超过 5A，其外形结构如图 6-1 所示。

图 6-1　按钮外形及结构示意图

1—按钮帽；2—复位弹簧；3—常闭静触头；4—动触头；5—常开静触头

按钮的图形符号及文字符号如图 6-2 所示。

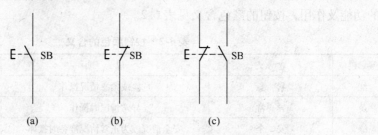

图 6-2 按钮的图形符号及文字符号

（a）常开触点；（b）常闭触点；（c）复合按钮

按钮的规格品种很多，常用的有 LA18、LA19、LA25、LAY3、LAY4 系列等，在选用时可根据使用场合酌情选择。按钮的型号说明如下：

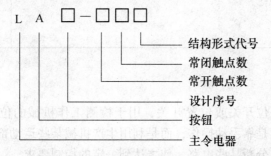

其中结构形式代号的含义为：K—开启式；S—防水式；J—紧急式；X—旋钮式；H—保护式；F—防腐式；Y—钥匙式；D—带指示灯。

常用按钮的技术数据见表 6-1。

表 6-1 常用按钮开关技术数据

型 号	额定电压 /V	额定电流 /A	结构形式	触头数（副）		按 钮	
				常开	常闭	钮数	颜 色
LA2			元件	1	1	1	黑或绿或红
KA10-2K			开启式	2	2	2	黑或绿或红
LA10-3K			开启式	3	3	3	黑、绿、红
LA10-2H			保护式	2	2	2	黑或绿或红
LA10-3H			保护式	3	3	3	黑、绿、红
LA18-22J			元件（紧急式）	2	2	1	红
LA18-44J			元件（紧急式）	4	4	1	红
LA18-66J	500	5	元件（紧急式）	6	6	1	红
LA18-22Y			元件（钥匙式）	2	2	1	黑
LA18-44Y			元件（钥匙式）	4	4	1	黑
LA18-22X			元件（旋钮式）	2	2	1	黑
LA18-44X			元件（旋钮式）	4	4	1	黑
LA18-66X			元件（旋钮式）	6	6	1	黑
LA19-11J			元件（紧急式）	1	1	1	红
LA19-11D			元件（带指示灯）	1	1	1	红或绿或黄或蓝或白

为了便于操作人员识别，避免发生误操作，生产中用不同的颜色和符号标志来区别按钮的功能及作用，按钮的颜色含义见表 6-2。

表 6-2　按钮颜色的含义

颜色	含义	说明	应用示例
红	紧急	危险或紧急情况操作	急停
黄	异常	异常情况时操作	干预、制止异常情况
绿	安全	安全情况或为正常情况准备时操作	启动/接通
蓝	强制性的	要求强制动作情况下的操作	复位功能
白			启动/接通（优先） 停止/断开
灰	未赋予特定含义	除急停以外的一般功能的启动	启动/接通 停止/断开
黑			启动/接通 停止/断开（优先）

6.2.2　行程开关

行程开关也称为限位开关或位置开关，用于检测工作机械的位置，其作用与按钮相同，只是触点的动作不是靠手动操作，而是利用生产机械某些运动部件的撞击来发出控制信号以此来实现接通或分断某些电路，使之达到一定的控制要求。

行程开关的种类很多，按照操作方式可分为瞬动型和蠕动型，按结构可分为直动式（LX1、JLXK1 系列）、滚轮式（LX2、JLXK2 系列）和微动式（LXW-11、JLXK1-11 系列）3 种。

行程开关的型号及其含义如下：

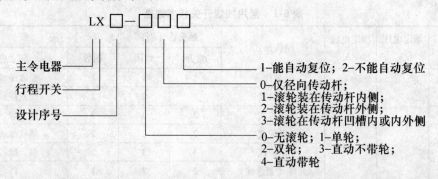

直动式行程开关的外形及结构原理如图 6-3 所示，它的动作原理与按钮相同。其触头的分合速度取决于生产机械的运动速度；不宜于速度低于 0.4r/min 的场所。

滚轮式行程开关适合于低速运动的机械，又分为单滚轮自动复位和双滚轮非自动复位式，由于双滚轮式行程开关具有两个稳态位置，有"记忆"作用，在某些情况下可使控制电路简化。其外形及结构如图 6-4 所示。

微动式行程开关（LXW-11 系列）是行程非常小的瞬时动作开关，其特点是：

操作力小且操作行程短，常用于机械、纺织、轻工、电子仪器等各种机械设备和家用电器中，起限位保护和连锁作用。其外形及结构如图 6-5 所示。

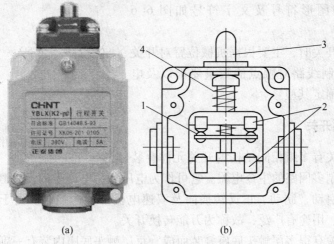

图 6-3　直动式行程开关

（a）外形；（b）内部构造

1—动触头；2—静触头；3—顶杆；4—弹簧

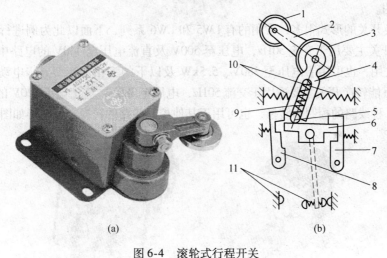

图 6-4　滚轮式行程开关

（a）外形；（b）内部结构

1—滚轮；2—上转臂；3—盘形弹簧；4—推杆；5—小滚轮；6—擒纵杆；

7，8，9—压缩弹簧；10—左右弹簧；11—触头

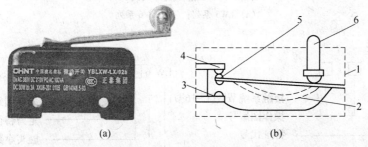

图 6-5　微动式行程开关

（a）外形；（b）内部结构

1—壳体；2—弓簧片；3—常开触点；4—常闭触电；5—动触点；6—推杆

行程开关的图形符号及文字符号如图 6-6所示。

在选用行程开关时，主要根据机械位置对开关形式的要求和控制线路对触点的数量要求以及电流、电压等级来确定其型号。

6.2.3　万能转换开关

万能转换开关有多组相同结构的开关元件叠装而成，是可以控制多回路的主令电器。它可作为电压表、电流表的换相测量开关，或用于小容量电动机的启动、制动、正反转换向及双速电机的调速控制。由于开关的触头挡数多、换接线路多、用途有广泛，故称为万能转换开关。

万能转换开关有很多层触头底座叠装而成，每层触头底座内装有一副（或三幅）触头和一个装在转轴上的凸轮，操作时手柄带动转轴和凸轮一起旋转，凸轮就可以接通或分断触头。由于凸轮的形状不同，当手柄在不同的操作位置时，触头情况也不同，从而达到换接电路的目的。

万能转换开关的形式很多，常用的有 LW5 和 LW6 系列，下面以此为例进行介绍。LW5-16 万能转换开关主要用于交流 50Hz，电压至 500V 及直流电压至 440V 的电路中，作电气控制线路转换之用，也可用于电压至 380V、5.5kW 及以下的三相鼠笼型异步电动机的直接控制。LW6 型万能转换开关主要适用于交流 50Hz，电压至 380V，直流电压 220V 的机床控制线路中，实现各种线路的控制和转换，也可用于其他控制线路的转换。其外形如图 6-7 所示。

图 6-6　行程开关的图形及文字符号

常开触点　　常闭触电　　　复合触点

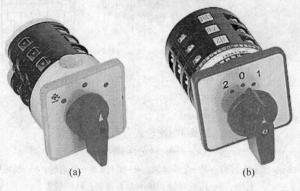

(a)　　　　　　　　　　(b)

图 6-7　万能转换开关外形
(a) LW5 系列；(b) LW6 系列

型号含义：

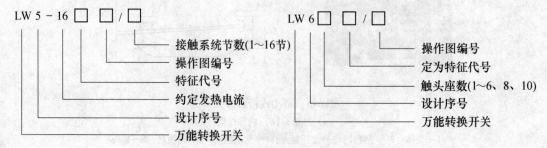

LW 5 - 16 □ □ / □
- 接触系统节数(1~16节)
- 操作图编号
- 特征代号
- 约定发热电流
- 设计序号
- 万能转换开关

LW 6 □ □ / □
- 操作图编号
- 定为特征代号
- 触头座数(1~6、8、10)
- 设计序号
- 万能转换开关

万能转换开关的图形及符号如图6-8所示。

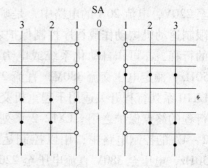

图6-8　万能转换开关符号

6.3　知识拓展

6.3.1　按钮的选择

（1）根据适用场合和具体用途选择按钮的种类

如：嵌装在操作面板上的按钮可选用开启式；需显示工作状态的选用光标式；在非常重要处，为防止无关人员误操作可采用钥匙操作式；在有腐蚀性气体处要用防腐式等。

（2）根据工作状态指示和工作情况

要求选择按钮或指示灯的颜色，如：启动按钮可选用白、灰或黑色，优先选用白色，也允许选用绿色。急停按钮应选用红色。停止按钮可选用黑、灰或白色，优先用黑色，也允许选用红色。

（3）根据控制回路的需要选择按钮的数量

如单联钮、双联钮和三联钮等。

6.3.2　按钮的安装及使用

（1）按钮安装在面板上时，应布置整齐，排列合理，如根据电动机启动的先后顺序，从上至下或从左到右排列。

（2）同一机床运动部件有几种不同的工作状态时（如上、下、前、后、松、紧等），应使每一对相反状态的按钮安装在一组。

（3）按钮的安装应牢固，安装按钮的金属板或金属按钮盒必须可靠接地。

（4）由于按钮的触头间距较小，如有油污等污染物极易发生短路故障，所以应注意保持触头的清洁。

（5）光标按钮一般不宜用于需长期通电显示处，以免塑料外壳过度受热而变形，使更换灯泡更困难。

6.3.3　行程开关

行程开关的选用及使用方法同按钮，在这里简单介绍一下各系列行程开关的适用范围，供大家学习参考。

LX1系列行程开关适用于交流50Hz，电压至380V直流电压至220V的控制电路中，作为控制速度不小于0.1m/min的运动机构之行程或变换其运动方向或速度之用。LX2系列行程开关适用于交流50Hz电压至380V，直流220V的控制电路中，作为控制运动机构的行程或变换其运动方向或速度之用。LX3系列行程开关适用于交流50Hz，电压至380V直流220V的控制电路中，作为控制运动机构的行程或变换其运动方向或速度之用。LX4系列行程开关适用于交流50Hz，电压至380V或直流220V的控制电路中，作限制各种机构和行程之用。LX5系列行程开关适用于交流50Hz、电压至380V、电流至3A的控制电路，作控制机床工作之用。LX6系列行程开关适用于交流50Hz，电压至380V，直流电压至 220V，电流 20A 的电路中，是矿山设备、化工设备、冶金机械设备，作机床自动控制，限制运动机构动作或程序控制保护之用。LX7 系列行程开关一般用作起重机限制提升机构的行程，亦可作自动化系统或电力拖动装置的终端开关。LX8 系列行程开关适用于交流 50Hz，额定电压交流 380V，直流 220V，额定电流 20A，作为控制电路及安全行车之用。LX10 系列行程开关适用于起重机交流 50Hz 电压 380V，直流 220V 的控制线路中作为机构行程的终点保护之用。LX12-2 系列行程开关适用于交流 50Hz，电压至 500～220V，电流 2～4A 的控制电路中，用以控制运动机构的行程之用。LX19 系列行程开关适用于交流 50Hz，电压至 380V 直流电压至 220V 的控制电路，作控制运动机构的行程和变换其运动方向或速度之用。LX22 系列行程开关适用于交流 50Hz，电压 380V 及直流 220V 的控制电路中，作为限制各种机构的行程之用。LX25 系列行程开关具有瞬时换接动作机构。适用于交流 50Hz，至 380V 及直流电压至 220V 的电路中，作机床自动控制，限制运动机构动作或程序控制用。LX29 系列行程开关适用于交流 50Hz、电压至 380V 及直流电压至 220V 的电路中，作为控制运动机构的行程和变换其运动方向或速度之用。LX44 系列断火限位器适用于交流 50Hz 电压至 380V 直流 220V 的电力线路中，作限制 0.5～100t 的 CD1，MD1 型一般用钢丝绳式电动葫芦作升降运动的限位保护，可直接分断主电路。JLXK1 系列行程开关具有瞬时换接动作机构。适用于交流 50Hz，电压至 380V 及直流电压至 220V 的电路中，作机床自动控制，限制运动机构动作或程序控制用。LXK3 系列行程开关适用于交流 50Hz、60Hz，电压至 380V；直流 220V 同极使用的控制电路及辅助电路中作为操纵、控制限位信号、连锁等用途的机械开关。

6.4　技能训练

题目 1：按钮的检测

1. 按钮的拆装

（1）了解和观察按钮的内部结构。

（2）拆卸待修器件。

（3）清洁触头表面污物或氧化物。

（4）更换已损坏的零部件。

（5）重新装配已修整好的器件，并用仪表检测器件。

2. 按钮的常见故障及处理

按钮的常见故障及处理方法见表 6-3。

表 6-3　按钮的常见故障及处理方法

故障现象	原　　因	处 理 方 法
触头接触不良	（1）触头烧损； （2）触头表面有尘垢或氧化物； （3）触头弹簧失效	（1）修整触头； （2）清洁触头表面； （3）重绕弹簧或更换产品
触头间短路	（1）塑料受热变形，导致接线螺钉间短路； （2）杂物或油污在触头间形成通路	（1）更换产品，并查明发热原因，如灯泡发热所致，可降低电压； （2）清洁按钮内部

题目 2：行程开关的拆装

（1）了解和观察行程开关的故障现象或不正常现象。

（2）按照图示行程开关结构进行内部构造观察。

（3）更换或修复已损坏的零部件。

（4）重新装配已修整好的器件，并用仪表检测器件。

题目 3：万能转换开关的拆装

1. 万能转换开关的拆装

（1）拆卸时要避免剧烈振动，并逐层取下。

（2）检查各触头情况。

（3）调整各层凸轮位置以满足不同电路对触点状态的不同要求。

2. 注意事项

（1）定位机构弹簧力量较大时容易弹出应特别小心。

（2）各触头一定要放在各自的固定槽内。

（3）调整触头状态后要做好触头闭合表。

课 后 练 习

6-1　按钮选用。

6-2　行程开关选用。

6-3　画出按钮、行程开关的图形符号、文字符号。

任务 7　接触器的认识与选用

【任务要点】

1. 接触器的结构。
2. 接触器的工作原理。
3. 接触器的选用。
4. 接触器的安装接线及接触器故障检修。

7.1　任务描述与分析

7.1.1　任务描述

接触器是用来频繁接通或分断交、直流电路或其他负载电路的控制电器。用它可以实现远距离自动控制。由于它结构紧凑、价格低廉、工作可靠、维护方便，因而用途十分广泛，是用量最大、应用面最宽的电器之一。

7.1.2　任务分析

本任务通过对接触器的拆装认识其基本结构及工作原理，掌握接触器的选用、拆卸、故障判断及维修方法，能正确拆卸接触器、能判断接触器的一般故障及基本的维护、维修。

7.2　相关知识

7.2.1　概述

接触器是一种遥控电器，在机床电气自动控制中用来频繁地接通和断开交直流电路，具有低电压释放保护性能、控制容量大、能远距离控制等优点。

接触器是利用电磁吸力及弹簧反作用力配合动作，而使触头闭合与分断的一种电器。按其触头通过电流的种类不同，可分为交流接触器和直流接触器。在本任务中主要介绍交流接触器。

7.2.2　交流接触器的结构

交流接触器主要有电磁系统、触头系统、灭弧装置等部分组成。如图 7-1 所示为部分 CJ20 系列交流接触器的外形和结构原理，图形和文字符号如图 7-2 所示。

7.2.2.1　电磁机构

电磁机构是用来操作触头闭合与分断用的，包括线圈、动铁芯和静铁芯。

交流接触器的铁芯一般用硅钢片叠压铆成，以减少交变磁场在铁芯中产生涡流及磁滞损耗，避免铁芯过热。

交流接触器的铁芯上装有一个短路铜环，又称减震环，如图 7-3 所示。其作用是减少

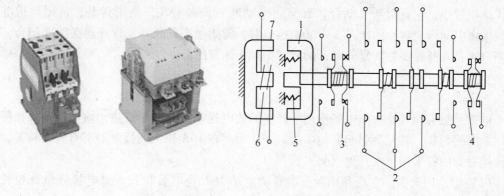

图7-1　CJ20系列交流接触器外形及结构原理

1—动铁芯；2—主触头；3—动断辅助触头；4—动合辅助触头；5—恢复弹簧；6—吸引线圈；7—静铁芯

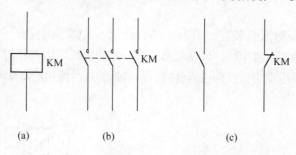

图7-2　接触图形符号及文字符号

（a）线圈；（b）常开主触头；（c）辅助常开、常闭触头

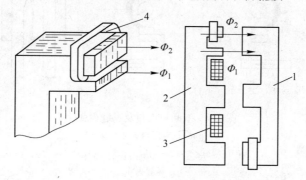

图7-3　交流电磁铁的短路环

1—动铁芯；2—静铁芯；3—线圈；4—短路环

交流接触器吸合时产生的振动和噪声。

　　为了增加铁芯的散热面积，交流接触器的线圈一般采用短而粗的圆筒形电压线圈，并与铁芯之间有一定间隙，以避免线圈与铁芯直接接触而受热烧坏。

7.2.2.2　触头系统

　　交流接触器的触头起分断和闭合电路的作用，因此，要求触头导电性能良好，所以触头通常采用紫铜制成。接触器的触头系统包括主触头和辅助触头，主触头用以通断电流较大的主电路，体积较大，一般是由三对常开触头组成；辅助触头用以通断小电流的控制电路，体积较小，它有常开（动合）和常闭（动断）两种触头。所谓常开、常闭是指电磁系统未通电动作前触头的状态。当线圈通电时，常闭触头先断开。常开触头随即闭合，线圈断电时，常开触头先恢复分断，随后常闭触头恢复闭合。

7.2.2.3　灭弧装置

电弧是触头间气体在强电场作用下产生的放电现象，会发光发热，灼伤触头，并使电路切断时间延长，甚至会引起其他事故。一般容量在10A以上的接触器都有灭弧装置。在交流接触器中常采用下列几种灭弧方法：

（1）电动力灭弧。它是利用触头本身的电动力F把电弧拉长，是电弧热量在拉长的过程中散发而冷却熄灭。

（2）双断口灭弧。它是将整个电弧分成两段，同时利用上述电动力将电弧熄灭，如图7-4（a）所示。

（3）纵缝灭弧。纵缝灭弧装置如图7-4（b）所示，灭弧罩内只有一个纵缝，缝的下部宽些，以便放置触头；缝的上部窄些，以便电弧压缩，并和灭弧室壁有很好的接触。当触头分断时，电弧被外界磁场或电动力横吹而进入缝内，是电弧的热量传递给室壁而迅速冷却熄弧。

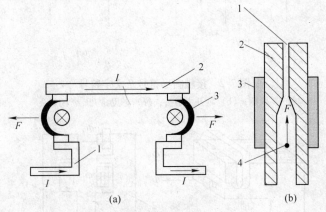

图7-4　双断口灭弧及纵缝灭弧

（a）双断口灭弧

1—静触头；2—动触头；3—电弧

（b）纵缝灭弧

1—纵缝；2—介质；3—磁性夹板；4—电弧图

（4）栅片灭弧。纵缝灭弧装置如图7-5所示，灭弧栅由镀铜的薄铁片组成，薄铁片插在由陶土或石棉水泥材料压制而成的灭弧罩中，各片之间是相互绝缘的。当电弧进入栅片时，被分割成一段段串联的短弧，而栅片就是这些短弧的电极，栅片能导出电弧的热量。由于电弧被分割成许多段，每一个栅片相当于一个电极，有许多个阳极和阴极降压，有利于电弧的熄灭。此外，栅片还能吸收电弧热量，使电弧

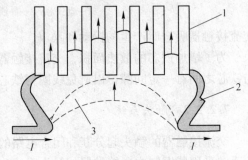

图7-5　栅片灭弧

1—灭弧栅；2—触头；3—电弧

迅速冷却，因此，电弧进入栅片后就会很快熄灭。

7.2.2.4 其他部分

交流接触器的其他部分包括反作用力弹簧、缓冲弹簧、触头压力弹簧片、传动机构和接线柱等。

反作用力弹簧的作用是当线圈断电时，使触头复位分断。缓冲带弹簧是一个静铁芯和胶木底座之间的刚性较强的弹簧，它的作用是缓冲动铁芯在吸合时对静铁芯的冲击力，保护胶木外壳免受冲击，不易损坏。触头压力弹簧片的作用是增加动、静触头间的压力，从而增大接触面积减小接触电阻。

7.2.3 交流接触器的工作原理

当线圈得电后，在铁芯中产生磁通及电磁吸力，衔铁在电磁吸力的作用下吸向铁芯，同时带动触头移动，使常闭触头打开，常开触头吸合。当线圈失电或线圈两端电压显著降低时，电磁吸力弹簧反力，使得衔铁（动铁芯）释放，触头机构复位，断开电路或解除互锁。

7.2.4 交流接触器的技术数据

（1）额定电压。接触器铭牌额定电压是指主触点上的额定工作电压。直流接触器常用的电压等级为 110V、220V、440V、660V 等。交流接触器常用的电压等级为 127V、220V、380V、500V 等。

（2）额定电流。接触器铭牌额定电流是指主触头的额定电流。直流接触器常用的电流等级为 25A、40A、60A、100A、250A、400A、600A。交流接触器常用的电流等级为 5A、10A、20A、40A、60A、100A、150A、250A、400A、600A。

（3）动作值。动作值是指接触器的吸合电压与释放电压。接触器在额定电压 85% 以上时，应可靠吸合，释放电压不高于额定电压的 70%。

（4）接通与分断能力。接通与分断能力是指接触器的主触头在规定的条件下能可靠地接通和分断的电流值，而不应发生熔焊、飞弧和过分磨损。

（5）额定操作频率。额定操作频率是指每小时接通次数。交流接触器最高为 600 次/h，直流接触器可最高为 1200 次/h。

（6）寿命。寿命包括电寿命和机械寿命。目前接触器的机械寿命已达一千万次以上，电气寿命是机械寿命的 5%~20%。

7.2.5 接触器的型号

接触器的型号含义如下：

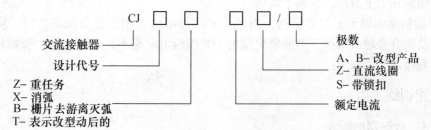

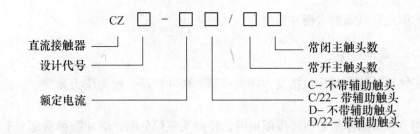

7.3　知识拓展

7.3.1　接触器的选择

（1）选择接触器的类型。根据所控制的电动机或负载电流类型来选择接触器的类型。

（2）选择接触器触头的额定电压。通常选择接触器触头的额定电压大于或等于负载回路的额定电压。

（3）选择接触器主触头的额定电流。选择接触器主触头的额定电流应大于或等于电动机的额定电流。

可按下列经验公式计算（适用于 CJ0、CJ10 系列）：

$$I_{\rm C} = \frac{P_{\rm N} \times 10^3}{K U_{\rm N}} \tag{7-1}$$

式中　K——经验系数，一般取 1 ~ 1.4；

　　　$P_{\rm N}$——被控制电动机的额定功率，kW；

　　　$U_{\rm N}$——被控制电动机的额定电压，V；

　　　$I_{\rm C}$——接触器主触头电流，A。

（4）选择接触器吸引线圈的电压。接触器吸引线圈的电压一般从人身和设备安全角度考虑，可选择低些，但当控制线路简单、用电不多时，为了节省变压器，可选择 380V。

（5）接触器的触头数量、种类选择。接触器的触头数量、种类选择等应满足控制线路的要求。

7.3.2　接触器的安装和使用

（1）接触器安装前应先检查接触器的线圈电压，是否符合实际使用要求，然后将铁芯极面上的的防锈油擦净，以免油垢黏滞造成接触器线圈断电、铁芯不释放，并用手分合接触器的活动部分，检查各触头接触是否良好，有否卡阻现象。灭弧罩应完整无损，固定牢固。

（2）接触器安装时，其底面与地面的倾斜度应小于 45°，安装 CJ0 系列接触器时，应使有孔两面放在上下方向，以利于散热。

（3）接触器的触头不允许涂油，当触头表面因电弧作用形成金属小珠时，应及时铲除，但银及银合金触头表面产生的氧化膜由于其接触电阻很小，不必挫修，否则将缩短触头的使用寿命。

7.4　技能训练

题目 1：接触器的拆装

（1）旋下灭弧罩固定螺钉，卸下灭弧罩。

（2）拆下3组桥形主触头，将桥形主触头的弹簧夹拎起，再将压力弹簧片推出主触头横向旋转后取出，最后取出两组辅助常开和常闭的桥形动触头。

（3）将接触器底部朝上，按住底板，旋出接触器底板上的固定螺钉，取出弹起的盖板。

（4）取下静铁芯及其缓冲垫，取出静铁芯支架和线包及铁芯间的缓冲弹簧。

（5）小心将线圈的两个引线端接线卡从卡槽中取出，再拿出线圈。

（6）取出动铁芯、反作用力弹簧，取出与动铁芯相连的动触头结构支架中的各个触头压力弹簧及其垫片，旋下外壳上静触头固定螺钉并取下静铁芯。

题目2：接触器的故障维修

（1）旋下灭弧罩固定螺钉，卸下灭弧罩。

（2）拆下3组桥形主触头，将桥形主触头的弹簧夹拎起，再将压力弹簧片推出主触头横向旋转后取出，最后取出两组辅助常开和常闭的桥形动触头。

（3）将接触器底部朝上，按住底板，旋出接触器底板上的固定螺钉，取出弹起的盖板。

（4）取下静铁芯及其缓冲垫，取出静铁芯支架和线包及铁芯间的缓冲弹簧。

（5）小心将线圈的两个引线端接线卡从卡槽中取出，再拿出线圈。

（6）取出动铁芯、反作用力弹簧，取出与动铁芯相连的动触头结构支架中的各个触头压力弹簧及其垫片，旋下外壳上静触头固定螺钉并取下静铁芯。接触器常见故障及处理方法见表7-1。

表7-1　接触器常见故障及处理方法

故障现象	原　因	处 理 方 法
接触器不吸合或吸不牢	（1）电源电压过低； （2）线圈短路； （3）线圈技术参数与使用条件不符； （4）铁芯机械卡阻	（1）调高电源电压； （2）调换线圈； （3）调换线圈； （4）排除卡阻物
线圈断电，接触器不释放或释放缓慢	（1）触头熔焊； （2）铁芯表面有油垢； （3）触头弹簧压力过小或反作用弹簧损坏； （4）机械卡阻	（1）排除熔焊故障； （2）清理铁芯表面油垢； （3）调整触头压力或更换反作用力弹簧； （4）排除卡阻物
触头熔焊	（1）操作频率过高或负载作用； （2）负载侧短路； （3）触头弹簧压力过小； （4）触头表面有电弧灼伤； （5）机械卡阻	（1）调换合适的接触器或减小负载； （2）排除短路故障，更换触头； （3）调整触头弹簧压力； （4）清理触头表面； （5）排除卡阻物
铁芯噪声过大	（1）电源电压过低； （2）短路环断裂； （3）铁芯机械卡阻； （4）铁芯极面有油污或磨损不平； （5）触头弹簧压力过大	（1）检查线路并提高电源电压； （2）调换铁芯或短路环； （3）排除卡阻物； （4）用汽油清洗极面或调换铁芯； （5）调整触头弹簧压力

故障现象	原　　因	处 理 方 法
线圈过热 或烧毁	（1）线圈匝间短路； （2）操作频率过高； （3）线圈参数与实际使用不符； （4）铁芯机械卡阻	（1）更换线圈并找出故障原因； （2）调换合适的接触器； （3）调换线圈或接触器； （4）排除卡阻物

课 后 练 习

7-1　交流接触器的工作原理是什么？它主要有哪几部分组成？

7-2　交流接触器的铁芯表面为什么安装有短路环？

7-3　交流接触器在运行中有时线圈断电后，衔铁仍掉下来，电动机不能停止，这时应如何处理？故障原因在哪里？应如何排除？

任务 8　继电器的认识与选用

【任务要点】

1. 常用继电器的结构。
2. 常用继电器的工作原理。
3. 常用继电器的选用。
4. 常用继电器的应用。
5. 常用继电器的安装接线及接触器故障检修。

8.1　任务描述与分析

8.1.1　任务描述

继电器是一种当输入量（可以是电压、电流，也可以是温度、速度、压力等其他物理量，又称激励量）达到一定值时，输出量将发生跳跃式变化的自动控制器件。通常应用于自动控制电路中，它实际上是用较小的电流去控制较大电流的一种"自动开关"。在机床电气控制电路中起着自动调节、安全保护、转换电路等作用。

8.1.2　任务分析

本任务介绍电压继电器、电流继电器、中间继电器、时间继电器、速度继电器的基本结构及工作原理，掌握上述继电器的选用方法，会应用上述继电器，掌握在控制线路中继电器的接线及故障判断及维修方法。

8.2　相关知识

继电器是根据某种输入信号的变化，接通或断开控制电路，实现自动控制和保护电力装置的自动电器。主要用于控制及保护电路中。输入信号可以是电压、电流，也可以是其他的物理信号（如温度、压力、速度等）。

无论继电器的输入量是电量或非电量，继电器工作的最终目的总是控制触点的分断或闭合从而控制电路通断的，就这一点来说接触器与继电器是相同的。但是它们又有区别，主要表现在以下两个方面：

（1）所控制的线路不同。继电器用于控制电讯线路、仪表线路、自控装置等小电流电路及控制电路；接触器用于控制电动机等大功率、大电流电路及主电路。

（2）输入信号不同。继电器的输入信号可以是各种物理量，如电压、电流、时间、压力、速度等，而接触器的输入量是电压。

继电器种类繁多，按输入信号类型来分，常用的有电压继电器、电流继电器、中间继电器、时间继电器、速度继电器、压力继电器等。按工作原理可分为：电磁式继电器、感应式继电器、电动式继电器、电子式继电器、热继电器等；按用途可分为控制与保护继电器；按输出形式可分为有触点和无触点继电器。

电磁式继电器是依据电压、电流等电量，利用电磁原理使衔铁闭合动作，进而带动触头动作，使控制电路接通或断开，实现动作状态的改变。

下面主要介绍几种电磁式继电器的结构及原理。

8.2.1　电磁式电压继电器

电压继电器（Voltage Relay）反映的是电压信号。使用时，电压继电器的线圈并联在被测电路中，线圈的匝数多、导线细、阻抗大。电压继电器根据所接线路电压值的变化，处于吸合或释放状态。根据动作电压值不同，电压继电器可分为欠电压继电器和过电压继电器两种。

过电压继电器在电路电压正常时，衔铁释放，一旦电路电压升高至额定电压的 110%~115% 以上时，衔铁吸合，带动相应的触点动作；欠电压继电器在电路电压正常时，衔铁吸合，一旦电路电压降至额定电压的 5%~25% 以下时，衔铁释放，输出信号。

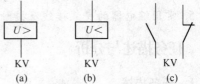

图 8-1　电压继电器图形及文字符号
（a）过电压继电器线圈符号；
（b）欠电压继电器线圈符号；
（c）电压继电器触头符号

电压继电图形及文字符号如图 8-1 所示。

8.2.2　电磁式电流继电器

电流继电器（Current Relay）是反映输入量为电流的继电器。使用时，电流继电器的线圈串联在被测量电路中，用来检测电路的电流。电流继电器的线圈匝数少，导线粗，线圈的阻抗小。电流继电器除用于电流型保护的场合外，还经常用于按电流原则控制的场合。电流继电器有欠电流继电器和过电流继电器两种。

过电流继电器在电路正常工作时，衔铁是释放的；一旦电路发生过载或短路故障时，衔铁才吸合，带动相应的触点动作，即常开触点闭合，常闭触点断开。

欠电流继电器在电路正常工作时，衔铁是吸合的，其常开触点闭合，常闭触点断开；一旦线圈中的电流降至额定电流的 10%~20% 以下时，衔铁释放，发出信号，从而改变电路的状态。

电流继电图形及文字符号如图 8-2 所示。

8.2.3　电磁式中间继电器

中间继电器是用来转换和传递控制信号的元件。它的输入信号是线圈的通电断电信号，输出信号为触点的动作。中间继电器实质也是一种电压继电器。只是它的触点对数较多，触点容量较大（额定电流 5~10A），动作灵敏。主要起扩展控制范围或传递信号的中间转换作用。

中间继电器的结构和工作原理与接触器基本相同，但中间继电器的触头多，且没有主辅触头之分，各对触头允许通过的电流大小相同，多数为 5A，因此当电路中的工作电流小于 5A 时可以用中间继电器替代接触器进行对电路的控制。

电磁式中间继电器图形及文字符号如图 8-3 所示。

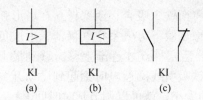

图 8-2 电流继电器图形及文字符号
　　（a）过电流继电器线圈符号；
　　（b）欠电流继电器线圈符号；
　　（c）电流继电器触头符号

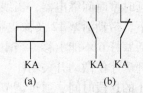

图 8-3 中间继电器图形及文字符号
　　（a）中间继电器线圈符号；
　　（b）中间继电器触头符号

8.2.4 时间继电器

　　在自动控制系统中，有时需要继电器得到信号后不立即动作，而是要顺延一段时间后再动作并输出控制信号，以达到按时间顺序进行控制的目的。时间继电器就是利用某种原理实现触点延时动作的自动电器，经常用于按时间控制原则进行控制的场合。

　　时间继电器按工作原理分可分为：直流电磁式、空气阻尼式（气囊式）、晶体管式、电动式等几种。按延时方式分可分为：通电延时型和断电延时型。

　　下面以空气阻尼式时间继电器为例，认识时间继电器的原理及应用。

　　空气阻尼式时间继电器是利用空气阻尼原理获得延时的，其结构由电磁系统、延时机构和触点三部分组成。电磁机构为双 E 直动式，触头系统为微动开关，延时机构采用气囊式阻尼器。

　　空气阻尼式时间继电器既有通电延时型，也有断电延时型。只要改变电磁机构的安装方向，便可实现不同的延时方式：当衔铁位于铁芯和延时机构之间时为通电延时；当铁芯位于衔铁和延时机构之间时为断电延时。如图 8-4 所示为空气阻尼式时间继电器的动作原理图。

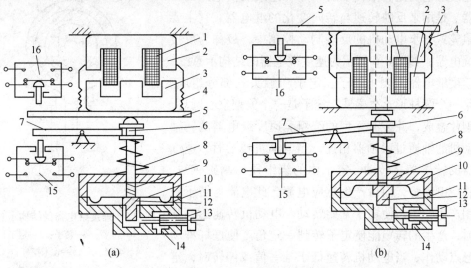

图 8-4 空气阻尼式时间继电器的动作原理图
（a）通电延时型；（b）断电延时型
1—线圈；2—铁芯；3—衔铁；4—恢复弹簧；5—推板；6—活塞杆；7—杠杆；
8—塔形弹簧；9—弹簧；10—橡皮膜；11—气室；12—活塞；13—调节螺钉；
14—进气孔；15，16—微动开关

通电延时型时间继电器,当线圈 1 通电后,铁芯 2 将衔铁 3 吸合,活塞杆 6 在塔形弹簧的作用下,带动活塞 12 及橡皮膜 10 向上移动,由于橡皮膜下方气室空气稀薄,形成负压,因此活塞杆 6 不能上移。当空气由气孔 14 进入时,活塞杆 6 才逐渐上移。移到最上端时,杠杆 7 才使微动开关动作。延时时间即为自电磁铁吸引线圈通电时刻起到微动开关动作时为止的这段时间。通过调节螺杆 13 调节进气口的大小,就可以调节延时时间。

当线圈 1 断电时,衔铁 3 在复位弹簧 4 的作用下将活塞 12 推向最下端。因活塞被往下推时,橡皮膜下方气孔内的空气,都通过橡皮膜 10、弱弹簧 9 和活塞 12 肩部所形成的单向阀,经上气室缝隙顺利排掉,因此延时与不延时的微动开关 15 与 16 都迅速复位。

断电延时型时间继电器工作原理读者可自行分析。

时间继电器的图形符号及文字符号如图 8-5 所示。

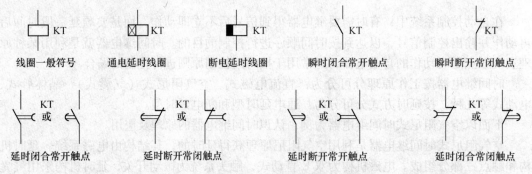

| 线圈一般符号 | 通电延时线圈 | 断电延时线圈 | 瞬时闭合常开触点 | 瞬时断开常闭触点 |

| 延时闭合常开触点 | 延时断开常闭触点 | 延时断开常开触点 | 延时闭合常闭触点 |

图 8-5　时间继电器的图形符号及文字符号

8.2.5　速度继电器

速度继电器是利用转轴的一定转速来切换电路的自动电器。是用来反映转速与转向变化的继电器。它主要用作鼠笼式异步电动机的反接制动控制中,故称为反接制动继电器。如图 8-6 所示为速度继电器的结构示意图。

速度继电器主要由转子、定子和触头三部分组成。转子是一个圆柱形永久磁铁,定子是一个笼型空心圆环,由硅钢片叠成,并装有笼型的绕组。速度继电器的转轴和电动机的轴通过联轴器相连,当电动机转动时,速度继电器的转子随之转动,定子内的绕组便切割磁感线,产生感应电动势,而后产生感应电流,此电流与转子磁场作用产生转矩,使定子开始转动。电动机转速达到某一值时,产生的转矩能使定子转到一定角度使摆杆推动常闭触点动作;当电动机转速低于某一值或停转时,定子产生的转矩会减小或消失,触点在弹簧的作用下复位。

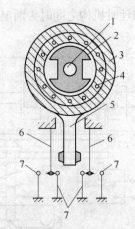

图 8-6　速度继电器的结构示意图
1—转轴;2—转子;3—定子;
4—绕组;5—胶木摆杆;
6—动触点;7—静触点

速度继电器有两组触点(每组各有一对常开触点和常闭触点),可分别控制电动机正、反转的反接制动。常用的速度继电器有 JY1 型和 JFZO 型,一般速度继电器的动作速度为 120r/min,触点的复位速度值为 100r/min。在连续工作制中,能可靠地工作在 1000 ~

3600r/min，允许操作频率每小时不超过 30 次。

速度继电器图形、文字符号如图 8-7 所示。

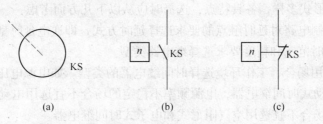

图 8-7　速度继电器图形、文字符号

（a）转子；（b）常开触点；（c）常闭触点

8.3　知识拓展

8.3.1　晶体管时间继电器

空气阻尼式时间继电器延时范围大、结构简单、寿命长、价格低。但延时误差大，难以精确地整定延时值，且延时值易受周围环境温度、尘埃等的影响。因此，对延时精度要求较高的场合不宜采用空气阻尼式时间继电器，应采用晶体管时间继电器。

晶体管时间继电器也称为半导体时间继电器和电子式时间继电器。它具有结构简单、延时范围广、精度高、消耗功率小、调整方便及寿命长等优点，所以发展很迅速，其应用范围越来越广。

晶体管时间继电器按结构分为阻容式和数字式两类；按延时方式分为通电延时型、断电延时型及带瞬动触点的通电延时型。常用的 JS20 系列晶体管时间继电器适用于交流50Hz，电压 380V 及以下或直流 110V 及以下的控制电路，作为时间控制器件，按预定的时间延时，周期性地接通或分断电路。只要调整好时间继电器 KT 触头的动作时间，电动机由启动过程切换到运行过程就能准确可靠地完成。

8.3.2　电磁式继电器的选择与常见故障的修理方法

继电器是组成各种控制系统的基础元件，选用时应综合考虑继电器的适用性、功能特点、使用环境、工作制、额定工作电压及额定工作电流等因素，做到合理选择。具体应从以下几方面考虑：

（1）类型和系列的选用。

（2）使用环境的选用。

（3）使用类别的选用。典型用途是控制交、直流电磁铁，例如交、直流接触器线圈。使用类别如 AC-11、DC-11。

（4）额定工作电压、额定工作电流的选用。继电器线圈的电流种类和额定电压，应注意与系统要一致。

（5）工作制的选用。工作制不同对继电器的过载能力要求也不同。

电磁式继电器的常见故障及检修方法与接触器类似。

8.3.3　时间继电器的选择与常见故障的修理方法

时间继电器形式多样，各具特点，选择时应从以下几方面考虑：

（1）根据控制电路对延时触点的要求选择延时方式，即通电延时型或断电延时型。

（2）根据延时范围和精度要求选择继电器类型。

（3）根据使用场合、工作环境选择时间继电器的类型。如电源电压波动大的场合可选空气阻尼式或电动式时间继电器，电源频率不稳定的场合不宜选用电动式时间继电器；环境温度变化大的场合不宜选用空气阻尼式和电子式时间继电器。

空气阻尼式时间继电器常见故障及其处理方法，见表8-1。

表8-1　空气阻尼式时间继电器常见故障及其处理方法

故障现象	产　生　原　因	修　理　方　法
延时触点不动作	（1）电磁铁线圈断线； （2）电源电压低于线圈额定电压很多； （3）电动式时间继电器的同步电动机线圈断线； （4）电动式时间继电器的棘爪无弹性，不能刹住棘齿； （5）电动式时间继电器游丝断裂	（1）更换线圈； （2）更换线圈或调高电源电压； （3）调换同步电动机； （4）调换棘爪； （5）调换游丝
延时时间缩短	（1）空气阻尼式时间继电器的气室装配不严，漏气； （2）空气阻尼式时间继电器的气室内橡皮薄膜损坏	（1）修理或调换气室； （2）调换橡皮薄膜
延时时间变长	（1）空气阻尼式时间继电器的气室内有灰尘，使气道阻塞； （2）电动式时间继电器的传动机构缺润滑油	（1）清除气室内灰尘，使气道畅通； （2）加入适量的润滑油

8.3.4　继电器的主要技术参数

继电器的主要技术参数有额定工作电压、吸合电流、释放电流、触点切换电压和电流。

额定工作电压是指继电器正常工作时线圈所需要的电压。根据继电器的型号不同，可以是交流电压，也可以是直流电压。

吸合电流是指继电器能够产生吸合动作的最小电流。在正常使用时，给定的电流必须略大于吸合电流，这样继电器才能稳定地工作。而对于线圈所加的工作电压，一般不要超过额定工作电压的1.5倍，否则会产生较大的电流而把线圈烧毁。

释放电流是指继电器产生释放动作的最大电流。当继电器吸合状态的电流减小到一定程度时，继电器就会恢复到未通电的释放状态。这时的电流远远小于吸合电流。

触点切换电压和电流是指继电器允许加载的电压和电流。它决定了继电器能控制电压和电流的大小，使用时不能超过此值，否则很容易损坏继电器的触点。

8.4　技能训练

题目：空气阻尼式时间继电器的拆卸、安装

1. 目的

（1）巩固对空气阻尼式时间继电器的结构、原理的认识。

（2）锻炼对空气阻尼式时间继电器的检修、维护的能力。

2. 电磁系统拆卸步骤

（1）拆下电磁系统的整体支架。

（2）取下两个反力弹簧。

（3）摘下固定线圈的弹性钢丝卡的挂钩。

（4）从整体支架中取出线圈、衔铁、铁芯和弹簧片。

（5）取出连接衔铁、弹簧片、推板的固定销钉。

（6）将衔铁、铁芯和弹簧片分解，并取出线圈。（注意：在分解衔铁、铁芯和弹簧片时，推板与线圈框架之间有一个利于推板移动的弹子，千万不要丢失）

3. 气室的拆卸步骤

（1）拆下气室外部固定螺钉，将进气调节部分与气室内橡皮薄膜和活塞及推杆分离。

（2）顺时针旋转活塞，使其从活塞推杆旋下。这样橡皮薄膜从活塞与推杆之中分离。

（3）逆时针旋转推杆帽，使其从活塞推杆旋下。

（4）取下宝塔弹簧。

4. 安装时按拆卸的反序进行安装。

课后练习

8-1 继电器按输入信号的性质可分为哪几种？

8-2 低压断路器选型的要求有哪些？

8-3 时间继电器按工作原理可分为哪几种？

8-4 练习绘制本任务所学接触器和常用继电器的图形及文字符号。

任务 9　保护电器认识与选用及电动机的保护

【任务要点】

1. 保护电器的种类。
2. 保护电器的作用及工作原理。
3. 保护电器的选用。
4. 电动机的保护环节。

9.1　任务描述与分析

9.1.1　任务描述

保护电器在任何一个电气控制电路中都是必不可少的，机床电气控制线路也不例外，它是保证控制电路正常工作，保护电动机、生产机械、电网、电气设备及操作人员安全的一个重要组成部分。电气控制系统常用的保护环节有短路保护、过载保护、失压欠压保护、弱磁保护等。

9.1.2　任务分析

本任务介绍熔断器、低压断路器、热继电器等保护电器的基本结构、作用及保护原理，掌握熔断器、低压断路器、热继电器的选用方法，会正确应用上述保护电器。

9.2　相关知识

9.2.1　熔断器

熔断器是配电电路及电动机控制电路中用作过载和短路保护的电器。它串联在线路中，当线路或电气设备发生短路或过载时，熔断器中的熔体首先熔断，是线路或电气设备脱离电源，起到保护作用。它具有结构简单、价格便宜、使用维护方便、体积小、质量轻等优点，得到广泛应用。

熔断器的型号含义说明如下：

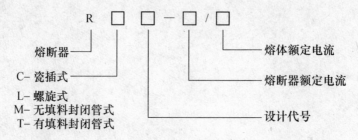

常用的熔断器型号有 RL1、RT0、RT15、RT16（NT）、RT18 等，在选用时可根据使用场合酌情选择。常用熔断器外形、图形及文字符号如图 9-1 所示。

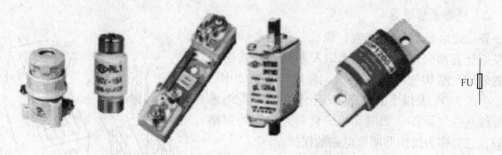

图 9-1　常用熔断器及图形、文字符号

9.2.1.1　熔断器的结构与特性

熔断器主要由熔体和安装熔体的熔管（或熔座）两部分组成。熔体是熔断器的主要部分，常做成片状或丝状；熔管是熔体的保护外壳，在熔体熔断时兼有灭弧作用。

熔断器的动作是靠熔体的熔断来实现的，当电流较大时，熔体熔断所需的时间就较短。而电流较小时，熔体熔断所需时间就较长，甚至不会熔断。这一特性可用 t-I 特性曲线来描述，称为熔断器的保护特性，如图 9-2 所示。I_N 为熔体额定电流，通常取 $2I_N$ 为熔断器的熔断电流，其熔断时间为 $30 \sim 40\mathrm{s}$。

常用熔体的安秒特性见表 9-1。

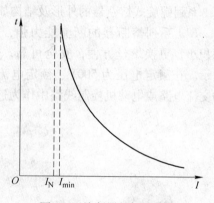

图 9-2　熔断器的保护特性

表 9-1　常用熔体的安秒特性

熔体通过电流/A	$1.25I_N$	$1.6I_N$	$1.8I_N$	$2.0I_N$	$2.5I_N$	$3I_N$	$4I_N$	$8I_N$
熔断时间/s	∞	3600	1200	40	8	4.5	2.5	1

9.2.1.2　熔断器的主要参数

（1）额定电压。指熔断器长期工作时和分断后能够承受的压力。

（2）额定电流。指熔断器长期工作时，电气设备升温不超过规定值时所能承受的电流。额定电流有两种：一种是熔管额定电流，也称熔断器额定电流。另一种是熔体的额定电流。注意熔体的额定电流最大不能超过熔管的额定电流。

（3）极限分断能力。熔断器在规定的额定电压和功率因数（或时间常数）条件下，能可靠分断的最大短路电路。

9.2.1.3　熔断器的分类

熔断器的种类很多。按结构分为瓷插式、螺旋式、无填料密闭管式和有填料密闭管式等。

A　瓷插式熔断器

瓷插式熔断器是由瓷盖、瓷底、动触头、静触头及熔丝五部分组成，常用 RC1A 系列瓷插式熔断器的外形及结构如图 9-3 所示。常用于交流 50Hz、额定电压 380V 及以下的电路末端，作为供、配电系统导线及电气设备（如电动机、负荷开关）的短路保护，也可作为民用照明等电路的保护。

B　螺旋式熔断器

螺旋式熔断器主要由瓷帽、熔断管（芯子）、瓷套、上接线端、下接线端及座子等部分组成。常用 RL1 系列螺旋式熔断器的外形及结构如图 9-4 所示。

RL1 系列熔断器的断流能力强，体积小，安装面积小，更换熔丝方便，安全可靠，熔丝熔断后有显示。在额定电压为 500V、额定电流为 200A 以下的交流电路或电动机控制线路中作为过载或短路保护。

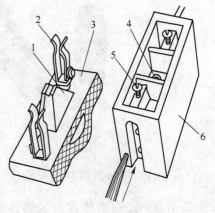

图 9-3　RC1A 系列瓷插式熔断器
1—熔丝；2—动触头；3—瓷盖；
4—空腔；5—静触头；6—瓷底

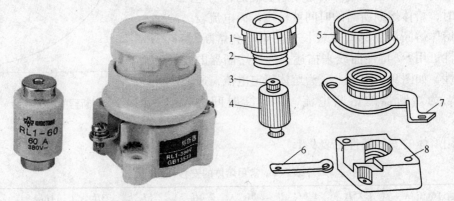

图 9-4　螺旋式熔断器
1—瓷帽；2—金属螺管；3—指示器；4—熔管；5—瓷套；6—下接线端；7—上接线端；8—瓷座

C　封闭式熔断器

封闭式熔断器分为无填料密闭管式和有填料密闭管式两种。有填料封闭管式熔断器使用的灭弧介质填料是石英砂，石英砂具有热稳定性好、熔点高、化学惰性强、热导率高的价格低等优点。用于电压等级 500V 以下、电流等级 1kA 以下的电路中。其外形如图 9-5 所示。

无填料封闭管式熔断器将熔体装入密闭式圆筒内，分断能力稍小，其优点是更换熔体方便，使用比较安全，恢复供电也较快。适用于 500V 以下、600A 以下电力网或配电设备中，作为导线、电缆及较大容量电气设备的短路和连接过载保护。

9.2.1.4　熔断器的选择

熔体和熔断器只有经过正确的选择才能起到应有的保护作用。

图 9-5　RT0 系列有填料封闭管式熔断器

A　熔体额定电流的选择

（1）对变压器、电路及照明等负载的短路保护，熔体的额定电流应稍大于线路负载的额定电流。

（2）对一台电动机负载的短路保护，熔体的额定电流 I_{RN} 应大于或等于 1.5～2.5 倍电动机额定电流 I_N，即

$$I_{RN} \geqslant (1.5 \sim 2.5) I_N \tag{9-1}$$

（3）对几台电动机同时保护，熔体的额定电流应大于或等于其中最大容量的一台电动机的额定电流 I_{Nmax} 的 1.5～2.5 倍加上其余电动机额定电流的总和 $\sum I_N$，即

$$I_{RN} \geqslant (1.5 \sim 2.5) I_{Nmax} + \sum I_N \tag{9-2}$$

在电动机功率较大而实际负载较小时，熔体额定电流可适当选小些，小到以启动时熔体不熔断为准。

B　熔断器的选择

（1）熔断器的额定电压必须大于或等于线路的工作电压。

（2）熔断器的额定电流必须大于或等于所装熔体的额定电流。

9.2.2　低压断路器

低压断路器称自动空气开关或自动空气断路器，主要用于低压动力线路中，既有手动开关作用，又能自动切除线路故障的保护电器。当电路中发生短路、过载、欠电压等不正常的现象时，能自动切断电路（俗称自动跳闸），或在正常情况下作不频繁地切换电路。

常用低压断路器的外形、图形及文字符号如图 9-6 所示。

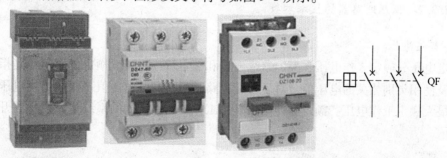

图 9-6　低压断路器及图形、文字符号

低压断路器型号及含义说明如下：

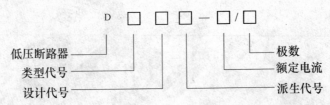

派生代号：L—漏电；

类型代号说明：W—万能式；WX—万能式限流；Z—塑料外壳式；ZL—漏电断路器；ZX—塑料外壳式限流型。

9.2.2.1　低压断路器的工作原理

低压断路器的工作原理如图 9-7 所示。图中 2 为三对主触头，串联在被保护的三相主电路中，它是靠操作机构手动或自动合闸的，并由自动脱扣器机构将主触头锁在合闸位置上。如果电路发生故障，自动脱扣机构在有关脱扣器的推动下，使钩子脱开，于是主触头在弹簧的作用下迅速分断。

当线路正常工作时，过流脱扣器 6 线圈所产生吸力不能将它的衔铁吸合，如果线路发生短路和产生很大的过电流时，其电磁吸力才能将衔铁吸合，并撞击杠杆 10，顶开锁扣 4，切断主触头 2，如果线路上电压下降或失去电压时，欠电压脱扣器 8 的吸力减小或失去吸力，衔铁被弹簧 11 拉开，撞击杠杆 10，把锁扣 4 顶开，切断主触头 2，从而将电路切断。

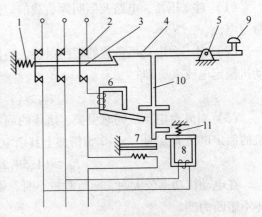

图 9-7　电压断路器结构示意图

1—分断弹簧；2—主触头；3—传动杆；4—锁扣；
5—轴；6—过电流脱扣器；7—热脱扣器；
8—失压欠压脱扣器；9—分段按钮；
10—杠杆；11—拉力弹簧

当线路发生过载时，过载电流流过发热元件使热脱扣器 7 的双金属片受热弯曲，将杠杆 10 顶开，切断主触头。脱扣器可重复使用，不需要更换。

9.2.2.2　低压断路器的技术参数

A　额定电压

额定电压分额定工作电压、额定绝缘电压和额定脉冲耐压。额定工作电压是指与通断能力以及使用类别相关的电压值，对于多相电路是指相间的电压值。额定绝缘电压是指断路器的最大额定工作电压。额定脉冲耐压是指工作时所能承受的系统中所发生的开关动作过电压值。

B　额定电流

额定电流就是持续电流，也就是脱扣器能长期通过的电流，对带有可调式脱扣器的断路器为长期通过的最大工作电流。

C 通断能力

开关电器在规定的条件下（电压、频率及交流电路的功率因数和直流电路的时间常数），能在给定的电压下接通和分断的最大电流值，也称为额定短路通断能力。

9.2.2.3 低压断路器的选用

（1）低压断路器的额定电压和额定电流应不小于线路的正常工作电压和计算负载电流。

（2）热脱扣器的整定电流应等于所控制负载的额定电流。

（3）过流脱扣器的瞬时脱扣整定电流应大于负载正常工作时可能出现的峰值电流。用于控制电动机的断路器，其瞬时脱扣整定电流可按下式计算：

$$I_Z \geqslant K I_{st} \tag{9-3}$$

式中　K——安全系数，可取 1.7；

　　　I_{st}——电动机的启动电流。

（4）欠压脱扣器的额定电压应等于线路的额定电压。

（5）断路器的极限通断能力应不小于电路最大短路电流。

9.2.3 热继电器

很多工作机械因操作频繁、过载等原因，会产生电动机定子绕组中电流增大、绕组温度升高等现象。若电机过载时间过长或电流过大，使绕组温升超过了允许值时，将会烧毁绕组的绝缘，缩短电动机的使用年限，严重时甚至会使电动机绕组烧毁。电路中虽有熔断器，但熔体的额定电流为电动机额定电流的 1.5～2.5 倍，故不能可靠地起过载保护作用，为此，要采用热继电器作为电动机的过载保护。

9.2.3.1 热继电器的分类及型号

热继电器的形式有多种，按极数多少可分为单极、两极和三极热继电器，其中三极又包括带断相保护装置和不带断相保护装置两种。按复位方式分，有自动复位和手动复位。常用热继电器的外形，如图 9-8 所示。

图 9-8 常用热继电器外形

JRS1 系列和 JR20 系列热继电器的型号及含义说明如下：

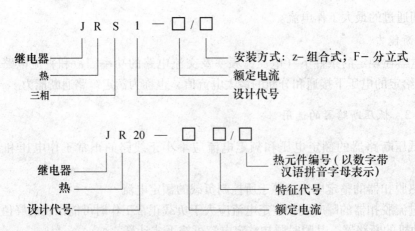

特征代号说明：D—带断相保护；L—单
独安装；Z—与接触器组合接线安装方式；
W—带装用配套电流互感器。

在电气原理图中，热继电器的发热元件
和触点的图形符号如图9-9所示。

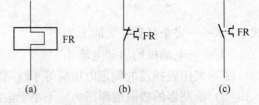

9.2.3.2　热继电器的结构与工作原理

图9-9　热继电器的图形符号和文字符号
（a）发热元件；（b）常闭触点；（c）常开触点

热继电器主要由热元件、动作机构、触
头系统、电流整定装置、复位按钮和调整整定电流装置等五部分组成，其结构如图9-10
所示。

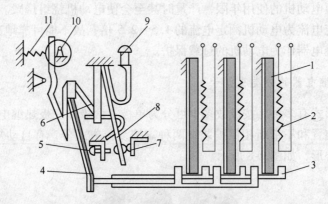

图9-10　热继电器的结构
1—主双金属片；2—电阻丝；3—导板；4—补偿双金属片；5—螺钉；6—推杆；
7—静触头；8—动触头；9—复位按钮；10—调节凸轮；11—弹簧图

使用时，将热继电器的三对热元件分别串接在电动机的三相主电路中，常闭触头接在
控制电路中。当电动机过载时，流过电阻丝的电流超过热继电器的整定电流，电阻丝发
热，主双金属片向左弯曲，推动导板向左移动，通过温度补偿双金属片推动推杆绕轴转
动，从而推动触头系统动作，动触头与常闭静触头分开，使接触器线圈断电，接触器主触
头分断，将电源切除起保护作用。电源切除后，主双金属片逐渐冷却恢复原位，于是动触
头在失去作用力的情况下，靠动触头弓簧的弹性自动恢复。

9.2.3.3　热继电器的主要技术参数

A　额定电流

热继电器的额定电流是指可装入的热元件的最大额定电流值。每种额定电流的热继电器可装入几种不同整定电流的热元件。

B　整定电流

热继电器的整定电流是指热继电器长期不动作的最大电流，超过此值就要动作。手动调节整定电流装置可用来使热继电器更好地实现过载保护。

过载电流的大小与动作时间见表9-2。

表9-2　JR20系列热继电器的保护特性

	序号	整定电流倍数		动作时间/h	起始状态	周围空气温度
各相负载平衡	1	1.05		2（不动作）	冷态	+20±5
	2	1.2		<2	热态	
	3	1.5	<63A	<2min	热态	
			>63A	<4min		
	4	7.2	<63A	$2s < T_p < 10s$	冷态	
			>63A	$4s < T_p < 10s$		
有断相保护负载不平衡	5	任意两相1.0 第三相0.9		2（不动作）	冷态	
	6	任意两相1.15 第三相0.9		<2	热态	
无断相保护负载不平衡	7	1.0		2（不动作）	冷态	
	8	任意两相1.32 第三相0		<2	热态	
温度补偿	9	1.0		2（不动作）	冷态	+40±2
	10	1.20		<2	热态	
	11	1.05		2（不动作）	冷态	−5±2
	12	1.30		<2	热态	

9.2.3.4　带断相保护的热继电器

热继电器所保护的电动机，如果是Y连接，当线路上发生一相断路（如一相熔断器熔体熔断）时，另外两相发生过载，但此时流过热元件的电流也就是电动机绕组的电流（线电流等于相电流），因此，用普通的两相或三相结构的热继电器都可以起到保护作用；如果电动机是△连接，发生断相时，由于是在三相中发生局部过载，线电流大于相电流，故用普通的两相或三相结构的热继电器就不能起到保护作用，必须采用带断相保护装置的热继电器，它不仅具有一般热继电器的保护功能，而且当三相电动机一相断路或三相电流严重不平衡时，它能及时动作，起到保护作用（即断相保护特性）。

9.2.3.5　热继电器的选用

（1）选择热继电器时，其额定电流和热元件的额定电流均应大于电动机的额定电流。

（2）在一般情况下，可选用两相结构的热继电器，但当电网电压的均衡性较差、工作环境恶劣或较少有人照管的电动机，可选用三相结构的热继电器。

（3）对于三角形连接的电动机，应选用带断相保护装置的热继电器，热元件的整定电流通常整定到与电动机的额定电流相等。如果电动机拖动的是冲击性负载，或电动机启动时间较长，或电动机所拖动的设备不允许停电的情况下，选择的热继电器热元件的整定电流可比电动机的额定电流高 1.1 ~ 1.15 倍。

$$I_整 > (1.1 \sim 1.15)I_N \qquad\qquad (9\text{-}4)$$

9.2.4　电动机的保护

电机保护就是给电机全面的保护，即在电机出现过载、缺相、堵转、短路、过压、欠压、漏电、三相不平衡、过热、轴承磨损、定转子偏心时，予以报警或保护；为电动机提供保护的装置是电机保护器，包括热继电器、电子式保护器和智能型保护器，目前大型和重要电机一般采用智能性保护装置。

9.2.4.1　电动机的保护常识

A　现在电机的烧毁率增加

由于绝缘技术的不断发展，在电机的设计上既要求增加功率，又要求减小体积，使新型电机的热容量越来越小，过负荷能力越来越弱；再由于生产自动化程度的提高，要求电机经常运行在频繁的启动、制动、正反转以及变负荷等多种方式，对电机保护装置提出了更高的要求。另外，电机的应用面更广，常工作于环境极为恶劣的场合，如潮湿、高温、多尘、腐蚀等场合。所有这些，造成了现在的电机比过去更容易损坏，尤其是过载、短路、缺相、扫膛等故障出现频率最高。

B　传统保护装置

传统的电机保护装置以热继电器为主，但热继电器灵敏度低、误差大、稳定性差、保护不可靠，使电动机容易损坏从而影响正常生产的现象仍普遍存在。

C　电动机保护的现状

目前电机保护器已由过去的机械式发展为电子式和智能型，可直接显示电机的电流、电压、温度等参数，具有灵敏度高、可靠性高、功能多、调试方便等优点，使保护动作后故障种类一目了然，这样既减少了电动机的损坏，又极大地方便了故障的判断，有利于生产现场的故障处理和缩短恢复生产时间。另外，利用电机气隙磁场进行电机偏心检测技术，使电机磨损状态在线监测成为可能，通过曲线显示电机偏心程度的变化趋势，可早期发现轴承磨损和走内圆、走外圆等故障，做到早发现，早处理，避免扫膛事故发生。

D　保护器的选择原则

合理选用电机保护装置，既能充分发挥电机的过载能力，又能避免电机损坏，从而提高电力拖动系统的可靠性和生产的连续性。具体的功能选择应综合考虑电机的本身的价值、负载类型、使用环境、电机主体设备的重要程度、电机退出运行是否对生产系统造成严重影响等因素，力争做到经济合理。

9.2.4.2　电动机保护器选型的原则

原则有以下几点：

（1）电机参数。要先了解电机的规格型号、功能特性、防护形式、额定电压、额定电流、额定功率、电源频率、绝缘等级等。这些内容能为用户正确选择保护器提供参考依据。

（2）环境条件。主要指常温、高温、高寒、腐蚀度、震动度、风沙、海拔、电磁污染等。

（3）电机用途。主要指拖动机械设备要求特点，如风机、水泵、空压机、车床、油田抽油机等不同负载机械特性。

（4）控制方式。控制模式有手动、自动、就地控制、远程控制、单机独立运行、生产线集中控制等情况。启动方式有直接、降压、星角、频敏变阻器、变频器、软启动等。

（5）其他方面。用户对现场生产监护管理情况，非正常性的停机对生产影响的严重程度等。

与保护器的选用相关的因素还有很多，如安装位置、电源情况、配电系统情况等；还要考虑保护器的用途是对新购电机配置进行保护，还是对电机保护升级，还是对事故电机保护的完善等；再就是要考虑电机保护方式改变的难度和对生产影响程度；需根据现场实际工作条件综合考虑保护器的选型和调整。

9.2.4.3　常见电机保护器的类型

A　热继电器

用于普通小容量交流电机，工作条件良好，不存在频繁启动等恶劣情况的场合。由于精度较差，可靠性不能保证，不推荐使用。

B　电子型

检测三相电流值，整定电流值采用电位器或拨码开关，电路一般采用模拟式，采用反时限或定时限工作特性。保护功能包括过载、缺相、堵转等，故障类型采用指示灯显示，运行电量采用数码管显示。

C　智能型

检测三相电流值，保护器使用单片机，实现电机智能化综合保护，集保护、测量、通信、显示为一体。整定电流采用数字设定，通过操作面板按钮来操作，用户可以根据电机具体情况在现场对各种参数修正设定；采用数码管作为显示窗口，或采用大屏幕液晶显示，能支持多种通讯协议，如 ModBUS、ProfiBUS 等，价格相对较高，用于较重要场合；目前高压电机保护均采用智能型保护装置。

D　热保护型

在电机中埋入热元件，根据电动机绕组的温度进行保护，保护效果好；但电机容量较大时，需与电流监测型配合使用，避免电机堵转时温度急剧上升时，由于测温元件的滞后性，导致电机绕组受损。

E　磁场温度检测型

在电机中埋入磁场检测线圈和测温元件，根据电机内部旋转磁场的变化和温度的变化进行保护，主要功能包括过载、堵转、缺相、过热保护和磨损监测，保护功能完善，缺点是需在电机内部安装磁场检测线圈和温度传感器。

9.2.5　熔断器的安装使用

（1）熔断器外观应完整无损，安装时应保证熔体的夹头和夹座接触良好，并且有额定电压、额定电流值标志。

（2）插入式熔断器应垂直安装，螺旋式熔断器的电源线应接在瓷底座的下接线座上，负载线应接在与螺纹壳相连的上接线座上。

（3）熔断器内要安装合适的熔体，不能用多根小规格熔体并联代替一根大规格熔体。

（4）安装熔断器时，各级熔体应相互配合，并做到下一级熔体规格比上一级规格小。

（5）安装熔丝时，熔丝应在螺栓上沿顺时针方向缠绕，压在垫圈下，拧紧螺钉的力度应适当，以保证接触良好，同时注意不能损伤熔丝，以免减小熔丝的截面积，产生局部发热熔断的现象，而误动作。

（6）更换熔体或熔管时，必须切断电源，不允许带负荷操作，以免发生电弧灼伤。

（7）对 RM10 系列熔断器，在切断三次相当于分断能力的电流后，必须更换熔断管，以保证能可靠的切断所规定分断能力的电流。

（8）熔断器兼做隔离器件使用时，应安装在控制开关的电源进线端，若仅做短路保护用，应装在控制开关的出线端。

9.2.6　低压断路器的安装使用

（1）低压断路器应垂直于配电板安装，电源引线接在上接线端，负载引线接到断路器下接线端。

（2）低压断路器用做电源总开关或电动机的控制开关时，在电源进线侧必须加装刀开关或熔断器等，已形成明显的断点。

（3）低压断路器在使用前应将脱扣器工作面的防锈油脂擦干净。

（4）使用过程中如遇分断短路电流后，应及时检查触头系统，若发现电灼烧痕迹，应及时修理或更换。

（5）断路器上的积尘应定期清除，并定期检查各脱扣器动作值，以及给操作机构添加润滑剂。

9.2.7　热继电器的安装使用

（1）按说明书进行正确安装。一般安装在其他电器设备的下方，以免其他电器元件发热影响其动作的准确性。

（2）应注意热继电器的使用环境温度，以免对热继电器的动作快慢造成影响。

（3）安装热继电器时应消除触头表面的粉尘等污物，以免接触电阻太小或电路不通，从而影响热继电器动作的准确性。

（4）当电动机工作于重复短时工作制时，要注意确定热继电器的允许操作频率。

9.3 技能训练

题目1：熔断器的故障处理

熔断器的故障处理及方法见表9-3。

表9-3 熔断器常见故障及处理方法

故 障 现 象	故 障 原 因	处 理 原 因
电路接通瞬间熔体熔断	熔体电流等级选择过小	更换熔体
	负载侧短路或接地	排除负载故障
	熔体安装时受机械损伤	更换熔体
熔体未见熔断，但电路不通	熔体或接线座接触不良	重新连接

题目2：低压断路器的故障处理

低压断路器的故障处理及方法见表9-4。

表9-4 低压断路器常见故障及处理方法

故 障 现 象	故 障 原 因	处 理 方 法
不能合闸	(1) 欠压脱扣器无电压或线圈损坏； (2) 储能弹簧变形； (3) 反作用弹簧力过大； (4) 机构不能复位	(1) 检查施加电压或更换线圈； (2) 更换储能弹簧； (3) 重新调整； (4) 调整再扣接触面至规定值
电流达到整定值，断路器不动作	(1) 热脱扣器双金属片损坏； (2) 电磁脱扣器的衔铁与铁芯距离太大或电磁线圈损坏； (3) 主触头熔焊	(1) 更换双金属片； (2) 调整衔铁与铁芯距离或更换断路器； (3) 检查原因并更换主触头
启动电动机时断路器立即分断	(1) 电磁脱扣器瞬动整定值过小； (2) 电磁脱扣器某些零件损坏	(1) 调高整定值至规定值； (2) 更换脱扣器
断路器闭合后经过一定时间后自行分断	热脱扣器整定值过小	调高整定值至规定值
断路器温升过高	(1) 触头压力过小； (2) 触头表面过分磨损或接触不良； (3) 两个导电零件连接螺钉松动	(1) 调整触头压力或更换弹簧； (2) 更换触头或修整接触面； (3) 重新拧紧

题目3：热继电器的故障处理

热继电器的故障处理及方法见表9-5。

表9-5 热继电器常见故障及处理方法

故 障 现 象	故 障 原 因	处 理 方 法
热元件烧断	(1) 负载侧短路，电流过大； (2) 操作频率过高	(1) 排除线路故障，更换热继电器； (2) 更换合适参数的热继电器

故 障 现 象	故 障 原 因	处 理 方 法
热继电器 不动作	（1）热继电器的额定电流值选用不合适； （2）整定值偏高； （3）动作触头接触不良； （4）热元件烧断或脱落； （5）动作机构卡阻； （6）导板脱落	（1）按保护容量合理选用； （2）合理调整整定电流值； （3）消除触头接触不良因素； （4）更换热继电器； （5）消除卡阻因素； （6）重新放入并测试
热继电器动作不稳定， 时快时慢	（1）热继电器内部机构某些部件松动； （2）在检修过程中双金属片弯折； （3）通电电流波动过大，或接线螺钉松动	（1）固紧内部部件； （2）用两倍电流预处理或将双金属片拆下来进行热处理（一般 40℃），以去除内应力； （3）检查电源电压或拧紧接线螺钉
热继电器动作太快	（1）整定值偏高； （2）电动机启动时间过长； （3）连接导线太细； （4）操作频率过高； （5）使用场合有强烈冲击或振动； （6）可逆装换频繁； （7）安装热继电器处和电动机所处环境温差太大	（1）合理调整整定值； （2）按启动时间要求，选择具有合适的可返回时间的热继电器或启动过程中将热继电器短接； （3）选用标准导线； （4）更换合适的型号； （5）选用带防振冲击的热继电器或采用相关防振动措施； （6）改用其他保护措施； （7）按两地温差情况配置适当的热继电器
主电路不通	（1）热元件烧断； （2）接线螺钉松动或脱落	（1）更换热元件或热继电器； （2）紧固接线螺钉
控制电路不通	（1）触头烧坏或动触头片弹性消失； （2）可调整式旋钮转不到合适的位置； （3）热继电器动作后辅助常闭点未复位	（1）更换触头或簧片； （2）调整旋钮或螺钉； （3）触按复位按钮

题目4：实验项目三　常用低压电器的认识与选用

1. 目的

（1）会识别常用低压电气元件。

（2）知道常用低压电器元件的内部构造。

（3）知道常用低压电器的型号。

（4）掌握其拆装检修方法。

2. 器材

（1）工具：钢丝钳、尖嘴钳、一字及十字螺丝刀各一把。

（2）仪表：万用表。

（3）器材：各种型号低压电器元件 1 套。

3. 内容及要求

（1）常用低压电器的识别：

1）根据电器元件实物，正确写出各器件的型号与规格。电器元件的数量及型号类别应尽量多一些。

2）根据元器件清单提供的器件名称，如 DZ15、RL2、CJ10、LA10 等，正确选出清单中所列电器元件实物。

3）根据所提供的电器元件的名称或型号规格能默写（画）出对应的电器元件的文字符号及图形符号。

（2）低压电器的拆装。

根据前面技能训练中所讲电器元件的拆装及检修方法，对下列器件进行拆装和测试。

1）按钮的拆装。

2）熔断器的拆装。

3）交流接触器的拆装。

4）热继电器的拆装。

5）时间继电器的拆装。

课后练习

9-1　电动机的启动电流大，当电动机启动时，热继电器会不会动作？为什么？

9-2　一电动机的型号为 J02-54-4，额定功率为 7kW，电流为 14.5A，电压为 380V，试确定热继电器、熔断器的型号及规格。

9-3　低压断路器可以起到哪些保护作用？说明其工作原理。

学习情境 3　C6140 车床电气控制系统及改造

【知识要点】

1. 机床电气图的种类及识读方法。
2. C6140 车床电气控制原理、线路分析、PLC 改造方法要求。
3. S7-200PLC 的系统组成、原理、编程基础。
4. 机床低压电气控制原理图及接线图的绘制。
5. C6140 车床控制电路的故障检查及排除。
6. PLC 硬件组态、PLC 程序编辑及调试。

任务 10　机床电气图的规范与要求

【任务要点】

1. 电气图的作用与分类。
2. 电气图的基本构成。
3. 电气原理图的绘制规范及要求。
4. 阅读电气原理图的基本方法。
5. 自锁和互锁的含义及其灵活运用。

10.1　任务描述与分析

10.1.1　任务描述

用统一的符号和规则将电气控制系统中各电器元件及连接关系用一定的图样反映出来，这样的图样叫做电气图。电气图能够清晰地表明生产机械电气控制的组成及工作原理，便于安装、调试、检修以及技术人员之间的相互交流。

10.1.2　任务分析

本任务通过实际机床的电气图来介绍电气图的作用和分类。了解电气原理图、电气安装图、电气接线图等各类电气图的识图方法，机床电气原理图的分析方法、设计手段及绘制原则等。

10.2　相关知识

10.2.1　电气图的作用与分类

为了表明生产机械电气控制的组成及工作原理，便于安装、调试、检修以及技术人员之间的相互交流，将系统中各电器元件及连接关系用一定的图样反映出来，在图样上用规定的图形符号表示各电器元件，并用文字符号说明各电器元件，这样的图样叫做电气图。电气图必须采用一定的格式、统一的图形和文字符号来表达，国家为此制定了一系列标准，用来规范电气控制系统的各种技术资料。

电气图常见的有：电气系统图和框图、电气原理图、电器布置图、电器安装接线图、功能图、电气元件明细表等。

10.2.1.1　电气系统图和框图

电气系统图和框图是用符号或带注释的框概略地表示系统或分系统的基本组成、相互关系及其主要特征的一种简图，它比较集中地反映了所描述工程对象的规模。系统图和框图具有十分重要的地位，它往往是某一个系统、装置、设备的第一张图样，在实际使用中，系统图通常用于系统或成套设备，框图则用于分系统或设备。如：表示一个发电厂的整个系统，使用系统图，表示一台设备内部工作原理，使用框图。

10.2.1.2　电气原理图

电气原理图又称电路图，是用图形符号和文字符号表示电路各个电器元件连接关系和电气工作原理。由于电气原理图结构简单，层次分明，适用于研究和分析电路的工作原理，因此得到了广泛的应用。其特点是只考虑各元件在电气方面的联系，并不按照电器元件的实际布置位置来绘制，也不反映电器元件的大小。

10.2.1.3　电器布置图

电器布置图主要是用来表明电气设备上所有电器元件的实际安装位置，各电器元件的位置根据元件布置合理、连接导线经济以及检修方便等原则安排。控制系统的各控制单元电器元件布置图应分别绘制。

10.2.1.4　电器安装接线图

电器安装接线图是用规定的图形符号，按各电器元件相对位置绘制的实际接线图，它清楚地表示了各电器元件的相对位置和它们之间的电路连接关系，是实际安装接线的依据，在具体施工和检修过程中非常重要，所以在生产现场广泛应用。

10.2.2　电气原理图的绘制原则

（1）电气原理图分为主电路和控制电路。主电路包括从电源到电动机的电路，是强电流通过的部分，通常用粗线条画在原理图的左边。控制电路是弱电流通过的部分，一般由按钮、电器元件的线圈、触头等按一定的逻辑关系组成，通常用细线条绘制在原理图右边。

（2）电气原理图中，所有电器元件的图形、文字符号必须用国家规定的统一标准。

（3）采用电器元件展开图的画法。同一元件的各部件可以不画在一起，但需要同一文字符号标出。若有多个同一种类的电器元件，可在文字符号后加上数字序号的下标，如KM1、KM2 等。

（4）所有的按钮、触头均按无外力或未通电时的状态（常开、常闭）画出。

（5）原理图的绘制应布局合理、排列均匀，为了便于识图，可以水平布置，也可垂直布置。

（6）电气元件应按功能布置，并尽可能按工作顺序排列，其布局顺序应该是从上到下，从左到右。表示导线、信号通路、连接线等的图线都应是交叉或折弯最少的直线。

（7）电气原理图中，有直接联系的交叉导线连接点，要用黑圆点表示；无直接联系的交叉导线连接点不画黑圆点。

（8）画面分区时，竖边从上到下用拉丁字母，横边从左到右用阿拉伯数字分别编号，并用文字注明各分区中元件或电路的功能。

以如图 10-1 所示的 X5032 型立式铣床电气控制线路为例，认识电气原理图的绘制规则与要求。

10.2.3　电气安装图的绘制原则

（1）各电器元件用规定的图形、文字符号绘制，同一电器元件各部件必须画在一起。各电器元件的位置应与实际安装位置一致。

（2）不在同一控制柜或配电屏上电器元件的电气连接必须通过端子板进行。各电器元件的文字符号及端子板的编号应与原理图一致，并按原理图的接线进行连接。

（3）走向相同的多根导线可用单线图表示。画连接线时，应标明导线的规格、型号、根数和穿线管的尺寸。

（4）电气安装接线图中导线走向一般不表示实际走线途径，施工时由操作者根据实际情况选择最佳走线方式。

例如：如图 10-2 所示为正反转电气安装图。

10.3　知识拓展

10.3.1　电气图阅读的基本方法

在读图之前，先仔细阅读设备说明书，了解机床电气控制系统的总体结构、电机的分布状况及控制要求等内容之后，再对其电气原理图进行阅读分析。

10.3.1.1　主电路分析

先分析执行元件的线路。一般先从电机着手，即从主电路看有哪些控制元件的主触头和附加元件，根据其组合规律大致可知该电动机的工作情况（是否有特殊的启动、制动要求，要不要正反转，是否要求调速等）。

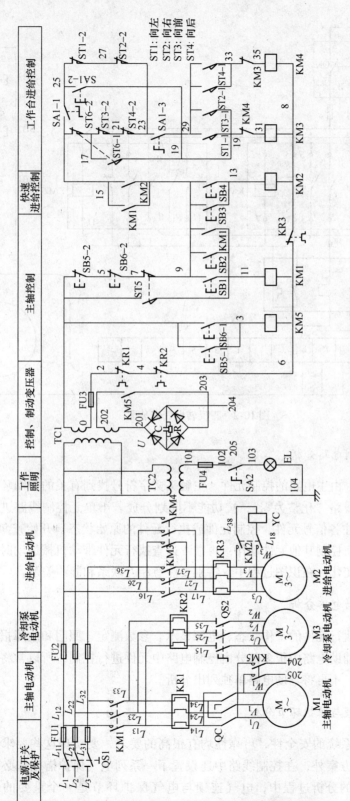

图 10-1 X5032 型立式铣床电气控制线路

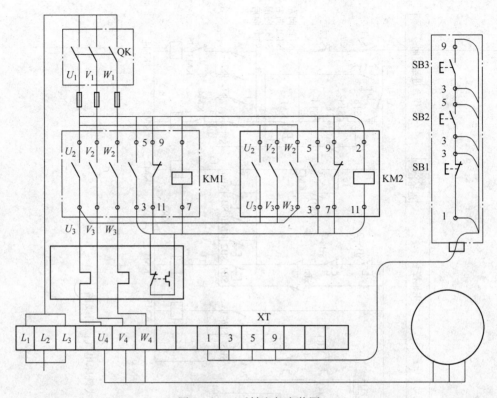

图 10-2　正反转电气安装图

10.3.1.2　控制电路分析

在控制电路中，由主电路的控制元件、主触头文字符号找到有关的控制环节以及环节间的联系，将控制线路"化整为零"，按功能不同划分成若干单元控制线路进行分析。从按操作按钮（应记住各信号元件、控制元件或执行元件的原始状态）开始查询线路，观察元件的触头信号如何控制其他元件动作；再继续追查执行元件带动机械运动时，会使哪些信号元件状态发生变化。在识图过程中，特别要注意相互联系和制约关系。

10.3.1.3　辅助电路分析

辅助电路包括执行元件的工作状态、电源显示、参数测定、照明和故障报警等单元电路。实际应用时，辅助电路中很多部分由控制电路中元件进行控制，所以常将辅助电路和控制电路一起分析，不再将辅助电路单独列出分析。

10.3.1.4　连锁与保护环节分析

生产机械对于系统的安全性、可靠性均有很高的要求，要实现这些要求，除了合理地选择拖动、控制方案外，在控制线路中还设置了一系列电气保护措施和必要的电气连锁。在电气原理图的分析过程中，电气连锁与电气保护环节是一个重要的内容，不能遗漏。

10.3.1.5　特殊控制环节分析

在某些控制线路中，还设置了一些和主电路、控制电路关系不密切，相对独立的控制环节，如产品计数器装置、自动检测系统、晶闸管触发电路、自动调温装置等。这些部分往往自成一个小系统，其识图分析方法可以参照上述分析过程，灵活运用电子技术、自控系统等知识逐一分析。

10.3.1.6　整体检查

经过"化整为零"，逐步分析各单元电路工作原理及各部分控制关系之后，还需用"集零为整"的方法检查整个控制线路，看是否有遗漏。特别要从整体角度进一步检查和理解各控制环节之间的联系，以便更清楚地理解原理图中每一个电气元件的作用、工作过程以及主要参数。

10.3.2　电气控制图的基本规律

10.3.2.1　自锁控制

依靠接触器自身辅助触头使其线圈保持通电的现象，称为自锁或自保持，即电动机控制回路按钮按下松开后，电动机仍能保持运转工作状态。

如图 10-3（a）所示为一个简单的自锁控制线路。电路工作原理如下：按下按钮 SB，线圈 KM 通电吸合，KM 常开触点闭合自锁，即使按钮 SB 松开，仍能保持 KM 通电。

10.3.2.2　互锁控制

接触器自锁和互锁是保证电路可靠性和安全性而采用的重要措施。在控制电路中，当几个线圈不允许同时通电时，这些线圈之间必须进行触点互锁，否则，电路可能因为误操作或触点熔焊等原因引发较大事故。具体实施：用低压电器的常闭触点锁住对方线圈的不通电状态，即可实现两个线圈不能同时通电，避免相间短路等事故的发生。

互锁包括电气互锁、机械互锁和双重联锁等。详细的互锁在后面正反转电路中介绍。图 10-3（b）所示为一个简单的电气互锁控制线路。

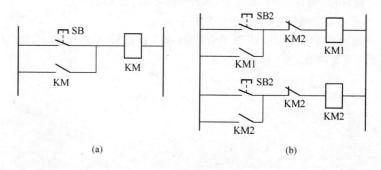

图 10-3　自锁和互锁控制电路
（a）自锁控制电路；（b）互锁控制电路

10.4　技能训练

题目：机床电路识图练习

（1）列表，并将下图中的电气设备及元件的名称、作用填在表中。

（2）说出图 10-4 中主电路、控制电路、信号电路、照明电路各在哪些区，写出区号。

（3）指出图 10-4 中接触器 KM1、KM2、KM3 的主触头、辅助触头所在区域。

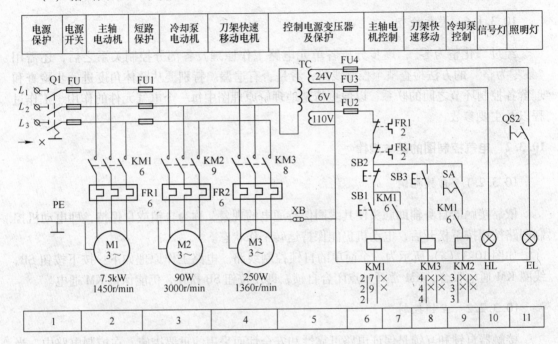

图 10-4　识图练习

课 后 练 习

10-1　电气控制电路的电气图有几种？阅读电气原理图时应该注意哪些问题？

10-2　什么叫"互锁"？在控制电路中互锁起什么作用？

10-3　什么叫"自锁"？在如图 10-3（a）所示电路中，如果没有 KM 的自锁触点会怎么样？如果自锁触点因熔焊而不能断开又会怎么样？

任务 11　三相异步电动机的点动及单向启动控制

【任务要点】

1. 点动和长动控制原理及实现方法。
2. 多地控制线路的原理及实现方法。
3. 三相异步电动机点动、长动和多地控制线路的安装、调试。
4. 点动、长动和多地控制线路的故障诊断方法。

11.1　任务描述与分析

11.1.1　任务描述

在调整机床的主轴，快速进给，镗床和铣床的对刀、试车等需要电动机短时运行控制即点动；在实际生产中某些生产机械需要电动机实现长时间连续转动即长动；在一些大型生产机械和设备上，如大型机床、起重运输机等，为了操作方便，操作人员可以在不同方位进行操作与控制，即所谓的多地控制。

11.1.2　任务分析

本任务介绍点动、长动和多地控制实现的方法及控制原理，明确三相异步电动机点动、长动和多地控制在机床控制中的应用，掌握三相异步电动机点动、长动和多地控制线路的安装、调试及故障诊断方法。

11.2　相关知识

11.2.1　三相异步电动机直接启动控制电路

三相异步电动机的启动方法有直接启动和降压启动两种，直接启动是指电动机直接在额定电压下进行启动。直接启动的线路具有结构简单，安装维护方便等优点。当电动机容量较小时，应优先考虑。

11.2.1.1　点动控制

所谓点动，即按下按钮时电动机运行，松开按钮时电动机停止工作。某些生产机械如张紧机、电动葫芦等电机常要求此类实时控制，它能实现电动机短时控制，整个运行过程完全由操作人员决定。其控制线路如图 11-1 所示。

线路工作原理：合上开关 QS，按下启动按钮 SB，接触器 KM 线圈通电，主触头闭合，电动机 M1 通电直接启动。松开 SB，KM 断电，主触头还原断开，电动机 M1 停止运转。

如图 11-1 所示点动控制线路中容易出现故障的元件为接触器 KM 和电动机 M1。当接触器 KM 出现故障时，将使电动机 M1 不能启动或工作在单相运转状态。进行检修时，要与电动机 M1 自身原因引起的单相运转、绕组短路和不能启动等故障进行区别。在此电路中，热继电器起过载保护，熔断器起短路保护作用。电气元件符号及功能说明见表 11-1。

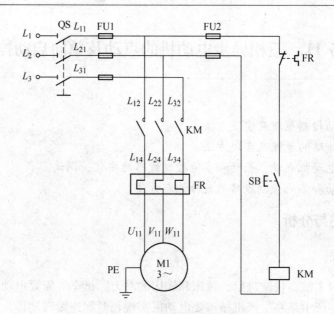

图 11-1　电动机点动控制线路

表 11-1　电气元件符号及功能说明表

符　号	名称及用途	符　号	名称及用途
M1	三相异步电动机	QS	隔离开关
FR	热继电器	SB	启动按钮
KM	接触器	FU1、FU2	熔断器

11.2.1.2　电动机连续运行控制

电动机连续运行也称为长动，它依靠接触器自身辅助触点而使其线圈保持通电，即电动机控制回路按钮按下松开后，电动机仍能保持运转工作状态。其控制线路如图 11-2 所示。

电气元件符号及功能说明见表 11-2。

表 11-2　电气元件符号及功能说明表

符　号	名称及用途	符　号	名称及用途
QS	隔离开关	SB1	停止按钮
KM	接触器	SB2	启动按钮
FR1	热继电器	FU1、FU2	熔断器
M1	三相异步电动机		

线路工作原理：合上开关 QS，按下启动按钮 SB2，接触器 KM 得电吸合，其主触头闭合，电动机 M1 通电启动。同时，接触器 KM 辅助触头闭合自锁，即使松开 SB2，接触器 KM 仍能通电吸合，保持电动机 M1 连续运转。

当需要电动机 M1 停止运转时，按下其停止按钮 SB1，接触器 KM 失电释放，其主触

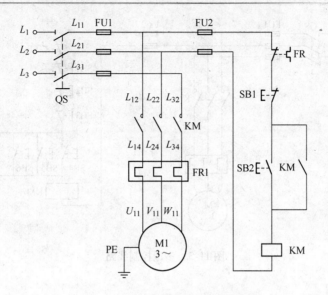

图 11-2　电动机连续运行控制线路

头和辅助触头均处于断开状态，从而切断电动机 M1 的电源，电机 M1 失电停转。

　　根据接触器工作原理可知，在电动机正常运行时，若线路电压下降至某一数值或突然停电，接触器线圈两端的电压随之下降或为零压，使接触器线圈磁通减弱或消失，产生的电磁吸力减小。当电磁吸力减小到小于反作用弹簧的拉力时，动铁芯被迫释放，主触头和自锁触头同时分断，自动切断主电路和控制电路，电机失电停转，从而起到欠压和失压（零压）保护功能。当线路电压重新恢复正常时，由于接触器主触头和自锁触头均处于断开状态，故电动机不能自行启动运转，保证了人身和设备的安全。

11.2.1.3　电动机多地控制

　　在实际应用中，例如车床，为方便操作，在车床的不同地方都装有控制按钮，以便控制车床的运动。现举例说明多地控制的控制原理，例如：甲、乙、丙三地同时控制一台电机，控制电路如图 11-3 所示。

　　方法：三启动按钮并联；三停车按钮串联。

　　电气元件符号及功能说明见表 11-3。

表 11-3　电气元件符号及功能说明表

符　号	名称及用途	符　号	名称及用途
QS	隔离开关	SB1、SB2、SB3	停止按钮
KM	接触器	SB4、SB5、SB6	启动按钮
FR	热继电器	FU1、FU2	熔断器
M	三相异步电动机		

　　线路工作原理：按 SB4、SB5 或 SB6 任一按钮，KM 线圈得电，其主触头闭合，电机启动，松开按钮，电机保持工作状态，为长动。按 SB1、SB2 或 SB3 任一按钮，KM 线圈失电，其主触头断开，电机停止运行。

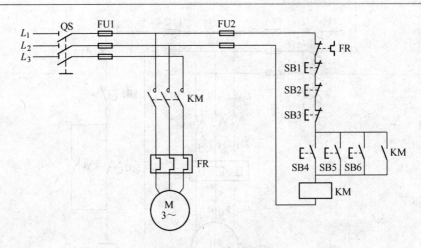

图 11-3　多地控制线路

11.3　知识拓展

11.3.1　点动与长动混合控制线路

方法一：用复合按钮，如图 11-4 所示。

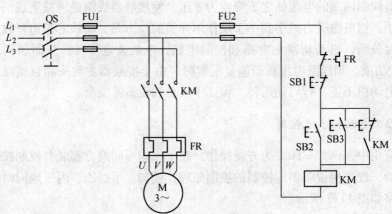

图 11-4　复合按钮混合控制线路

电气元件符号及功能说明见表 11-4。

表 11-4　电气元件符号及功能说明表

符　号	名称及用途	符　号	名称及用途
QS	隔离开关	SB1	停止按钮
KM	接触器	SB2	长动启动按钮
FR	热继电器	SB3	点动启动按钮
M	三相异步电动机	FU1、FU2	熔断器

线路工作原理：长动时，按 SB2，KM 线圈得电，其主触头和辅助触头闭合，电机启动，即使松开 SB2，电机依然保持运转。点动时，按 SB3，KM 线圈得电，其主触头闭合，

电机启动，由于 SB3 的复合触头和 KM 的辅助触头串联在一起，使 KM 辅助触头无法自锁，松开 SB3，电机停止运转。

方法二：加中间继电器，其控制电路如图 11-5 所示。

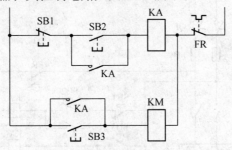

图 11-5　加中间继电器混合控制线路

电气元件符号及功能说明见表 11-5。

表 11-5　电气元件符号及功能说明表

符　号	名称及用途	符　号	名称及用途
SB1	停止按钮	KA	中间继电器
SB2	长动启动按钮	FR	热继电器
SB3	点动启动按钮	KM	接触器

线路工作原理：长动时，按 SB2，中间继电器 KA 线圈得电，其常开触头动作闭合，KM 线圈因此得电，其主触头闭合，电机启动，即使松开 SB2，依然保持运转。点动时，按 SB3，KM 线圈得电，其主触头闭合，电机启动，松开 SB3，电机停止运转。

11.4　技能训练

题目：实验项目四　三相异步电动机的点动及单向启动的继电器-接触器控制

1. 目的

（1）进一步加深对点动、长动原理的认识。

（2）掌握三相异步电机点动、长动控制线路的安装接线方法。

（3）学会对三相异步电动机点动、长动控制线路的故障排查，并能进行相应的处理。

2. 仪器及设备

（1）电机多功能实验台：总电源、EEL-10 控制挂件。

（2）M04 三相交流异步电机。

（3）导线。

3. 内容

三相异步电动机点动及长动的继电器-接触器控制。

4. 方法、步骤

（1）按如图 11-6 所示线路接好实验线路，经教师检查确认无误后，方可接通电源。

（2）调节调压器，使电源电压 $U_{UV} = U_{VW} = U_{WU} = 220V$。

（3）按按钮 SB3，观察电机点动控制情况。

（4）按按钮 SB2，观察电机长动控制情况。

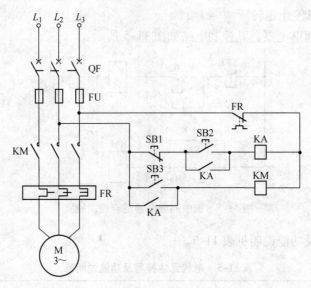

图 11-6　三相异步电动机点动长动控制

5. 注意事项：

（1）电机启动前将调压器逆时针旋转到头。

（2）不得打开测功机电源。

（3）电机出现异常（如异响、不能正常启动等），应立即切断电源检查。

课后练习

11-1　什么是失压、欠压保护？利用哪些电器电路可以实现失压、欠压保护？

11-2　画出异步电动机点动、长动控制电路。

11-3　既然在电动机的主电路中装有熔断器，为什么还要装热继电器？它们的作用有什么不同？如只装热继电器不装熔断器，可以吗？为什么？

11-4　如图 11-7 所示控制电路能否实现点动？是否能连续运行？为什么？

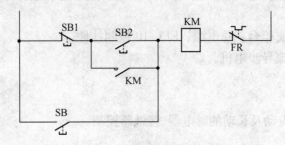

图 11-7　控制电路电动

任务 12 S7-200PLC 的系统组成及特性

【任务要点】

1. PLC 的基本功能、特点及性能指标。
2. PLC 的发展过程、PLC 的编程语言。
3. PLC 的分类、PLC 的结构及工作过程进行简单的分析。
4. 对 PLC 与其他工业控制装置进行比较。
5. S7-200PLC 的系统组成及特性。

12.1 任务描述与分析

12.1.1 任务描述

可编程控制器（Programmable Controller，PLC）。PLC 是在传统的顺序控制器的基础上引入了微电子技术、计算机技术、自动控制技术和通讯技术而形成的一种新型工业控制装置，目的是用来取代继电器、执行逻辑、计时、计数等顺序控制功能，建立柔性的程控系统。可编程控制器具有能力强、可靠性高、配置灵活、编程简单等优点，是当代工业生产自动化的主要手段和重要的自动化控制设备。

12.1.2 任务分析

本任务介绍可编程控制器的基本功能、特点及可编程控制器的发展情况，通过对 S7-200PLC 的系统组成及特性的介绍，掌握可编程控制器的工作原理及主要技术指标。

12.2 相关知识

12.2.1 可编程序控制器的产生和定义

12.2.1.1 可编程序控制器的产生

在可编程序控制器问世以前，工业控制领域中是以继电控制器占主导地位的。这种由继电器构成的控制系统有着明显的缺点：体积大、耗电多、可靠性差、寿命短、运行速度不高，尤其是对生产工艺多变的系统适应性更差，一旦生产任务和工艺发生变化，就必须重新设计，并改变硬件结构，造成了时间和资金的严重浪费。

20 世纪 60 年代末期，为了使汽车改型或改变工艺流程时不改动原有继电器柜内的接线，以便降低生产成本，缩短新产品的开发周期，以满足生产的需求。美国通用汽车公司（GE 公司）1968 年提出了研制新型控制装置的十项指标，其主要内容如下：

（1）编程简单，可在现场修改和调试程序。
（2）价格便宜，性价比高于继电器控制系统。
（3）可靠性高于继电器控制系统。
（4）体积小于有继电器控制柜的体积，能耗少。

（5）能与计算机系统数据通信。

（6）输入量是交流 115V 电压信号（美国电网电压是 110V）。

（7）输出量是交流 115V 电压信号、输出电流在 2A 以上，能直接驱动电磁阀等。

（8）具有灵活的扩展能力。

（9）硬件维护方便，采用插入式模块结构。

（10）用户存储器容量至少在 4kB 以上（根据当时的汽车装配过程的要求提出）。

从上述 10 项指标可以看出，它实际上就是当今可编程序控制器最基本的功能，具备了可编程序控制器的特点。

1969 年，美国数字设备公司（DEC）根据上述要求研制出第一台可编程序控制器，型号为 PDP-14，并在 GE 公司的汽车生产线上适用成功，于是第一台可编程序控制器诞生了。

12.2.1.2　可编程序控制器的定义

由于 PLC 在不断发展，因此，对它进行确切的定义是比较困难的。美国电气制造商协会（NEMA）经过四年的调查工作，于 1980 年正式将可编程序控制器命名为 PC（Programmable Controller），但为了与个人计算机 PC（Personal Computer）相区别，常将可编程序控制器简称为 PLC，并给 PLC 作了定义：可编程序控制器是一种带有指令存储器、数字的或模拟的输入/输出接口，以位运算为主，能完成逻辑、顺序、定时、计数和算术等功能，用于控制机器或生产过程的自动化控制装置。

1982 年，国际电工委员会（International Electrical Committee，IEC）颁布了 PLC 标准草案第一稿，1985 年提交了第 2 稿，并在 1987 年的第 3 稿中对 PLC 作了如下的定义：PLC 是一种数字运算的电子系统，专为工业环境下应用而设计。它采用可编制程序的存储器，用来在其内部存储执行逻辑运算、顺序运算、定时、计数和算术运算等操作的指令，并能通过数字式或模拟式的输入和输出，控制各种类型的机械或生产过程。可编程序控制器及其有关的外围设备，都应按照易于与工业控制系统形成一个整体、易于扩展其功能的原则而设计。

上述的定义表明，PLC 是一种能直接应用于工业环境的数字电子装置，是以微处理器为基础，结合计算机技术、自动控制技术和通信技术，用面向控制过程、面向用户的"自然语言"编程的一种简单易懂、操作方便、可靠性高的新一代通用工业控制装置。

12.2.2　可编程序控制器的主要功能及特点

12.2.2.1　可编程序控制器的主要功能

A　开关逻辑和顺序控制

这是 PLC 应用最广泛、最基本的场合。它的主要功能是完成开关逻辑运算和进行顺序逻辑控制，从而可以实现各种控制要求。

B　模拟控制（A/D 和 D/A 控制）

在工业生产过程中，许多连续变化的需要进行控制的物理量，如温度、压力、流量、液位等，这些都属于模拟量。过去，PLC 长于逻辑运算控制，对于模拟量的控制主要靠仪表或分布式控制系统，目前大部分 PLC 产品都具备处理这类模拟量的功能，而且编程和使用方便。

C　定时/计数控制

PLC 具有很强的定时、计数功能，它可以为用户提供数十甚至上百个定时器与计数器。对于定时器，定时间隔可以由用户加以设定；对于计数器，如果需要对频率较高的信号进行计数，则可以选择高速计数器。

D　步进控制

PLC 为用户提供了一定数量的移位寄存器，用移位寄存器可方便地完成步进控制功能。

E　运动控制

在机械加工行业，可编程序控制器与计算机数控（CNC）集成在一起，用以完成机床的运动控制。

F　数据处理

大部分 PLC 都具有不同程度的数据处理能力，它不仅能进行算术运算、数据传送，而且还能进行数据比较、数据转换、数据显示打印等操作，有些 PLC 还可以进行浮点运算和函数运算。

G　通信联网

PLC 具有通信联网的功能，它使 PLC 与 PLC 之间、PLC 与上位计算机以及其他智能设备之间能够交换信息，形成一个统一的整体，实现分散集中控制。

12.2.2.2　可编程序控制器的特点

PLC 能如此迅速发展的原因，除了工业自动化的客观需要外，还有许多独特的优点。它较好地解决了工业控制领域中普遍关心的可靠、安全、灵活、方便、经济等问题。其主要特点如下：

（1）可靠性高。可靠性指的是可编程控制器平均无故障工作时间。由于可编程序控制器采取了一系列硬件和软件抗干扰措施，具有很强的抗干扰能力，平均无故障时间达到数万小时以上，可以直接用于有强烈干扰的工业生产现场。可编程序控制器已被广大用户公认为是最可靠的工业控制设备之一。

（2）控制功能强。一台小型可编程序控制器内有成百上千个可供用户使用的编程元件，可以实现非常复杂的控制功能。与相同功能的继电器系统相比，它具有很高的性能价格比。可编程序控制器可以通过通信联网，实现分散控制与集中管理。

（3）用户使用方便。可编程序控制器产品已经标准化、系列化、模块化，配备有品种齐全的各种硬件装置供用户选用，用户能灵活方便地进行系统配置，组成不同功能、不同规模的系统。可编程序控制器的安装接线也很方便，有较强的带负载能力，可以直接驱动一般的电磁阀和交流接触器。硬件配置确定后，可以通过修改用户程序，方便快速地适应工艺条件的变化。

（4）编程方便、简单。梯形图是可编程序控制器使用最多的编程语言，其电路符号、表达方式与继电器电路原理图相似。梯形图语言形象、直观、简单、易学，熟悉继电器电路图的电气技术人员只要花几天时间就可以熟悉梯形图语言，并用来编制用户程序。

（5）设计、安装、调试周期短。可编程序控制器用软件功能取代了继电器控制系统中大量的中间继电器、时间继电器、计数器等器件，使控制柜的设计、安装、接线工作量大大减少，缩短了施工周期。可编程序控制器的用户程序可以在实验室模拟调试，模拟调试好后再将 PLC 控制系统在生产现场进行安装和接线，在现场的统调过程中发现的问题一般通过修改程序就可以解决，大大缩短了设计和投运周期。

（6）易于实现机电一体化。可编程序控制器体积小、质量轻、功耗低、抗振防潮和耐热能力强，使之易于安装在机器设备内部，制造出机电一体化产品。目前以 PLC 作为控制器的 CNC 设备和机器人装置已成为典型。

12.2.3　可编程序控制器的分类

目前 PLC 的种类非常多，型号和规格也不统一，了解 PLC 的分类有助于 PLC 的选型和应用。

12.2.3.1　按点数和功能分类

为了适应不同工业生产过程的应用要求，可编程序控制器能够处理的输入/输出信号数是不一样的。一般将一路信号称为一个点，将输入点数和输出点数的总和称为机器的点数，简称 I/O 点数。一般讲，点数多的 PLC，功能也越强。按照点数的多少，可将 PLC 分为超小（微）、小、中、大四种类型：

（1）超小型机。I/O 点数为 64 点以内，内存容量为 256 ~ 1000 字节。

（2）小型机。I/O 点数为 64 ~ 256，内存容量为 1 ~ 3.6k 字节。

小型及超小型 PLC 主要用于小型设备的开关量控制，具有逻辑运算、定时、计数、顺序控制、通信等功能。

（3）中型机。I/O 点数为 256 ~ 1024，内存容量为 3.6 ~ 13k 字节。

中型 PLC 除具有小型、超小型 PLC 的功能外，还增加了数据处理能力，适用于小规模的综合控制系统。

（4）大型机。I/O 点数为 1024 以上，内存容量为 13k 字节以上。

大型 PLC 的功能更加完善，多用于大规模过程控制、集散式控制和工厂自动化网络。

12.2.3.2　按结构形式分类

通常从 PLC 硬件结构形式上分整体式结构和模块式结构。

A　整体式结构

一般的小型及超小型 PLC 多为整体式结构，这种可编程序控制器是把 CPU、RAM、ROM、I/O 接口及与编程器或 EPROM 写入器相连的接口、输入/输出端子、电源、指示灯等都装配在一起的整体装置。它的优点是结构紧凑，体积小，成本低，安装方便，缺点是主机的 I/O 点数固定，使用不灵活。西门子公司的 S7-200 系列 PLC 为整体式结构。

B   模块式结构

模块式结构又称为积木式。这种结构形式的特点是把 PLC 的每个工作单元都制成独立的模块，如 CPU 模块、输入模块、输出模块、电源模块、通信模块等。另外，机器上有一块带有插槽的母板，实质上就是计算机总线。把这些模块按控制系统需要选取后，都插到母板上，就构成了一个完整的 PLC。这种结构的 PLC 的特点是系统构成非常灵活，安装、扩展、维修都很方便，缺点是体积比较大。常见产品有 OMRON 公司的 C200H、C1000H、C2000H，西门子公司的 S5-115U、S7-300、S7-400 系列等。

12.2.3.3   按生产厂家分类

PLC 的生产厂家很多，国内国外都有，其点数、容量、功能各有差异，但都自成系列，比较有影响的厂家有：

（1）日本立石（OMRON）公司的 C 系列可编程序控制器。

（2）日本三菱（MITSUBISHI）公司的 F、F1、F2、FX2 系列可编程序控制器。

（3）日本松下（PANASONIC）电工公司的 FP1 系列可编程序控制器。

（4）美国通用电气（GE）公司的 GE 系列可编程序控制器。

（5）美国艾论—布拉德利（A—B）公司的 PLC-5 系列可编程序控制器。

（6）德国西门子（SIEMENS）公司的 S5、S7 系列可编程序控制器。

12.2.4   可编程序控制器的发展趋势

随着 PLC 技术的推广、应用，PLC 将向两个方面发展：一方面向着大型化的方向发展，另一方面则向着小型化的方向发展。

PLC 向大型化方向发展，主要表现在大中型 PLC 高功能、大容量、智能化、网络化发展，使之能与计算机组成集成控制系统，对大规模、复杂系统进行综合的自动控制。

PLC 向小型化方向发展，主要表现在下列几个方面：为了减小体积、降低成本，向高性能的整体型发展；在提高系统可靠性的基础上，产品的体积越来越小，功能越来越强；应用的专业性，使得控制质量大大提高。

另外，PLC 在软件方面也将有较大的发展。系统的开放使第三方的软件能方便地在符合开放系统标准的 PLC 上得到移植。除了采用标准化的硬件外，采用标准化的软件也能大大缩短系统开发周期；同时，标准化的软件由于经受了实际应用的考验，它的可靠性也明显提高。

总之，PLC 总的发展趋势是：高功能、高速度、高集成度、容量大、体积小、成本低、通信联网功能能强。

12.2.5   可编程序控制器的组成与基本结构

PLC 是微机技术和继电器常规控制概念相结合的产物，从广义上讲，PLC 也是一种计算机系统，只不过它比一般计算机具有更强的与工业过程相连接的输入/输出接口，具有更适用于控制要求的编程语言，具有更适应于工业环境的抗干扰性能。因此，PLC 是一种工业控制用的专用计算机，它的实际组成与一般微型计算机系统基本相同，也是由硬件系统和软件系统两大部分组成。

12.2.5.1　可编程序控制器的硬件系统

PLC 的硬件系统由主机系统、输入/输出扩展环节及外部设备组成。

A　主机系统

PLC 结构如图 12-1 所示。

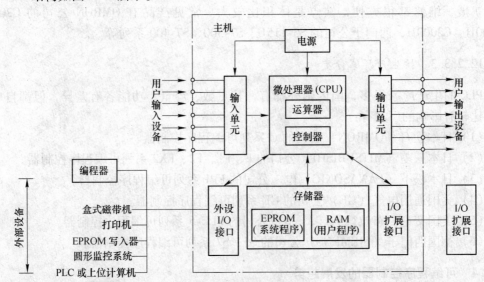

图 12-1　PLC 结构示意图

微处理器单元（Central Processing Unit，CPU）。CPU 是 PLC 的核心部分，它包括微处理器和控制接口电路。微处理器是 PLC 的运算控制中心，由它实现逻辑运算，协调控制系统内部各部分的工作。它的运行是按照系统程序所赋予的任务进行的。

B　存储器

存储器是 PLC 存放系统程序、用户程序和运行数据的单元。它包括只读存储器（ROM）和随机存取存储器（RAM）。只读存储器（ROM）在使用过程中只能取出不能存储，而随机存取存储器（RAM）在使用过程中能随时取出和存储。

C　输入/输出模块单元

PLC 的对外功能主要是通过各类接口模块的外接线，实现对工业设备和生产过程的检测与控制。通过各种输入/输出接口模块，PLC 既可检测到所需的过程信息，又可将处理结果传送给外部过程，驱动各种执行机构，实现工业生产过程的控制。通过输入模块单元，PLC 能够得到生产过程的各种参数；通过输出模块单元，PLC 能够把运算处理的结果送至工业过程现场的执行机构实现控制。为适应工业过程现场对不同输入/输出信号的匹配要求，PLC 配置了各种类型的输入/输出模块单元。

D　I/O 扩展接口

I/O 扩展接口是 PLC 主机为了扩展输入/输出点数和类型的部件，输入/输出扩展单元、远程输入/输出扩展单元、智能输入/输出单元等都通过它与主机相连。I/O 扩展接口有并行接口、串行接口等多种形式。

E　外设 I/O 接口

外设 I/O 接口是 PLC 主机实现人机对话、机机对话的通道。通过它，PLC 可以和编程器、彩色图形显示器、打印机等外部设备相连，也可以与其他 PLC 或上位计算机连接。外设 I/O 接口一般是 RS232C 或 RS422A 串行通信接口，该接口的功能是进行串行/并行数据的转换，通信格式的识别，数据传输的出错检验，信号电平的转换等。对于一些小型 PLC，外设 I/O 接口中还有与专用编程器连接的并行数据接口。

F　电源

电源单元是 PLC 的电源供给部分。它的作用是把外部供应的电源变换成系统内部各单元所需的电源，有的电源单元还向外提供直流电源，给予开关量输入单元连接的现场电源开关使用。电源单元还包括掉电保护电路和后备电池电源，以保持 RAM 在外部电源断电后存储的内容不丢失。PLC 的电源一般采用开关电源，其特点是输入电压范围宽，体积小，质量轻，效率高，抗干扰性能好。

12.2.5.2　输入/输出扩展环节

输入/输出扩展环节是 PLC 输入/输出单元的扩展部件，当用户所需的输入/输出点数或类型超出主机的输入/输出单元所允许的点数或类型时，可以通过加接输入/输出扩展环节来解决。输入/输出扩展环节与主机的输入/输出扩展接口相连，有两种类型：简单型和智能型。简单型的输入/输出扩展环节本身不带中央处理单元，对外部现场信号的输入/输出处理过程完全由主机的中央处理单元管理，依赖于主机的程序扫描过程。通常，它通过并行接口与主机通信，并安装在主机旁边，在小型 PLC 的输入/输出扩展时常被采用。智能型的输入/输出扩展环节本身带有中央处理单元，它对生产过程现场信号的输入/输出处理由本身所带的中央处理单元管理，而不依赖于主机的程序扫描过程。通常，它采用串行通信接口与主机通信，可以远离主机安装，多用于大中型 PLC 的输入/输出扩展。

12.2.5.3　外部设备

A　编程器

它是编制、调试 PLC 用户程序的外部设备，是人机交互的窗口。通过编程器可以把新的用户程序输入到 PLC 的 RAM 中，或者对 RAM 中已有程序进行编辑。通过编程器还可以对 PLC 的工作状态进行监视和跟踪，这对调试和试运行用户程序是非常有用的。

除了上述专用的编程器外，还可以利用微机（如 IBM-PC），配上 PLC 生产厂家提供的相应的软件包来作为编程器，这种编程方式已成为 PLC 发展的趋势。现在，有些 PLC 不再提供编程器，而只提供微机编程软件，并且配有相应的通信连接电缆。

B　彩色图形显示器

大中型 PLC 通常配接彩色图形显示器，用以显示模拟生产过程的流程图、实时过程参数、趋势参数及报警参数等过程信息，使得现场控制情况一目了然。

C　打印机

PLC 也可以配接打印机等外部设备，用以打印记录过程参数、系统参数以及报警事故记录表等。

PLC 还可以配置其他外部设备，例如，配置存储器卡、盒式磁带机或磁盘驱动器，用于存储用户的应用程序和数据；配置 EPROM 写入器，用于将程序写入到 EPROM 中。

12.2.5.4　可编程序控制器的软件系统

PLC 除了硬件系统外，还需要软件系统的支持，它们相辅相成，缺一不可，共同构成 PLC。PLC 的软件系统由系统程序（又称系统软件）和用户程序（又称应用软件）两大部分组成。

A　系统程序

系统程序由 PLC 的制造企业编制，固化在 PROM 或 EPROM 中，安装在 PLC 上，随产品提供给用户。系统程序包括系统管理程序、用户指令解释程序和供系统调用的标准程序模块等。

B　用户程序

用户程序是根据生产过程控制的要求由用户使用制造企业提供的编程语言自行编制的应用程序。用户程序包括开关量逻辑控制程序、模拟量运算程序、闭环控制程序和操作站系统应用程序等。

12.2.6　可编程序控制器的工作原理及主要技术指标

12.2.6.1　可编程序控制器的工作原理

可编程控制器是一种专用的工业控制计算机，其工作原理与计算机控制系统的工作原理基本相同。

PLC 是采用周期循环扫描的工作方式，CPU 连续执行用户程序和任务的循环序列称为扫描。CPU 对用户程序的执行过程是 CPU 的循环扫描，并用周期性地集中采样、集中输出的方式来完成的。一个扫描周期（工作周期）主要分为以下几个阶段：

（1）输入采样扫描阶段。这是第一个集中批处理过程，在这个阶段中，PLC 按顺序逐个采集所有输入端子上的信号，不论输入端子上是否接线，CPU 顺序读取全部输入端，将所有采集到的一批输入信号写到输入映像寄存器中，在当前的扫描周期内，用户程序用到的输入信号的状态（ON 或 OFF）均从输入映像寄存器中去读取，不管此时外部输入信号的状态是否变化。即使此时外部输入信号的状态发生了变化，也只能在下一个扫描周期的输入采样扫描阶段去读取，对于这种采集输入信号的批处理，虽然严格上说每个信号被采集的时间有先有后，但由于 PLC 的扫描周期很短，这个差异对一般工程应用可忽略，所以可以认为这些采集到的输入信息是同时的。

（2）执行用户程序扫描阶段。这是第二个集中批处理过程，在执行用户程序阶段，CPU 对用户程序按顺序进行扫描。如果程序用梯形图表示，则总是按先上后下、从左至右的顺序进行扫描，每扫描到一条指令，所需要的输入信息的状态均从输入映像寄存器中去读取，而不是直接使用现场的立即输入信号。对其他信息，则是从 PLC 的元件映像寄存器中去读取，在执行用户程序中，每一次运算的中间结果都立即写入元件映像寄存器中，对输出继电器的扫描结果，也不是马上去驱动外部负载，而是将其结果写入到输出映像寄存器中。在此阶段，允许对数字量 I/O 指令和不设置数字滤波的模拟量 I/O 指令进行处理，在扫描周期的各个部分，均可对中断事件进行响应。

在这个阶段，除了输入映像寄存器外，各个元件映像寄存器的内容是随着程序的执行而不断变化的。

（3）输出刷新扫描阶段。这是第三个集中批处理过程，当 CPU 对全部用户程序扫描结束后，将元件映像寄存器中各输出继电器的状态同时送到输出锁存储器中，再由输出锁存器经输出端子去驱动各输出继电器所带的负载。

在输出刷新阶段结束后，CPU 进入下一个扫描周期，重新执行输入采样，周而复始。

12.2.6.2　可编程序控制器的主要技术指标

A　输入/输出点数

可编程控制器的 I/O 点数指外部输入、输出端子数量的总和。它是描述 PLC 大小的一个重要的参数。

B　存储容量

PLC 的存储器由系统程序存储器，用户程序存储器和数据存储器三部分组成。PLC 存储容量通常指用户程序存储器和数据存储器容量之和，表征系统提供给用户的可用资源，是系统性能的一项重要技术指标。

C　扫描速度

可编程控制器采用循环扫描方式工作，完成 1 次扫描所需的时间叫做扫描周期。影响扫描速度的主要因素有用户程序的长度和 PLC 产品的类型。PLC 中 CPU 的类型、机器字长等直接影响 PLC 运算精度和运行速度。

D　指令系统

指令系统是指 PLC 所有指令的总和。可编程控制器的编程指令越多，软件功能就越强，但掌握应用也相对较复杂。用户应根据实际控制要求选择合适指令功能的可编程控制器。

E　通信功能

通信有 PLC 之间的通信和 PLC 与其他设备之间的通信。通信主要涉及通信模块，通信接口，通信协议和通信指令等内容。PLC 的组网和通信能力也已成为 PLC 产品水平的重要衡量指标之一。

12.2.7　S7 系列系统构成

S7 系列 PLC 包括 S7-200、S7-300、S7-400 三大类，S7-200 是微型到小型的 PLC，S7-300 是小型到中型的 PLC，S7-400 是大型的 PLC。

S7-200 系列 PLC 是 SIEMENS 公司新推出的一种小型 PLC。它以紧凑的结构、良好的扩展性、强大的指令功能、低廉的价格，已经成为当代各种小型控制工程的理想控制器。

S7-200 PLC 包含了一个单独的 S7-200 CPU 和各种可选择的扩展模块，可以十分方便地组成不同规模的控制器。其控制规模可以从几点上到几百点。S7-200 PLC 可以方便地组成 PLC-PLC 网络和微机-PLC 网络，从而完成规模更大的工程。

S7-200 的编程软件 STEP7-Micro/WIN32 可以方便地在 Windows 环境下对 PLC 编程、调试、监控，使得 PLC 的编程更加方便、快捷。可以说，S7-200 可以完美地满足各种小规模控制系统的要求。

S7-200 有四种 CPU，其性能差异很大。这些性能直接影响到 PLC 的控制规模和 PLC 系统的配置。

12.2.8　S7-200 主机结构及性能特点

S7-200PLC 属于小型 PLC，其主机的基本结构是整体式，主机上有一定数量的输入/输出（I/O）点，一个主机单元就是一个系统。它还可以进行灵活的扩展。如图 12-2 所示为 S7-200 的 CPU 外形图。

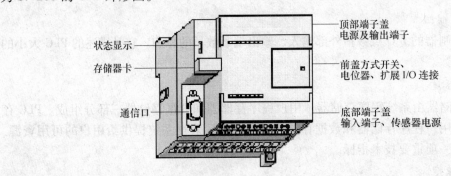

图 12-2　S7-200 的 CPU 外形图

12.2.8.1　主机模块

S7-200 的 CPU 模块按 I/O 点数不同和效能不同而有五种不同结构配置的品种即 CPU221、CPU222、CPU224、CPU224XP 和 CPU226。每个品种里又分为两种类型：一种是 DC24V 供电/晶体管输出：一种是 AC220V 供电/继电器输出，所以共有 10 种 CPU 模块。

A　CPU221

本机集成 6 输入/4 输出，无扩展能力，程序和数据存储容量较小，有一定的高速计数功能和通信能力，非常适合少点数的或特定的控制系统使用。

B　CPU222

本机集成 8 输入/6 输出，和 CPU221 相比，它最多可以扩展 2 个模块，因此是应用更为广泛的全功能控制器。

C　CPU224

本机集成 14 输入/10 输出，和前两者相比，存储容量扩大了一倍，数据存储容量扩大了四倍，它最多可以有 7 个扩展模块，有内置时钟，有更强的模拟量和高速计数的处理能力，是使用的最多的 S7-200 产品。

D　CPU224XP

这是最新推出的一种使用机型，其大部分功能和 CPU224 相同，但和 CPU224 相比，它的程序存储容量和数据存储容量都增加了不少，处理高速计数的能力也有增强；其最大的区别是在主机上增加了 2 输入/1 输出的模拟量单元和一个通信口，非常适合在有少量模拟量信号的系统中使用，在有复杂通信要求的场合也非常合适。

E　CPU226

本机集成 24 输入/16 输出，I/O 共计 40 点，和 CPU224 相比程序存储容量扩大了一倍，数据存储容量增加到 10kB，它有两个通信口，通信能力大大增强。它可用与点数较多、要求较高的小型或中型控制系统。

12.2.8.2　CPU 模块的主要特点和技术规范

（1）供电电压。直流 24V 和交流 220V 两种供电电源电压。

（2）输出方式。输出类型有晶体管（DC）和继电器（AC/DC）两种输出方式。

（3）集成电源。主机集成有 24V 直流电源，可以直接用于传感器和执行机构的供电。

（4）高速计数。它可以用普通输入端子捕捉比 CPU 扫描周期更快的脉冲信号，进行高速计算，输入脉冲频率可达 200kHz（CPU224XP）。

（5）脉冲输出。2 路最大可达 100kHz（CPU224XP）的高频脉冲输出，可用以驱动步进电动机和伺服电动机以实现准确定位任务。

（6）集成模拟电位器。可以用模块上的电位器来改变它对应的特殊寄存器中的数值，可以实时更改程序运行中的一些参数，如定时器/计数器的设定值和过程量的控制参数等（该功能使用较少）。

（7）实时时钟。可用于对信息加注时间标记，记录机器运行时间或对过程进行时间控制。

12.2.8.3　存储系统

S7-200 系列 PLC 提供了三种方式来保存用户程序、程序数据和组态数据：

（1）保持型数据存储器。在有效的存储器中，变量 V、中间继电器 M、定时器 T 和计数器 C 的存储器可以进行组态使其成为掉电保持型的存储器。在断电情况下，这些数据如果由超级电容保护，则可以维持 50 ～ 100h；如果由电池卡保护，则可以维持 200 天。

（2）永久存储器。用户程序、数据块、系统块、强制设定值、组态为掉电保存的 M 存储器（MB0 ～ MB13）和在用户程序的控制下写入的指定值可以被永久保存。需要说明的是永久存储器（EEPROM）的操作次数是有限的（小于 100 万次），超过规定的次数有可能损坏。

（3）存储卡。这是一种可以移动的存储卡，是一个可选件。可以用它来存储用户程序、数据块、系统块、强制设定值、配方和数据归档等，也可以将文档晚间存放到存储卡上。

12.2.9　I/O 扩展及功能扩展

当 CPU 的 I/O 点数不够用或需要进行特殊功能的控制时，就要进行系统扩展。不同的 CPU 有不同的扩展规范，这些主要受 CPU 的功能限制。大家在使用时可参考 SIEMENS 的系统手册。

12.2.9.1　I/O 扩展模块

S7-200PLC 的 I/O 扩展模块有：

（1）输入扩展模块 EM221。共有 3 种产品，即 8 点和 16 点 DC、8 点 AC。

（2）输出扩展模块 EM222。共有 5 种产品，即 8 点 DC 和 4 点 DC（5A）、8 点 AC、8 点继电器和 4 点继电器（10A）。

（3）输入/输出混合扩展模块 EM223。有 6 种产品。其中 DC 输入/DC 输出的有三种，DC 输入/继电器输出的有三种，它们对应的输入/输出点数分别为 4 点、8 点和 16 点。

（4）模拟量输入扩展模块 EM231。有 3 种产品：4AI、2 路热电阻输入和 4 路热电偶输入。

（5）模拟量输出扩展模块 EM232。只有一种 2 路模拟量输出的扩展模块。

（6）模拟量输入/输出扩展模块 EM235 只有一种 4 路 AI/1 路 AO（占用 2 路输出地址）。

12.2.9.2　特殊功能扩展模块

当需要完成某些特殊功能的控制任务时，CPU 主机可以扩展特殊功能模块。典型的特殊功能模块有：调制解调器模块 EM241、定位模块 EM253、PROFIBUS-DP 模块 EM277、以太网模块 CP243-1、以太网模块 CP243-1T、AS-i 接口模块 CP243-2、SIWAREX MS 称重模块、SINAUT MD720-3。

12.2.9.3　人机界面 HMI

人机界面除了能代替和节省大量的 I/O 点外，还能完成各种各样的参数设定、画面显示、数据处理的任务，从而使得工业控制变得更加舒适和友好，功能也更加强大。

12.2.10　S7-200 系列 PLC 内部资源

PLC 中的每一个输入/输出、内部存储单元、定时器和计数器等都称作软元件。软元件有其不同的功能，有固定的地址。软元件的数量决定了可编程控制器的规模和数据处理能力。

12.2.10.1　输入继电器（I）

输入继电器位于 PLC 存储器的输入过程映像寄存器（Process-Image Input Register）区，其外部有一对物理的输入端子与之相对应，该触点用于接收外部的开关信号。

12.2.10.2　输入继电器（Q）

输入继电器位于 PLC 存储器的输出过程映像寄存器（Process-Image Output Register）区，其外部有一对物理的输出端子与之相对应。当通过程序使得输出继电器线圈得电时，PLC 上的输出端开关闭合，可以作为控制外部负载的开关信号。

实际输出点数不能超过 PLC 所提供的具有外部接线端子的输出继电器的数量，未使用的输出映像寄存器可做它用；但为了程序的清晰和规范，建议不如此使用。

12.2.10.3　通用辅助继电器（M）

通用辅助继电器（或中间继电器）位于 PLC 存储器的位存储器（Bit Memory Area）区，其作用和继电器控制系统中的中间继电器相同，它在 PLC 中没有外部的输入端子或输出端子与之对应，主要用来在程序设计中处理逻辑控制任务。

12.2.10.4　特殊继电器（SM）

有些辅助继电器具有特殊功能或用来存储系统的状态变量、有关的控制参数和信息，称其为特殊继电器或特殊存储器（Special Memory）。主要的特殊继电器有以下几类：表示状态、存储扫描时间、存储模拟电位器、通信、高速计数、脉冲输出、中断。

常用的 SMB0 状态位信息如下：

SM0.0 该位始终为 ON，即常 ON　SM0.1 首次扫描时为 ON，常用作初始化脉冲。

SM0.4 时钟脉冲：30s 闭合/30s 断开 SM0.5 时钟脉冲：0.5s 闭合/0.5s 断开。

12.2.10.5　变量存储器（V）

变量存储器用来存放变量的值，它可以存放程序执行过程中控制逻辑操作的中间结果，也可以使用变量存储器来保存与工序或任务相关的其他数据。

12.2.10.6　局部变量存储器（L）

局部变量存储器用来存放局部变量。局部变量只和特定程序关联。S7-200PLC 提供 64 字节的局部变量存储器，其中 60 个可作为暂时存储器或给子程序传递参数。主程序、子程序和中断程序都有 64 个字节的局部存储器可以使用。不同程序的局部存储器不能互相访问。

12.2.10.7　顺序控制继电器（S）

顺序控制继电器又称为状态器。顺序控制继电器用在顺序控制或步进控制中。如果它未被使用在顺序控制中，它也可作为一般中间继电器使用。

12.2.10.8　定时器（T）

定时器（Timer）是可编程控制器中重要的编程元件，是累计时间增量的内部器件。定时器的工作过程与继电接触式控制系统的时间继电器基本相同，但它没有瞬动触头。使用时要提前输入时间预定值，当定时器的输入条件满足时开始计时，当前值从 0 开始按一定的时间单位增加；当定时器的当前值达到预定值时，定时器触点动作。

12.2.10.9　计数器（C）

计数器（Counter）用来累计输入脉冲的个数，经常用来对产品进行计数或进行特定功能的编程。使用时要提前输入它的设定值（计数的个数）。当输入触发条件满足时，计数器开始累计它的输入端脉冲电位上升沿（正跳变）的次数；当计数器计数达到预定的设定值时，其常开触头闭合，常闭触头断开。

12.2.10.10　模拟量输入映像寄存器（AI）、模拟量输出映像寄存器（AQ）

模拟量输入电路用来实现模拟量/数字量（A/D）之间的转换，而模拟量输出电路用以实现数字量/模拟量（D/A）之间的转换。

在模拟量输入（Analog Input）/模拟量输出（Analog Output）映像寄存器中，数字量的长度为一个字长（16 位），且从偶数号字节进行编址来存取转换过的模拟量值。编址内容包括元件名称、数据长度和起始字节的地址，如 AIW6、AQW12 等。模拟量输入寄存器只能进行读取操作，而模拟量输出寄存器技能进行写入操作。

12.2.10.11　高速计数器（HC）

高速计数器（High-speed Counter）的工作原理与普通计数器基本相同，只不过它用来累计比主机扫描速率更快的高速脉冲。高速计数器的当前值是一个双字长（32 位）的整数，且为只读值。高速计数器的数量很少，编址时只用名称 HC 和编号，如 HC2。

12.2.10.12　累加器（AC）

S7-200PLC 提供 4 个 32 位累加器（Accumulator），分别为 AC0、AC1、AC2、AC3。累加器是用来暂存数据的寄存器。它可以用来存放数据如运算数据、中间数据和结果数据，也可用来向子程序传递参数，或从子程序返回参数。

12.2.11　数据类型

12.2.11.1　数据类型及范围

S7-200 系列 PLC 的数据类型可以是字符串、布尔型（0 或 1）、整型和实型（浮点数）。实数采用 32 位单精度数来表示，数据类型、长度及范围见表 12-1。

表 12-1　S7-200 系列 PLC 数据类型及范围

基本数据类型	无符号整数表示范围		基本数据类型	无符号整数表示范围	
	十进制表示	十六进制表示		十进制表示	十六进制表示
字节 B（8 位）	0 ~ 255	0 ~ FF	字节 B（8 位）只用于 SHRB 指令	− 128 ~ 127	80 ~ 7F
字 W（16 位）	0 ~ 65 535	0 ~ FF FF	INT（16 位）	− 32 768 ~ 32 767	8000 ~ 7FFF
双字（32 位）	0 ~ 4 294 967 295	0 ~ FF FF	DINT（32 位）	− 2 147 483 648 ~ 2 147 483 647	80000000 ~ 7FFFFFFF
BOOL（1 位）	0, 1				
字符串	每个字符以字节形式存储，最大长度为 255 个字节，第一个字节中定义给字符串的长度				
实数（IEEE32 位浮点数）	− 1.175495E − 38 ~ 3.402823E + 38（正数）				
	− 1.175495E − 38 ~ − 3.402823E + 38（正数）				

12.2.11.2　常数

常数数据长度可分为字节、字和双字。在机器内部的数据都以二进制存储，书写可以用二进制、十进制、十六进制、ASSII 码或浮点数（实数）等形式。几种常数形式见表 12-2。

注意：表中的#为常数的进制格式说明符，如果常数无任何格式说明符，则系统默认为十进制数。

表 12-2　几种常数形式

进　制	书　写　格　式	举　　例
十进制	十进制数值	1 052
十六进制	16#十六进制值	16#8 AC6
二进制	2 # 二进制值	2 # 1010_ 0011_ 1101_ 0001
ASCII 码	'ASCII 文本'	'Show terminals'
浮点数	ANSI / IEEE 754-1985 标准	（正数）$+-1.175495E-38 \sim 3.402823E+38$ （负数）$-1.175495E-38 \sim -3.402823E+38$

12.2.12　直接寻址

12.2.12.1　编址格式

S7-200PLC 的存储单元按字节进行编址，无论所寻址的是何种数据类型，通常应指出它所在存储区域内的字节地址。每个单元都有唯一的地址，这种直接指出元件名称的寻址方式称作直接寻址。S7-200PLC 中软元件的直接寻址的符号见表 12-3。

表 12-3　S7-200PLC 中软元件的直接寻址的符号

元件符号（名称）	所在数据区域	位寻址格式	其他寻址方式
I（输入继电器）	数字量输入映像区	Ax. y	ATx
Q（输出继电器）	数字量输出映像区	Ax. y	ATx
M（通用辅助继电器）	内部存储区	Ax. y	ATx
SM（特殊继电器）	特殊存储区	Ax. y	ATx
S（顺序控制继电器）	顺序控制继电器区	Ax. y	ATx
V（变量存储器）	变量存储器区	Ax. y	ATx
L（局部变量存储器）	局部存储器区	Ax. y	ATx
T（定时器）	定时器存储器区	Ax	Ax（仅字）
C（计数器）	计数器存储器区	Ax	Ax（仅字）
AI（模拟量输入映像寄存器）	模拟量输入存储器区	无	Ax（仅字）
AQ（模拟量输出映像寄存器）	模拟量输出存储器区	无	Ax（仅字）
AC（累加器）	累加器区	无	Ax（任意）
HC（高速计数器）	高速计数器区	无	Ax（仅双字）

注：A—元件名称，即该数据存储器中的区域地址，可以是表中的元件符号。

　　T—数据类型，若为位寻址，则无该项；若为字节、字或双字寻址，则 T 的取值应分别为 B、W 和 D。

　　x—字节地址。

　　y—字节内的位地址，只有位寻址才有该项。

12. 2. 12. 2　位寻址格式

按位寻址时的格式为：Ax. y，使用时必须指定元件名称、字节地址和位号。可以进行这种位寻址的编程元件有：输入继电器（I）、输出继电器（Q）、通用辅助继电器（M）、特殊继电器（SM）、局部变量存储器（L）、变量存储器（V）和顺序控制继电器（S）。

12. 2. 12. 3　特殊器件的寻址格式

存储区内有一些元件是具有一定功能的器件，不用指出它们的字节地址。而直接写出其编号。这类元件包括定时器（T）、计数器（C）、高速计数器（HC）和累加器（AC）。其中 T 和 C 的地址编号中均包含两个含义，如 T10 既表示 T10de 定时器位状态信息，又表示该定时器的当前值。

累加器（AC）的数据长度可以是字节、字或双字、使用时只表示出累加器的地址编号即可，如 AC0，数据长度取决于进出 AC0 的数据类型。

12. 2. 12. 4　字节、字和双字的寻址格式

对字节、字和双字数据，直接寻址时需指明元件名称、数据类型和存储区域内的首字节地址。如图中时以变量存储器（V）为例分别存取 3 中长度数据的比较。

可用此方式进行寻址的元件有输入继电器（I）、输出继电器（Q）、通用辅助继电器（M）、特殊继电器（SM）、局部变量存储器（L）、变量存储器（V）和顺序控制继电器（S）、模拟量输入映像寄存器（AI）和模拟量输出映像寄存器（AQ）。

12. 2. 13　间接寻址

在直接寻址方式中，直接使用存储器或寄存器元件名称和地址编号，根据这个地址可以立即找到该数据。间接寻址方式是指数据存放在存储器或寄存器中，在指令中只出现数据所在单元的内存地址的地址。存储单元地址的地址又称作地址指针。这种间接寻址方式与计算机的间接寻址方式相同。间接寻址在处理内存连续地址中的数据时非常方便，而且可以缩短程序所生成的代码长度，使编程更灵活。

12. 3　知识拓展

12. 3. 1　可编程控制器与继电器控制的区别

12. 3. 1. 1　控制逻辑

继电器控制逻辑采用硬接线逻辑，利用继电器机械触点的串联或并联及延时继电器的滞后动作等组合成控制逻辑，其接线多而复杂，体积大，功耗大，一旦系统构成后想再改变或增加功能都很困难。另外，继电器触点数目有限，每只有 4 ~ 8 对触点，因此灵活性和扩展性很差。而可编程控制器采用存储器逻辑，其控制逻辑以程序方式存储在内存中，要改变控制逻辑，只需改变程序，故称为"软接线"，其接线少，体积小，而且，可编程控制器中每只软继电器的触点数在理论上无限制，因此灵活性和扩展性很好。可编程控制

器由中大规模集成电路组成，功耗小。

12.3.1.2　工作方式

继电器控制线路中各继电器是并行工作。可编程控制器采用周期性循环扫描方式。

12.3.1.3　控制速度

继电器工作频率低。触点的开闭动作一般在几十毫秒数量级。可编程控制器是由程序指令控制半导体电路来实现控制，速度极快，一般一条用户指令执行时间在微秒数量级。

12.3.1.4　计数限制

可编程控制器能实现计数功能，而继电器控制逻辑一般不具备计数。

12.3.1.5　设计和施工

继电器设计、施工、调试必须依次进行，周期长，而且维修困难。可编程控制器设计完成以后，现场施工和控制逻辑的设计（包括梯形图设计）可以同时进行，周期短，且调试和维修都很方便。

12.3.1.6　可靠性和可维护性

继电器控制触点多，连线也多。并有机械磨损，寿命短，因此可靠性和可维护性差。可编程控制器采用微电子技术，大量的开关动作由无触点的半导体电路来完成，它体积小，寿命长，可靠性高。可编程控制器还配有自检和监督功能，能检查出自身的故障，并随时显示给操作人员，还能动态地监视控制程序的执行情况，为现场调试和维护提供了方便。

12.3.1.7　价格

继电器控制价格比较低。而可编程控制器使用中大规模集成电路，价格比较高。

12.3.2　可编程控制器与微型计算机系统的区别

微型计算机计算机是通用的专用机，而可编程控制器则是专用的通用机。

12.3.2.1　应用范围

微型计算机除了控制领域外，还大量用于科学计算，数据处理，计算机通信等方面。而可编程控制器主要用于工业控制。

12.3.2.2　使用环境

微型计算机对环境要求较高，一般要在干扰小，具有一定的温度和湿度要求的机房内使用。可编程控制器则适用于工业现场环境。

12.3.2.3　输入／输出

微型计算机系统的 I/O 设备与主机之间采用微电联系，一般不需要电气隔离。而可编程控制器一般控制强电设备，需要电气隔离，输入、输出均用光电耦合，输出还采用继电器，可控硅或大功率晶体管进行功率放大。

12.3.2.4　程序设计

微型计算机具有丰富的程序设计语言，其语句多，语法关系复杂，要求使用者必须具有一定水平的计算机硬件知识和软件知识。而可编程控制器提供给用户的编程语句数量少，逻辑简单，易于学习和掌握。

12.3.2.5　系统功能

微型计算机系统一般配有较强的系统软件。而可编程控制器一般只有简单的监控程序，能完成故障检查；用户程序的输入和修改；用户程序的执行与监视。

12.3.2.6　运算速度和存储容量

微型计算机运算速度快，一般为微秒级，因有大量的系统软件和应用软件，故存储容量大。而可编程控制器因接口的响应速度慢而影响数据处理速度。一般可编程控制器接口响应时间为 2ms，巡回检测速度为 8ms/k 字。可编程控制器的软件少，所编程序也简短，故内存容量小。

12.3.2.7　价格

微型计算机是通用机，功能完善，故价格较高，而可编程控制器是专用机，功能较少，其价格是微型计算机的 1/10 左右。

12.4　技能训练

12.4.1　S7-200CPU224 基本单元面板认识

认识 S7-200CPU224 基本单元面板的组成部分，及各组成部分的功能、作用。

CPU 模块 S7-200 基本单元的 CPU 共有两个系列：CPU21X 及 CPU22X。CPU21X 系列包括 CPU210、CPU212、CPU214、CPU215、CPU216；CPU22X 系列包括 CPU221、CPU222、CPU224、CPU226、CPU226XM。CPU21X 系列的 CPU 只能扩展 S7-21X 系列的扩展模块，CPU22X 系列的 CPU 只能扩展 S7-22X 系列的扩展模块。注意：不能把 S7-21X 系列和 S7-22X 系列的 CPU 和模块组合。

S7-200PLC 将 CPU 模块、I/O 模块和电源模块装在一个箱型机壳内，称为基本单元，S7-200 称为 CPU 模块。如图 12-3 所示是 CPU224 的面板图，面板上有状态指示、存储器卡、PPI 通信接口、方式选择开关、I/O 扩展接口等。

12.4.1.1　状态指示

SF：系统错误/故障显示。

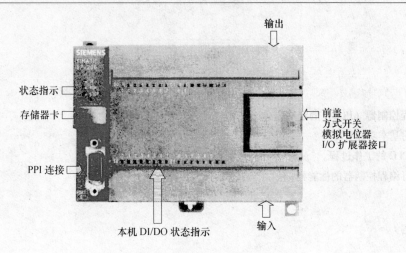

状态指示
存储器卡
PPI 连接
本机 DI/DO 状态指示
输出
前盖
方式开关
模拟电位器
I/O 扩展器接口
输入

图 12-3　S7-200CPU224 基本单元面板

红色：CPU 硬件故障或软件错误时亮。

RUN：运行方式，绿色；CPU 处于运行方式时亮。

STOP：停止方式，黄色；CPU 处于停止方式时亮。

DI/DO LED：本机 DI/DO 显示，绿色；外部输入电路接通时，对应的 DI LED 亮；内部有逻辑输出时，对应的 DO LED 亮。

12.4.1.2　方式选择开关

在前盖下，用手动可选择工作方式。

STOP：停止方式，不执行用户程序。

TERM：终端方式，可以通过编程器进行读/写访问和运行/停止控制。

RUN：运行方式，通过编程器仅能进行读操作。

12.4.1.3　存储器卡

存储器卡的插槽，存储器卡可以用来保存和安装用户程序，或安装电池。

12.4.1.4　通信接口

采用 RS485 串行通信接口，支持 PPI、DP/T、自由通信口协议和 MPI 协议，可用于与编程设备（PG/PC）、文本显示器（TD200）、操作员面板（OP）或其他的 CPU 通信。高端 CPU 有两个 PPI 接口，允许同时连接编程器和文本显示。

12.4.1.5　I/O 扩展接口

用于扩展 I/O 模块和增加 EM 277 PROFIBUS-DP 通信模块。每个扩展模块均有一根扁平电缆和一个 I/O 扩展接口，将扩展模块的扁平电缆插到其左边的模块前盖下的 I/O 扩展接口上即可。

课　后　练　习

12-1　可编程控制器（PLC）的定义是什么？

12-2　PLC 的基本功能有哪些？

12-3　简述 PLC 的工作过程。

12-4　简述可编程控制器的性能指标。

任务 13　PLC 编程基础

【任务要点】

1. PLC 的 IEC 编程语言分类及特点。

2. PLC 系统存储器、寄存器的分类及功能，PLC 的基本编程原则。

3. PLC 的分类、PLC 的结构及工作过程。

4. STEP7 指令指令系统的功能及使用方法。

5. STEP7 指令系统及运用、组合各类指令进行基本的程序设计。

6. PLC I/O 元件的选取及接线示意图的绘制，STEP7 软件的编程方法，以及 PLC 程序设计的基本原则与技巧。

13.1　任务描述与分析

13.1.1　任务描述

S7-200 系列的 CPU 存取信息、处理数据，实际上是对数据空间的操作，而对数据空间的所有寻址和操作，都是由 PLC 的指令来实现的。

S7-200 PLC 的指令系统中，基本指令有：位逻辑指令（Bit Logic）、比较指令（Compare）、定时器指令（Timer）、计数器指令（Counter）、整数数学运算指令（Integer Math）、实数数学运算指令（Real or Floating Point Math）、传送指令（Move）、表功能指令（Table）、逻辑操作指令（Logical Operator）、移位和循环指令（Shift/Rotate）、转换指令（Convert）、程序控制指令（Program Control）以及高速计数指令、脉冲输出指令、时钟指令、中断和通信指令、逻辑堆栈指令等，所有这些指令构成了 SIMATIC 指令集供用户编程使用。

13.1.2　任务分析

本任务将重点介绍 S7-200 的指令系统和梯形图 LAD、语句表 STL 的基本编程方法，掌握 STEP7 软件的基本数据类型及其应用方法，掌握 STEP7 指令系统，并能熟练的运用、组合各类指令进行基本的程序设计，掌握 PLC I/O 元件的选取及接线示意图的绘制，STEP7 软件的编程方法，以及 PLC 程序设计的基本原则与技巧。

13.2　相关知识

13.2.1　S7-200 基本指令系统特点

PLC 的编程语言与一般计算机语言相比，具有明显的特点，它既不同于高级语言，也不同与一般的汇编语言，它既要满足易于编写，又要满足易于调试的要求。目前，还没有一种对各厂家产品都能兼容的编程语言。如三菱公司的产品有它自己的编程语言，OM-RON 公司的产品也有它自己的语言。但不管什么型号的 PLC，其编程语言都具有以下特点：

（1）图形式指令结构。程序由图形方式表达，指令由不同的图形符号组成，易于理解和记忆。系统的软件开发者已把工业控制中所需的独立运算功能编制成象征性图形，用户根据自己的需要把这些图形进行组合，并填入适当的参数。在逻辑运算部分，几乎所有的厂家都采用类似于继电器控制电路的梯形图，很容易接受。如西门子公司还采用控制系统流程图来表示，它沿用二进制逻辑元件图形符号来表达控制关系，很直观易懂。较复杂的算术运算、定时计数等，一般也参照梯形图或逻辑元件图给予表示，虽然象征性不如逻辑运算部分，但也受用户欢迎。

（2）明确的变量常数。图形符相当于操作码，规定了运算功能，操作数由用户填入，如：K400，T120 等。PLC 中的变量、常数以及其取值范围有明确规定，由产品型号决定，可查阅产品用户手册。

（3）简化的程序结构。PLC 的程序结构通常很简单，典型的为块式结构，不同块完成不同的功能，使程序的调试者对整个程序的控制功能和控制顺序有清晰的概念。

（4）简化应用软件生成过程。使用汇编语言和高级语言编写程序，要完成编辑、编译和连接三个过程，而使用编程语言，只需要编辑一个过程，其余由系统软件自动完成，整个编辑过程都在人机对话下进行的，不要求用户有高深的软件设计能力。

（5）强化调试手段。无论是汇编程序，还是高级语言程序调试，都是令编辑人员头疼的事，而 PLC 的程序调试提供了完备的条件，使用编程器，利用 PLC 和编程器上的按键、显示和内部编辑、调试、监控等，而且在软件支持下，诊断和调试操作也都很简单。

总之，PLC 的编程语言是面向用户的，对使用者不要求具备高深的知识、不需要长时间的专门训练。

13.2.2　S7-200 编程语言的形式

本教材采用最常用的两种编程语言，一是梯形图，二是助记符语言表。采用梯形图编程，因为它直观易懂，但需要一台个人计算机及相应的编程软件；采用助记符形式便于实验，因为它只需要一台简易编程器，而不必用昂贵的图形编程器或计算机来编程。

虽然一些高档的 PLC 还具有与计算机兼容的 C 语言、BASIC 语言、专用的高级语言（如西门子公司的 GRAPH5、三菱公司的 MELSAP），还有用布尔逻辑语言、通用计算机兼容的汇编语言等。不管怎么样，各厂家的编程语言都只能适用于本厂的产品。

编程指令：指令是 PLC 被告知要做什么，以及怎样去做的代码或符号。从本质上讲，指令只是一些二进制代码，这点 PLC 与普通的计算机是完全相同的。同时 PLC 也有编译系统，它可以把一些文字符号或图形符号编译成机器码，所以用户看到的 PLC 指令一般不是机器码而是文字代码，或图形符号。常用的助记符语句用英文文字（可用多国文字）的缩写及数字代表各相应指令。常用的图形符号即梯形图，它类似于电气原理图是符号，易为电气工作人员所接受。

指令系统：一个 PLC 所具有的指令的全体称为该 PLC 的指令系统。它包含着指令的多少，各指令都能干什么事，代表着 PLC 的功能和性能。一般讲，功能强、性能好的 PLC，其指令系统必然丰富，所能干的事也就多。在编程之前必须弄清 PLC 的指令系统程序：PLC 指令的有序集合。PLC 运行它，可进行相应的工作，当然，这里的程序是指 PLC

的用户程序。用户程序一般由用户设计，PLC 的厂家或代销商不提供。用语句表达的程序不直观，可读性差，特别是较复杂的程序，更难读，所以多数程序用梯形图表达。

梯形图：梯形图是通过连线把 PLC 指令的梯形图符号连接在一起的连通图，用以表达所使用的 PLC 指令及其前后顺序，它与电气原理图很相似。它的连线有两种：一为母线，另一为内部横竖线。内部横竖线把一个个梯形图符号指令连成一个指令组，这个指令组一般总是从装载（LD）指令开始，必要时再继以若干个输入指令（含 LD 指令），以建立逻辑条件。最后为输出类指令，实现输出控制，或为数据控制、流程控制、通讯处理、监控工作等指令，以进行相应的工作。母线是用来连接指令组的。如图 13-1 所示是西门子公司的 S7-200 系列产品的最简单的梯形图例：

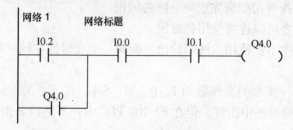

图 13-1　最简单的梯形图

梯形图与指令语句表的对应关系：指令语句表指令与梯形图指令有严格的对应关系，而梯形图的连线又可把指令的顺序予以体现。一般讲，其顺序为：先输入，后输出（含其他处理）；先上，后下；先左，后右。有了梯形图就可将其翻译成指令语句表程序。上图的指令语句表程序为：

网络 1	网络标题
LD	I0.2
O	Q4.0
A	I0.0
A	I0.1
=	Q4.0

反之根据指令语句表程序，也可画出与其对应的梯形图。

梯形图与电气原理图的关系：如果仅考虑逻辑控制，梯形图与电气原理图也可建立起一定的对应关系。如梯形图的输出（OUT）指令，对应于继电器的线圈，而输入指令（如 LD，AND，OR）对应于接点，互锁指令（IL、ILC）可看成总开关，等等。这样，原有的继电控制逻辑，经转换即可变成梯形图，再进一步转换，即可变成语句表程序。

有了这个对应关系，用 PLC 程序代表继电逻辑是很容易的。这也是 PLC 技术对传统继电控制技术的继承。

13.2.3　S7-200 常用指令系统

13.2.3.1　S7-200 基本位逻辑指令

A　逻辑运算及线圈驱动指令

逻辑运算及线圈驱动指令为 LD、LDN 和 =。

LD（Load）：取指令。用于网络块逻辑运算
开始的常开触点与母线的连接。

LDN（Load Not）：取反指令。用于网络块逻
辑运算开始的常闭触点与母线的连接。

=（Out）：线圈驱动指令。如图13-2所示。

使用说明：

（1）LD、LDN指令不只是用于网络块逻辑
计算开始时与母线相连的常开和常闭触点，在分
枝电路块的开始也要使用LD、LDN指令，与后
面要讲的ALD、OLD指令相配合完成块电路的编程。

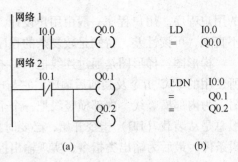

图13-2　LD、LDN、=指令使用举例
(a) 梯形图；(b) 语句表

（2）并联的 = 指令可以连续使用任意次。

（3）在同一程序中不能使用双线圈输出，即同一个元器件在同一程序中只使用一次 =
指令。

（4）LD、LDN、=指令的操作数为I、Q、M、SM、T、C、V、S和L。T、C虽然也
是以输出线圈形式在梯形图中出现，但在S7-200 PLC中并不是以 = 指令驱动。

B　触点串联指令

触点串联指令为A、AN。

A（And）：与指令。用于单个常开触点的串联连接

AN（And Not）：与反指令。用于单个常闭触点的串联连接。如图13-3所示。

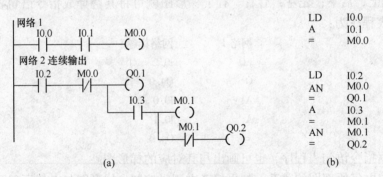

图13-3　A、AN指令使用举例
(a) 梯形图；(b) 语句表

使用说明：

（1）A、AN是单个触点串联连接指令，可连续使用。

（2）图中所示的连续输出电路，可以反复使用 = 指令，但次序必须正确，不然就不能
连续使用 = 指令编程了。

（3）A、AN指令的操作数为：I、Q、M、SM、T、C、V、S和L。

C　触点并联指令

触点并联指令为O、ON。如图13-4所示，O、ON指令使用举例。

O（OR）：或指令。用于单个常开触点的并联连接。

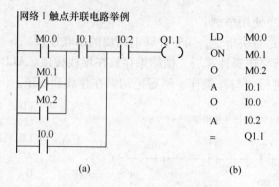

图 13-4　O、ON 指令使用举例

（a）梯形图；（b）语句表

ON（Or Not）：或反指令。用于单个常闭触点的并联连接。

使用说明：

（1）单个触点的 O、ON 指令可以连续使用。

（2）O、ON 指令的操作数为：I、Q、M、SM、T、C、V、S 和 L。

D　串联电路的并联连接指令

两个以上触点串联形成的支路称为串联电路块，串联电路块的并联连接指令为 OLD。如图 13-5 所示，OLD 指令使用举例。

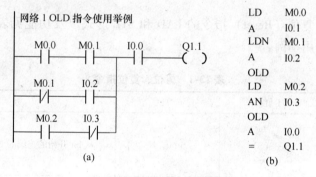

图 13-5　OLD 指令使用举例

（a）梯形图；（b）语句表

OLD（Or Load）：或块指令，用于串联电路块的并联连接。

每个块电路在进行完逻辑计算后，把结果存放在堆栈栈顶，ALD 指令的实质就是把栈顶最上面两层的内容进行"或"操作，然后把结果在存放到栈顶。

使用说明：

（1）除在网络块逻辑运算的开始使用 LD 或 LDN 指令外，在块电路的开始也要使用 LD 和 LDN 指令。

（2）每完成一次块电路的并联时要写上 OLD 指令。

（3）OLD 指令无操作数。

E　并联电路块的串联连接指令

两条以上支路并联形成的电路称为并联电路，并联电路块的串联连接指令为 ALD。如

图 13-6 所示，ALD 指令使用举例。

ALD（And Load）：与块指令，用于并联电路块的串联连接。

每个块电路在进行完逻辑计算后，把结果存放在堆栈栈顶。ALD 指令的实质就是把栈顶最上面两层的内容进行"与"操作，然后把结果在存放到栈顶。

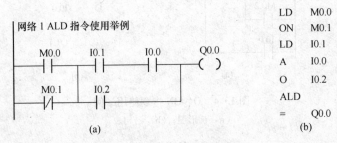

图 13-6　ALD 指令使用举例
(a) 梯形图；(b) 语句表

使用说明：

(1) 在块电路开始时要使用 LD 和 LDN 指令。

(2) 在每完成一次块电路的串联连接后要写上 ALD 指令。

(3) ALD 指令无操作数。

13.2.3.2　S7-200 置位、复位指令

置位（Set）／复位（Reset）指令的 LAD 和 STL 形式以及功能见表 13-1。如图 13-7 所示为 S/R 指令使用举例。

表 13-1　置位、复位指令

指令名称	LAD	STL	功　能
置位指令	bit ——(S) N	S bit, N	从 bit 开始的连续的 N 个元件置 1 并保持
复位指令	bit ——(R) N	R bit, N	从 bit 开始的连续的 N 个元件清零并保持

网络 1 置位
```
   I0.0        Q0.0
   ┤├         (S)
                3
```
```
LD   I0.0
S    Q0.0,3
```

网络 2 复位
```
   I0.1        Q0.0
   ┤├         (R)
                2
```
```
LD   I0.1
R    Q0.0,2
```

```
I0.0
I0.1
Q0.0
```

(a)　　　　　　　(b)　　　　　　　(c)

图 13-7　S/R 指令使用举例
(a) 梯形图；(b) 语句表；(c) 时序图

使用说明：

（1）对位元件来说一旦被置位，就保持在通电状态，除非对它复位；一旦被复位就保持在断电状态。

（2）S/R 指令可以互换次序使用，但由于 PLC 采用扫描工作方式，所以写在后面的指令具有优先权。

（3）如果对计数器和定时器复位，则计数器和定时器当前值被清零。定时器和计数器的复位有其特殊性，具体情况大家可参考计数器和定时器的有关部分。

（4）N 的常数范围为 1 ~ 255，N 也可为：VB、MB、SMB、SB、LB、AC、常数、*VD、*AC 或 *LD。一般情况使用常数。

（5）S/R 指令的操作数为：I、Q、M、SM、T、C、V 和 L。

13.2.3.3　S7-200 边沿脉冲指令

边沿脉冲指令为正（上升沿）跳变指令 EU（Edge Up）和负（下降沿）跳变指令 ED（Edge Down），其使用及说明见表13-2。如图13-8 所示为边沿脉冲 EU/ED 指令使用举例。

表 13-2　边沿脉冲指令

指令名称	LAD	STL	功能	说明
正（上升沿）跳变	—│P│—	EU	在上升沿产生脉冲	无操作数
负（下降沿）跳变	—│N│—	ED	在下降沿产生脉冲	

EU 指令对其之前的逻辑运算结果的上升沿产生一个宽度为一个扫描周期的脉冲。ED 指令对逻辑运算结果的下降沿产生一个宽度为一个扫描周期的脉冲，如图13-8 中 M0.1。脉冲指令常用于启动及关断条件的判定以及配合功能指令完成一些逻辑控制任务。

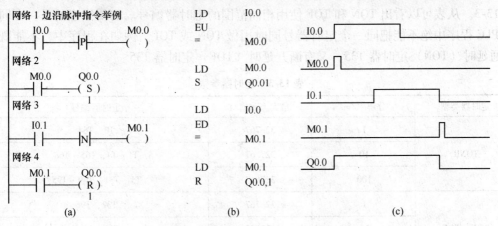

图 13-8　边沿脉冲 EU/ED 指令使用举例
（a）梯形图；（b）语句表；（c）时序图

13.2.3.4　S7-200 定时器指令

定时器是 PLC 中最常用的元器件之一。定时器编程时要预置定时值，在运行过程中当定时器的输入条件满足时，当前值从 0 开始按一定的单位增加；当定时器的当前值到达设定值时，定时器发生动作，从而满足各种定时逻辑控制需要。

A　几个基本概念

a　种类

S7-200 PLC 为用户提供了三种类型的定时器：接通延时定时器（TON）、有记忆接通延时定时器（TONR）和断开延时定时器（TOF）。

b　分辨率与定时时间的计算

单位时间的增量称作定时器的分辨率。S7-200 PLC 定时器有 3 个分辨率等级：1ms、10ms 和 100ms。定时器定时时间 T 的计算：$T = PT \times S$。式中：T 为实际定时时间，PT 为设定值，S 为分辨率。

例如：TON 指令使用 T97（为 10ms 的定时器），设定值为 100，则实际定时时间为：

$$T = 100 \times 10ms = 1000ms$$

定时器的设定值 PT，数据类型为 INT 型。操作数可为：VW、IW、QW、MW、SW、SMW、LW、AIW、T、C、AC、*VD、*AC、*LD 或常数，其中常数最为常用。

c　定时器的编号

定时器的编号用定时器的名称和它的常数编号（最大数为 255）来表示，即 T***，如 T40。

定时器的编号包含两方面的变量信息：定时器位和定时器当前值。

定时器位：与其他继电器的输出相似，当定时器的当前值达到设定值 PT 时，定时器的触点动作。

定时器当前值：存储定时器当前所累计的时间，用 16 位符号整数来表示，最大计数值为 32767。

定时器的编号一旦确定后，其对应的分辨率也就随之确定。定时器的分辨率和编号见表 13-3。从表可以看出 TON 和 TOF 使用相同范围的定时器编号。需要注意的是，在同一个 PLC 程序中绝不能把同一个定时器号同时用做 TON 或 TOF。例如在程序中，不能既有接通延时（TON）定时器 T35，又有断开延时（TOF）定时器 T35。

表 13-3　定时器参数

定时器类型	分辨率/ms	最大当前值/s	定时器编号
	1	32.767	T0，T64
TONR	10	327.67	T1 ~ T4，T65 ~ T68
	100	3276.7	T5 ~ T31，T69 ~ T95
	1	32.767	T32，T96
TON、TOF	10	327.67	T33 ~ T36，T97 ~ T100
	100	3276.7	T37 ~ T63，T101 ~ T255

B　定时器的指令

三种定时器指令的 LAD 和 STL 格式见表 13-4。在梯形图的指令盒中的右下角，标出了该定时器的分辨率。

表 13-4　定时器指令

格 式	名 称		
	接通延时定时器	有记忆接通延时定时器	断开延时定时器
LAD	???? IN　　TON ????—PT　　???ms	???? IN　　TONR ????—PT　　???ms	???? IN　　TOF ????—PT　　???ms
STL	TON　T＊＊＊，PT	TONR　T＊＊＊，PT	TOF　T＊＊＊，PT

a　接通延时定时器（TON，On-Delay Timer）

接通延时定时器用于单一时间间隔的定时。上电周期或首次扫描时，定时器位为 OFF，当前值为 0。输入端接通时，定时器位为 OFF，当前值从 0 开始计时；当前值达到设定值时，定时器位为 ON，当前值仍连续计数到 32767。输入端断开，定时器自动复位，即定时器位为 OFF，当前值为 0。

b　记忆接通延时定时器（TONR，Retentive On-Delay Timer）

顾名思义，记忆接通延时定时器，它用于对多时间间隔的累积定时。上电周期或首次扫描时，定时器位为 OFF，当前值保持在掉电前的值。当输入端接通时，当前值从上次的保持值继续计时；当累计当前值达到设定值时，定时器位为 ON，当前值可继续计数到 32767。需要注意的是，TONR 定时器只能用复位指令 R 对其进行复位操作。TONR 复位后，定时器位为 OFF，当前值为 0。掌握好对 TONR 的复位及启动是使用好 TONR 指令的关键。如图 13-9 所示为定时器指令使用举例。

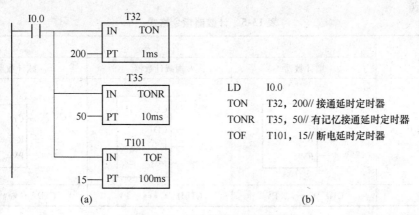

图 13-9　定时器指令使用举例
(a) 梯形图；(b) 语句表

c　断开延时定时器（TOF，Off-Delay Timer）

断开延时定时器用于断电后的单一间隔时间计时。上电周期或首次扫描时，定时器位为 OFF，当前值为 0。输入端接通时，定时器位为 ON，当前值为 0。当输入端由接通到断开时，定时器开始计时。当达到设定值时定时器位为 OFF，当前值等于设定值，停止计时。输入端再次由 OFF→ON 时，TOF 复位，这时 TOF 的位为 ON，当前值为 0。如果输入端再次从 ON→OFF，则 TOF 可实现再次启动。

13.2.3.5　S7-200 计数器指令

计数器用来累计输入脉冲的次数，在实际应用中用来对产品进行计数或完成复杂的逻辑控制任务。计数器的使用和定时器的使用基本相似，编程时输入它的计数设定值。计数器累计它大的脉冲输入端信号上升沿的个数。当计数器达到设定值时，计数器发生动作，以便完成计数控制任务。

A　几个基本概念

（1）种类。S7-200 系列 PLC 的计数器有 3 种，增计数器 CTU、增减计数器 CTUD 和减计数器 CTD。

（2）编号。计数器的编号用计数器名称和数字（0~255）组成，即 C***，如 C6。

计数器的编号包含两方面的信息：计数器位和计数器当前值。

计数器位：计数器位和继电器一样是一个开关量，表示计数器是否发生动作的状态。当计数器的当前值达到设定值时，该位被置位为 ON。

计数器当前值：其值是一个存储单元，它用来存储计数器当前所累积的脉冲个数，用 16 位符号整数来表示，最大数值位 32767。

（3）计数器的输入端和操作数。设定值输入：数据类型位 INT 型。寻址范围：VW、IW、QW、MW、SW、SMW、LW、AIW、T、C、AC、*VD、*AC、*LD 和常数。一般情况下使用常数作为计数器的设定值。

B　计数器指令

计数器指令的 LAD 和 STL 格式见表 13-5。

表 13-5　计数器指令格式

格　式	名　称		
	增计数器	增减计数器	减计数器
LAD	???? —CU　CTU —R ????—PV	???? —CU　CTU —CD —R ????—PV	???? —CD　CTU —R ????—PV
STL	CTU　C***，PV	CTUD　C***，PV	CTD　C***，PV

a　增计数器

首次扫描时，计数器位为 OFF，当前值为 0。在计数脉冲输入端 CU 的每个上升沿，计数器计数 1 次，当前值增加一个单位。当前值达到设定值时，计数器位为 ON，当前值可继续计数到 32767 后停止计数。复位输入端有效或对计数器执行复位指令，计数器自动复位，即计数器位为 OFF，当前值为 0。

注意：在语句表中，CU、R 的编程顺序不能错误。

b　增减计数器

增减计数器有两个计数脉冲输入端：CU 输入端用于递增计数，CD 输入端用于递减计数。首次扫描时，计数器位为 OFF，当前值为 0。CU 输入的每个上升沿，计数器当前值增加 1 个单位；CD 输入的每个上升沿，都使计数器当前值减少 1 个单位，当前值达到设定值时，计数器置位为 ON。

增减计数器当前值计数到 32767（最大值）后，下一个 CU 输入的上升沿将使当前值跳变为最小值（-32768）；当前值达到最小值 -32768 后，下一个 CD 输入的上升沿将使当前值跳变为最大值 32 767。复位输入端有效或使用复位指令对计数器执行复位操作后，计数器自动复位，即计数器位为 OFF，当前值为 0。

注意：在语句表中，CU、CD、R 的顺序不能错误。

c　减计数器

首次扫描时，计数器位为 ON，当前值为预设定值 PV。对 CD 输入端的每个上升沿计数器计数 1 次，当前值减少一个单位；当前值减小到 0 时，计数器位置位为 ON，复位输入端有效或对计数器执行复位指令，计数器自动复位，即计数器位 OFF，当前值复位为设定值。

注意：在语句表中，减计数器的复位端是 LD，而不是 R。在语句表中，CD、LD 的顺序不能错误。

13.2.4　S7-200 指令编程的一般规范

这里简单介绍一下 S7-200 相关的指令及编程术语，方便在以后的章节中引用，不会令读者混淆。

13.2.4.1　网络（Network）

在梯形图（LAD）中，程序被分成一些段，这些段被称为网络。网络由触点、线圈、功能框的有序排列构成。STEP7- Micro/WIN32 允许以网络为单位给 LAD 程序建立注释。每个网络只允许有一个输出线圈（并联输出除外）。在语句表（STL）中，不使用网络，但可以使用"NETWORK（网络）"这个关键词对程序分段。如果这样，程序可以转换成 LAD。

13.2.4.2　执行分区

一个程序包括至少一个命令部分和其他可选部分。命令部分为主程序，可选部分包括一个或多个子程序或中断程序。

13.2.4.3　EN/ENO 定义

EN（允许输入）：LAD 中功能框的布尔量（使能）输入。对要执行的功能框，这个输入必须存在能量流。在 STL 中，指令没有 EN 输入，但是对于要执行的 STL 语句，栈顶的值必须为"1"。

ENO（允许输出）：LAD 中的功能框的布尔量（逻辑结果）输出。如果功能框使能，且准确无误地执行了其功能，则 ENO 有能量流输出（ENO 端为"1"）。如果执行出错，则能量流终止于出现错误的功能框。

13.2.5　梯形图编程的基本规则

具体要求如下：

（1）梯形图中的每一行都是从左侧母线开始，然后是各种触点的逻辑连接，最后以线圈或指令盒结束。触点不能放在线圈的右边。但是如果是已有能量传递的指令盒结束时，可以使用 AENO 指令在其后面连接指令盒。如图 13-10 所示。

图 13-10　梯形图编程基本规则 1
（a）错误；（b）正确

（2）线圈或指令盒不能直接与左侧母线连接，如需要可通过特殊中间继电器 SM0.0（常 ON 特殊中间继电器）完成。如图 13-11 所示。

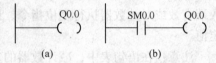

图 13-11　梯形图编程基本规则 2
（a）错误；（b）正确

（3）PLC 内部元器件触点的使用次数是无限制的。但是在为了观察方便和打印的美观，每行的触点数量不宜过多。在一行的触点过多的情况下，可以采取使用通用辅助继电器将其分为多行。如图 13-12 所示。

（a）

（b）

图 13-12　梯形图编程基本规则 3
（a）过长的梯形图程序行；（b）改造后的梯形图程序

（4）同一编号的继电器线圈在同一程序中出现两次以上，称为双线圈输出。双线圈输出容易引起误动作或逻辑混乱。如图 13-13 所示。

（5）应把串联多的电路块尽量放在最上边，把并联多的电路块尽量放在最左边，这样以使节省指令，而且美观。如图 13-14 所示。

（6）当某梯级有两个分支时，若其中一条分支从分支点到输出线圈之间无触点，该分支应放

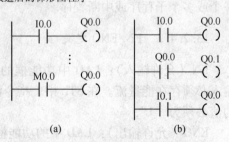

图 13-13　梯形图编程基本规则 4
（a）双线圈输出情况 1；（b）双线圈输出情况 2

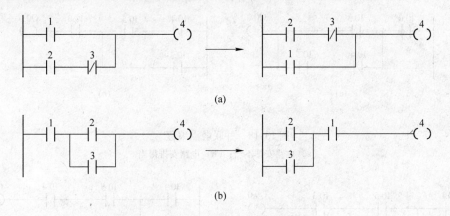

图 13-14　梯形图编程基本规则 5

（a）把串联多的电路块放在最上边；（b）把并联多的电路块放在最左边

在上方。这样可以使语句表的语句更少。如图 13-15 所示。

图 13-15　梯形图编程基本规则 6

（7）如果一条指令只需在 PLC 上电之初执行一次，可以用 SM0.1 作为其执行条件。如图 13-16 所示。

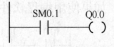

图 13-16　梯形图编程基本规则 7

13.2.6　S7-200 指令编程使用技巧

利用 PLC 进行程序编制时，为了减少指令条数，节省内存和提高运行速度，应掌握以下编程技巧。具体技巧如下：

（1）串联触点较多的电路编在梯形图上方，如图 13-17 所示。

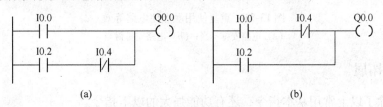

图 13-17　串联触点编程

（a）电路安排不当；（b）电路安排得当

（2）并联触点多的电路应放在左边，如图 13-18 所示。图 13-18（b）比图 13-18（a）省去了 ORS 和 ANS 指令。若有几个并联电路相串联时，应将触点最多的并联电路放在最左边。

（3）对复杂电路的处理。

1）桥式电路的编程。如图 13-19 所示的梯形图是一个桥式电路，不能直接对它编程，必须重画为如图 13-20 所示的电路才可进行编程。

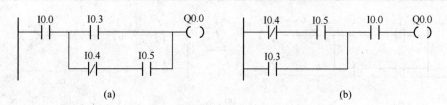

图 13-18　并联触点编程

（a）电路安排不当；（b）电路安排得当

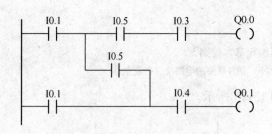

图 13-19　桥式电路图

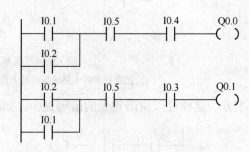

图 13-20　桥式电路的调整

2）电路等效。如果梯形图构成的电路结构比较复杂，用 ANS、ORS 等指令难以解决，可重复使用一些触点画出它的等效电路，然后再进行编程就比较容易了，如图 13-21 所示。如果使用编程软件也可直接编程。

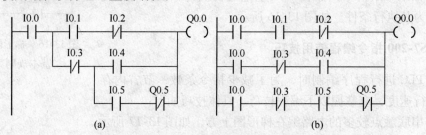

图 13-21　重复使用触点使电路等效

（a）电路安排不当；（b）电路安排得当

13.3　知识拓展

S7-200 除了以上常用基本指令，还有功能强大的以下指令。

13.3.1　字节传送指令

格式如图 3-22 所示。

13.3.2　数据立即传送指令

13.3.2.1　传送字节立即读指令：BIR

使能输入有效时，立即读取单字节物理输入区数据

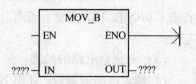

图 13-22　字节传送指令格式

IN，并传送到 OUT 所指的字节存储单元。

指令格式：BIR　　IN，　OUT，如图 13-23 所示。

13.3.2.2　传送字节立即写指令：BIW

指令格式：BIW　　IN，　OUT，如图 13-24 所示。

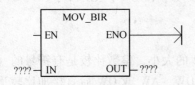

图 13-23　传送字节立即读指令格式

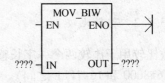

图 13-24　传送字节立即写指令格式

13.3.3　块传送指令

字节块传送指令：BMB；字块传送指令：BMW；双字块传送指令：BMD。

使能输入有效时，把从输入字节 IN 开始的 N 个字节型数据传送到从 OUT 开始的 N 个字节存储单元。指令格式：BMB　　IN，　OUT，　N，如图 13-25 所示。

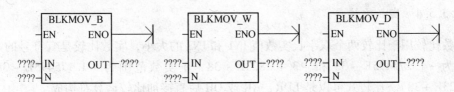

图 13-25　块传送指令格式

13.3.4　移位寄存器指令（Shift Register Bit）

该指令在梯形图中有 3 个数据输入端：DATA 为数值输入，将该位的值移入移位寄存器；

S BIT 为移位寄存器的最低位端；N 指定移位寄存器的长度。每次使能输入有效时，整个移位寄存器移动 1 位，如图 13-26 所示。

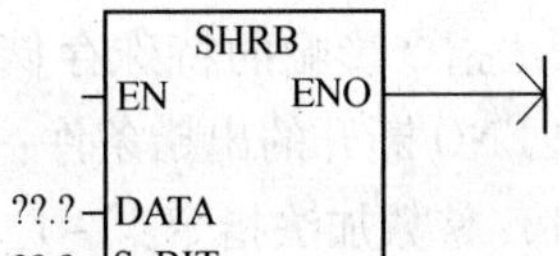

移位特点：

（1）移位寄存器长度在指令中指定，没有字节型、字型、双字型之分。可指定的最大长度为 64 位，可正也可负。

图 13-26　移位寄存器指令格式

（2）移位数据存储单元的移出端与 SM1.1（溢出）相连，所以最后被移出的位被放到 SM1.1 位存储单元。

（3）移位时，移出位进入 SM1.1，另一端自动补以 DATA 移入位的值。

（4）正向移位时长度 N 为正值，移位是从最低字节的最低位 S BIT 移入，从最高字节的最高位 MSB.b 移出；反向移位时，长度 N 为负值，移位是从最高字节的最高位移入，从最低字节的最低位 S BIT 移出。

13.3.5　比较操作指令

13.3.5.1　字节比较

字节比较用于比较两个字节型整数值 IN1 和 IN2 的大小，字节比较是无符号的。比较式可以是 LDB、AB 或 OB 后直接加比较运算符构成。如：LDB = 、AB <> 、OB >= 等。

13.3.5.2　整数比较

整数比较用于比较两个一字长整数值 IN1 和 IN2 的大小，整数比较是有符号的（整数范围为 16#8000 和 16#7FFF 之间）。比较式可以是 LDW、AW 或 OW 后直接加比较运算符构成。LDW = 、AW <> 、OW >= 等。

13.3.5.3　双字整数比较

双字整数比较用于比较两个双字长整数值 IN1 和 IN2 的大小，双字整数比较是有符号的（双字整数范围为 16#80000000 和 16#7FFFFFFF 之间）。比较式可以是 LDD、AD 或 OD 后直接加比较运算符构成。LDD = 、AD <> 、OD >= 。

13.3.5.4　实数比较

实数比较用于比较两个双字长实数值 IN1 和 IN2 的大小，实数比较是有符号的（负实数范围为 − 1.175495E − 38 和 − 3.402823E + 38，正实数范围为 + 1.175495E − 38 和 + 3.402823E + 38）。比较式可以是 LDR、AR 或 OR 后直接加比较运算符构成。

如：LDR = 、AR <> 、OR >= 等。

13.3.6　数学运算指令

13.3.6.1　加法运算指令

加法指令是对有符号数进行相加操作。包括：整数加法、双整数加法和实数加法。

加法指令影响的特殊存储器位：SM1.0（零）；SM1.1（溢出）；SM1.2（负）。使能流输出 ENO 断开的出错条件：0006（间接寻址）；SM1.1（溢出）；SM4.3（运行时间）。

（1）整数加法指令：+ I。

使能输入有效时，将两个单字长（16 位）的符号整数 IN1 和 IN2 相加，产生一个 16 位整数结果 OUT。在 LAD 和 FBD 中，以指令盒形式编程，执行结果：IN1 + IN2→OUT 在 STL 中将 IN2 与 OUT 共用一个地址单元，执行结果：IN1 + OUT→OUT，如图 13-27 所示。

（2）双整数加法指令：+ D。

使能输入有效时，将两个双字长（32 位）的符号整数 IN1 和 IN2 相加，产生一个 32 位整数结果 OUT，如图 13-28 所示。

13.3.6.2　减法运算指令

减法指令是对有符号数进行相减操作。包括：整数减法、双整数减法和实数减法。如

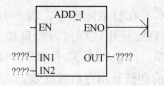

图 13-27   整数加法指令格式

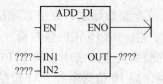

图 13-28   双整数加法指令格式

图 13-29 所示。这三种减法指令与所对应的加法指令除运算法则不同之外，其他方面基本相同。

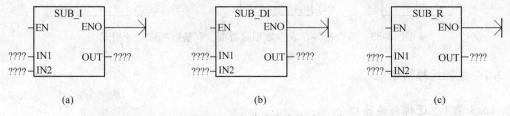

图 13-29   减法指令格式

(a) 整数减法指令；(b) 双整数减法指令；(c) 实数减法指令

13.3.6.3   乘法运算指令

乘法运算指令是对有符号数进行相乘运算。包括：整数乘法、完全整数乘法、双整数乘法。

(1) 整数乘法指令：*I。

使能输入有效时，将两个单字长（16 位）的符号整数 IN1 和 IN2 相乘，产生一个 16 位整数结果 OUT，如图 13-30 所示。

(2) 完全整数乘法指令：MUL。

使能输入有效时，将两个单字长（16 位）的符号整数 IN1 和 IN2 相乘，产生一个 32 位双整数结果 OUT，如图 13-31 所示。

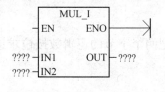

图 13-30   整数乘法指令格式

图 13-31   完全整数乘法指令格式

(3) 双整数乘法指令：*D。

使能输入有效时，将两个双字长（32 位）的符号整数 IN1 和 IN2 相乘，产生一个 32 位整数结果 OUT，如图 13-32 所示。

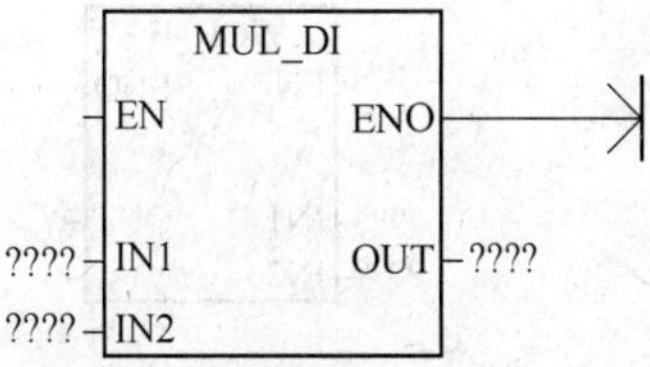

13.3.6.4   除法运算指令

除法运算指令是对有符号数进行相除操作。包括：整

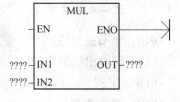

图 13-32   双整数乘法指令格式

数除法、完全整数除法、双整数除法，如图 13-33 所示。在整数除法中，两个 16 位的整数相除，产生一个 16 位的整数商，不保留余数。双整数除法也同样过程，只是位数变为 32 位。在整数完全除法中，两个 16 位的符号整数相除，产生一个 32 位结果，其中，低 16 位为商，高 16 位为余数。32 位结果的低 16 位运算前期被兼用存放被除数。

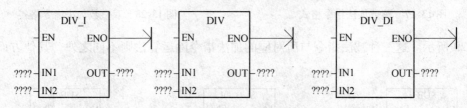

图 13-33　整数相除、双整数相除得商、双整数相除指令格式

13.3.7　逻辑运算指令

13.3.7.1　逻辑与运算指令

（1）ANDB，字节逻辑与指令。使能输入有效时，把两个字节的逻辑数按位求与，得到一个字节长的逻辑输出结果 OUT。

（2）ANDW，字逻辑与指令。

（3）ANDD，双字逻辑与指令。

格式如图 13-34 所示。

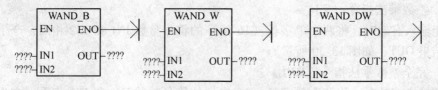

图 13-34　逻辑与运算指令格式

13.3.7.2　逻辑或运算指令

（1）ORB，字节逻辑或指令。使能输入有效时，把两个字节的逻辑数按位求或，得到一个字节长的逻辑输出结果 OUT。

（2）ORW，字逻辑或指令。

（3）ORD，双字逻辑或指令。

格式如图 13-35 所示。

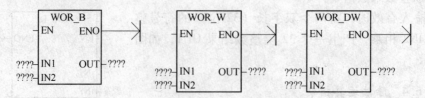

图 13-35　逻辑或运算指令格式

13.3.7.3   逻辑异或运算指令

（1）XORB，字节逻辑异或指令。使能输入有效时，把两个字节的逻辑数按位求异或，得到一个字节长的逻辑输出结果 OUT。

（2）XORW，字逻辑异或指令。

（3）XORD，双字逻辑异或指令。

格式如图 13-36 所示。

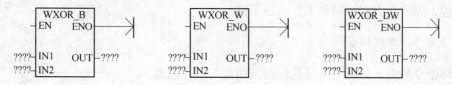

图 13-36   逻辑异或运算指令格式

13.3.8   程序控制指令

13.3.8.1   有条件结束指令

END，有条件结束指令。指令根据前一个逻辑条件终止主用户程序。条件结束指令用在无条件结束指令（MEND）之前，用户程序必须以无条件结束指令结束主程序。可以在主程序中使用有条件结束指令，但不能在子例行程序或中断例行程序中使用。STEP7-Micro/WIN32 自动在主用户程序中增加无条件结束指令（MEND）。

13.3.8.2   暂停指令

STOP，暂停指令。通过暂停指令可将 S7-200 CPU 从 RUN（运行）模式转换为 STOP（暂停）模式，中止程序执行。如果在中断例行程序中执行 STOP（暂停）指令，中断例行程序立即终止，并忽略全部待执行的中断，继续扫描主程序的剩余部分。在当前扫描结束时从 RUN（运行）模式转换至 STOP（暂停）模式。

13.3.8.3   监视定时器复位指令

WDR，监视定时器复位指令。指令重新触发 S7-200 CPU 的系统监视程序定时器（WDT），扩展扫描允许使用的时间，而不会出现监视程序错误。WDR 指令重新触发 WDT 定时器，可以增加一次扫描时间。为了保证系统可靠运行，PLC 内部设置了系统监视定时器（WDT），用于监视扫描周期是否超时。每当扫描到 WDT 定时器时，WDT 定时器将复位。WDT 定时器有一设定值（100～300ms），系统正常工作时，所需扫描时间小于 WDT 的设定值，WDT 定时器及时复位。系统故障情况下，扫描时间大于 WDT 设定值，该定时器不能及时复位，则报警并停止 CPU 运行，同时复位输出。这种故障称为 WDT 故障，以防止因系统故障或程序进入死循环而引起的扫描周期过长。

13.3.8.4   跳转与标号指令

跳转指令可以使 PLC 编程的灵活性大大提高，使主机可根据不同条件的判断，选择不同的程序段执行程序。JMP，跳转指令，使能输入有效时，使程序跳转到标号（n）处执行。LBL，标号指令。标号指令跳转的目的地的位置（n）。操作数 n 为 0～244。

跳转指令的使用说明：

（1）跳转指令和标号指令必须配合使用，而且只能使用在同一程序块中。不能在不同的程序块间互相跳转。

（2）执行跳转后，被跳过程序段中的各元器件的状态各有不同：Q、M、S、C 等元器件的位保持跳转前的状态；计数器 C 停止计数，当前值存储器保持跳转前的计数值；对定时器来说，因刷新方式不同而工作状态不同。

13.3.8.5　循环指令

循环指令的引入为解决重复执行相同功能的程序段提供了极大方便，并且优化了程序结构。FOR，循环开始指令。用来标记循环体的开始。NEXT，循环结束指令。用来标记循环体的结束。无操作数。FOR 和 NEXT 之间的程序段称为循环体，每执行一次循环体，当前计数值增 1，并且将其结果同终值进行比较，如果大于终值，则终止循环。其格式如图 13-37 所示。

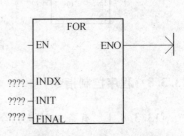

图 13-37　循环指令格式

在使用时必须给 FOR 指令指定当前循环计数（INDX）、初值（INIT）和终值（FINAL）。

13.3.8.6　子程序调用及返回指令

A　建立子程序

建立子程序是通过编程软件来完成的，执行菜单命令"编辑"→"插入"→"子程序"。

B　子程序调用及返回

使用说明：

（1）子程序结束要加上无条件返回指令 RET。CRET 指令只能用于子程序中。

（2）如果在子程序的内部又对另一个程序执行调用指令，则这种调用称为子程序的嵌套。子程序嵌套的深度最多为 8 级。

（3）当一个子程序被调用时，系统自动保存当前的逻辑堆栈数据，并把栈顶置 1，堆栈中的其他位置设为 0，子程序占有控制权。子程序执行结束，通过返回指令自动恢复原来的逻辑堆栈值，调用程序又重新取得控制权。

（4）如果子程序在同一个周期内被多次调用时，不能使用上升沿、下降沿、定时器的计数器指令。

13.3.9　特殊指令

13.3.9.1　中断指令

所谓中断，是当控制系统执行正常程序时，系统中出现了某些急需处理的异常情况或特殊请求，这时系统暂时中断当前程序，转去对随机发生的紧迫事件进行处理（执行中断服务程序），当该事件处理完毕后，系统自动回到原来被中断的程序继续执行。

13.3.9.2 高速计数器指令

A 编码器

高速计数器一般与增量式编码器配合使用，双通道 A、B 相型编码器提供转速和转轴旋转方向的信息。三通道增量式编码器的 Z 相零位脉冲用作系统清零信号，或坐标的原点，以减少测量的积累误差。

B 高速计数器

高速计数器是脱离主机的扫描周期独立计数的，它可以对脉宽小于主机扫描周期的高速脉冲准确计数。每个高速计数器都有地址编号。每种高速计数器都有多种功能不同的工作模式。高速计数器的工作模式与中断事件密切相关。使用高速计数器，首先要定义高速计数器的工作模式。HDEF，高速计数器定义指令。使能输入有效时，为指定的高速计数器分配一种工作模式。

13.3.10 RS 触发器指令

SR：置位优先触发器指令，当置位端 S1 = 0，复位端 R = 0；OUT 保持原来的状态，当 S1 = 1，无论 R 为多少，OUT = 1，当 S1 = 0，R = 1 时，OUT = 0。

RS：复位优先触发器指令，当置位端 S = 0，复位端 R1 = 0，OUT 保持原来的状态，当 R1 = 1，无论 S 为多少，OUT = 0，当 R1 = 0，S1 = 1 时，OUT = 1。

指令格式如图 13-38 所示。

使用说明：

（1）bit 参数用于指定被置位或者复位的布尔参数，可选输出反映 bit 参数的信号状态。

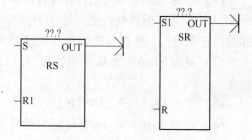

图 13-38 RS 触发器指令格式

（2）RS 触发器指令的输入/输出操作数为 I、Q、V、M、SM、S、T、C，bit 的操作数为 I、Q、V、M、S。

本任务通过对 SIMATIC S7-200 的指令系统的介绍，来详细讲解西门子 PLC 的指令编程规范、基本指令及应用、功能指令及应用。基本指令包括：位逻辑指令、逻辑堆栈指令、比较指令、定时器指令及技术器指令。而功能指令则包括：数据传送和交换指令、移位和循环指令、数学运算指令、数字功能指令、增 1/减 1 计数指令、逻辑运算指令、表功能指令、数据转换指令及程序控制指令等。

13.4 技能训练

题目 1：S7-200 软硬件的认识

1. 训练目的

（1）了解 S7-200 PLC 实验装置的硬件组成、使用方法、接线方式。明确使用中应注意的问题。

（2）了解及掌握 S7-200 的编程软件 STEP7-Micro/WIN32 的主界面组成、基本功能和使用方法。

2．训练内容

（1）S7-200 PLC 实验装置的组成、使用方法及注意事项。

（2）S7-200 编程软件的使用方法：初步掌握梯形图（即用户程序）的编写方法、能下载并调试所编写的梯形图程序。

（3）正确接线及使用实验装置提供的实验模板演示梯形图（即用户程序）运行的实验结果。

3．训练方法、手段

实验室配合多媒体课件讲授及学生实际动手操作。

题目 2：实验项目五　创建 PLC 自动化项目及编程练习

1．目的

（1）认识和初步掌握 Step7-Micro/Win 编程软件的使用，为完成后续 S7-200PLC 的编程实验做好准备。掌握基本逻辑指令的特点和功能。

（2）掌握基本逻辑指令的特点和功能。

（3）熟悉可编程控制器 S7-200。

（4）熟悉可编程控制器 S7-200。

2．要求

（1）加深对 S7-200 程序结构的认识，了解一个完整的程序包括哪几个部分。熟悉 Step7-Micro/Win 编程软件菜单中的各菜单项及各种工具图标。学会建立一个新项目，并能利用它来进行一些初步的编程和调试练习。

（2）复习 S7-200 的基本逻辑指令（LD、LDN、A、AN、O、ON、OLD、ALD、S、R指令）。

（3）了解 PLC：S7-214/216。

（4）熟悉 Step 7-Micro/Win 编程软件的功能及使用方法。

（5）读懂图 13-2 ~ 图 13-7 逻辑指令，练习程序 1 ~ 6 中所给的梯形图及语句表程序，认真分析实验中可能得到的结果。

（6）根据图 13-2 ~ 图 13-7 中程序的梯形图，分别确定各程序 I/O 点数。I 为输入点、O 为输出点。

3．所需设备

（1）PLC 实验装置。

（2）与 PLC 相连的上位机。

（3）连接导线。

4．内容

（1）Step7-Micro/Win 编程软件界面及功能。

1）基本功能：STEP 7-Micro/WIN 的基本功能是协助用户完成开发应用软件的任务，例如创建用户程序、修改和编辑原有的用户程序，编辑过程中编辑器具有简单语法检查功能。同时它还有一些工具性的功能，例如用户程序的文档管理和加密等。此外，还可直接用软件设置 PLC 的工作方式、参数和运行监控等。

程序编辑过程中的语法检查功能可以提前避免一些语法和数据类型方面的错误。

梯形图中的错误处下方自动加绿色曲线，语句表中错误行前有红色叉。

软件功能的实现可以在联机工作方式（在线方式）下进行，部分功能的实现也可以在离线工作方式下进行。

联机方式：有编程软件的计算机与 PLC 连接，此时允许两者之间作直接通信。

离线方式：有编程软件的计算机与 PLC 断开连接，此时能完成大部分基本功能。如编程、编译和调试程序系统组态等。

两者的主要区别是：联机方式下可直接针对相连的 PLC 进行操作，如上载和下载用户程序和组态数据等。而离线方式下不直接与 PLC 联系，所有程序和参数都暂时存放在磁盘上，等联机后再下载到 PLC 中。

2）界面：启动 Step7-Micro/Win 编程软件，其主界面外观如图 13-39 所示。

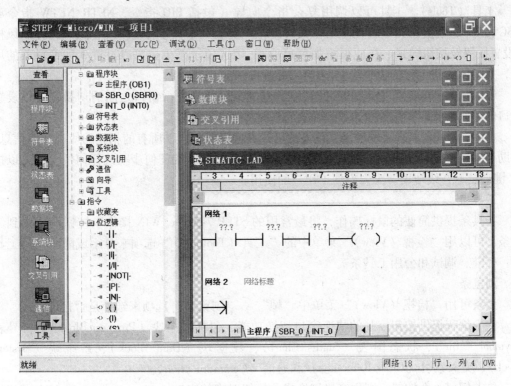

图 13-39　Step7-Micro/Win 编程软件界面

界面一般可分以下几个区：菜单条（包含 8 个主菜单项）、工具条（快捷按钮）、导引条（快捷操作窗口）、指令树（快捷操作窗口）、输出窗口和用户窗口（可同时或分别打开图中的 5 个用户窗口）。

除菜单条外，用户可根据需要决定其他窗口的取舍和样式的设置。

3）各部分功能。

菜单条

允许使用鼠标单击或对应热键的操作，这是必选区。各主菜单项功能如下：

文件（File）。文件操作如新建、打开、关闭、保存文件，上传和下载程序，文件的打印预览、设置和操作等。

编辑（Edit）。程序编辑的工具。如选择、复制、剪切、粘贴程序块或数据块，同时提供查找、替换、插入、删除和快速光标定位等功能。

检视（View）。检视可以设置软件开发环境的风格，如决定其他辅助窗口（如浏览窗口、指令树窗口、工具条按钮区）的打开与关闭；包含引导条中所有的操作项目；选择不同语言的编程器（包括 LAD、STL、FBD 三种）；设置 3 种程序编辑器的风格，如字体、指令盒的大小等。

可编程序控制器（PLC）。PLC 可建立与 PLC 联机时的相关操作，如改变 PLC 的工作方式、在线编译、查看 PLC 的信息、遣除程序和数据、时钟、存储器卡操作、程序比较、PLC 类型选择及通讯设置等。在此还提供离线编译的功能。

调试（Debug）。调试用于联机调试。

工具（Tools）。工具可以调用复杂指令向导（包括 PID 指令、NETR/NETW 指令和 HSC 指令），使复杂指令编程时工作大大简化；安装文本显示器 TD200；用户化界面风格（设置按钮及按钮样式、在此可添加菜单项）；用选项子菜单也可以设置 3 种编辑器的风格，如字体、指令盒的大小等。

窗口（Windows）。窗口可以打开一个或多个，并可进行窗口之间的切换；可以设置窗口的排放形式，如层叠、水平和垂直等。

帮助（Help）。它通过帮助菜单上的目录和索引检阅几乎所有的相关的使用帮助信息，帮助菜单还提供网上查询功能。而且，在软件操作过程中的任何步骤或任何位置都可以按 F1 键来显示在线帮助，大大方便了用户的使用。

工具条

工具条提供简便的鼠标操作，将最常用的 STEP 7-Micro/WIN 操作以按钮形式设到工具条。可以用"检视（View）"菜单中的"工具（Toolbars）"选项来显示或隐藏 3 种工具条：标准、调试和公用工具条。

浏览条

该条可用"检视（View）"菜单中"帧"\"浏览条"选项来选择是否打开。

它为编程提供按钮控制的快速窗口切换功能，包括程序块（Program Block）、符号表（Symbol Table）、状态图表（Status Chart）、数据块（Data Block）、系统块（System Block）、交叉索引（Cross Reference）和通信（Communication）。

单击任何一个按钮，则主窗口切换成此按钮对应的窗口。

浏览条中的所有操作都可用"指令树（Instruction Tree）"窗口或"检视（View）"菜单来完成，可以根据个人的爱好来选择使用引导条或指令树。

指令树

可用"检视（View）"菜单中"帧"\"指令树（Instruction Tree）"的选项来选择是否打开，并提供编程时用到的所有快捷操作命令和 PLC 指令。

交叉引用

它提供 3 个方面的引用信息，即：交叉引用信息、字节使用情况信息和位使用情况信息。使编程所用的 PLC 资源一目了然。

数据块

该窗口可以设置和修改变量存储区内各种类型存储区的一个或多个变量值，并加注必要的注释说明。

状态图表

该图表可在联机调试时监视各变量的值和状态。

符号表

实际编程时为了增加程序的可读性，常用带有实际含义的符号作为编程元件代号，而不是直接用元件在主机中的直接地址。例如编程中的 Start 作为编程元件代号，而不用 I0.3。符号表可用来建立自定义符号与直接地址之间的对应，并可附加注释，有利于提高程序结构清晰易读度。

输出窗口

该窗口用来显示程序编译的结果信息。如各程序块（主程序、子程序的数量及子程序号、中断程序的数量及中断程序号）及各块的大小、编译结果有无错误，及错误编码和位置等。

状态条

状态条也称任务栏，与一般的任务栏功能相同。

编程器

该编程器可用梯形图、语句表或功能图表编程器编写用户程序，或在联机状态下从 PLC 上载用户程序进行读程序或修改程序。

局部变量表

每个程序块都对应一个局部变量表，在带参数的子程序调用中，参数的传递就是通过局部变量表进行的。

4）系统组态：使用 S7-200 编程软件，可以进行许多参数的设置和系统配置，如：通信组态、设置数字量输入滤波、设置脉冲捕捉、输出表配置和定义存储器保持范围等。使用 STEP 7-Micro/WIN 编程软件进行编程练习，结合课本上的 PLC 简单例程进行下列练习。

程序文件操作：新建项目程序。建立一个程序文件，可用"文件（File）"菜单中的"新建（New）"命令，在主窗口将显示新建的程序文件主程序区；也可用工具条中的 按钮来完成。如图 13-40 所示为一个新建程序文件的指令树，系统默认初始设置如下：

新建的程序文件以"项目 1（CPU221）"命名，括号内为系统默认 PLC 的型号。项目包含 7 个相关的块。其中程序块中有 1 个主程序，1 个子程序 SBR，和 1 个中断程序 INT_0。

用户可以根据实际编程需要做以下操作：

①确定主机型号

首先要根据实际应用情况选择 PLC 型号。右击"项目 1（CPU 221）"图标，在弹出的按钮中单击"类型（Type）"，或用"PLC"菜单中的"类型（Type）"命令。然后在弹出的对话框中选择所用的 PLC 型号。

②程序更名

项目文件更名：如果新建了一个程序文件，可用"文件（File）"菜单中"另存为（Saveas）"命令，然后在弹出的对话框中键入希望的名称。

子程序和中断程序更名：在指令树窗口中，右击要更名的子程序或中断程序名称，在弹出的选择按钮中单击"重命名（Rename）"，然后键入名称。

主程序的名称一般用默认的 OB1（MAIN），任何项目文件的主程序只有一个。

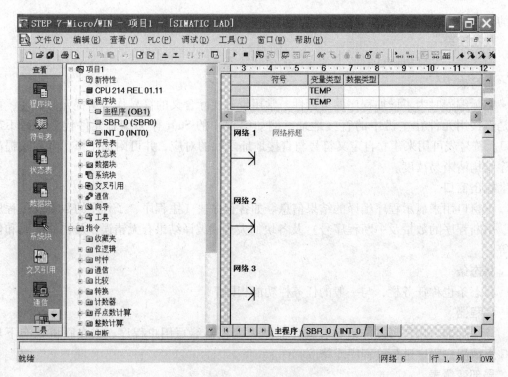

图 13-40　新建程序的结构

③添加一个子程序或一个中断程序。

方法 1：在指令树窗口中，右击"程序块（ProgramBlock）"图标，在弹出的选择按钮中单击"插入子程序（Insert Subroutine）"或"插入中断程序（Insert Interrupt）"项。

方法 2：用"编辑（Edit）"菜单中的"插入（Insert）"命令。

方法 3：在编辑窗口中单击编辑区，在弹出的菜单选项中选择"插入（Insert）"命令。

新生成的子程序和中断程序根据已有子程序和中断程序的数目，默认名称分别为 SBR _ n 和 INT _ n，用户可以自行更名。

④编辑程序。编辑程序块中的任何一个程序，只要在指令树窗口中双击该程序的图标即可。

打开已有程序文件：打开一个磁盘中已有的程序文件，可用"文件（File）"菜单中的"打开（Open）"命令，在弹出的对话框中选择打开的程序文件；也可用工具条中的 📂 按钮来完成。

上载：在已经与 PLC 建立通讯的前提下，如果要上载 PLC 存储器中的程序文件，可用"文件（File）"菜单中的"上载（Upload）"命令，也可用工具条中的 ▲ 按钮来完成。

编辑程序：编辑和修改控制程序是程序员利用 STEP 7- Micro/WIN 编程软件要做的最基本的工作，STEP 7- Micro/WIN 编程软件有较强的编辑功能，本节只以梯形图编辑器为例介绍一些基本编辑操作。

下面以如图 13-41 所示的梯形图程序为例，介绍程序的编辑过程和各种操作。

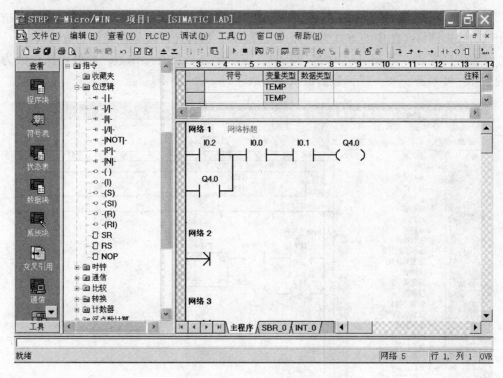

图 13-41　编程举例

输入编程元件：梯形图的编程元件（编程元素）主要有线圈、触点、指令盒、标号及连接线。输入方法有两种：

方法 1：用指令树窗口中的"指令（Instructions）"所列的一系列指令，而这些指令是按类别分别编排在不同子目录中，找到要输入的指令并双击，如图 13-41 所示。

方法 2：用指令工具条上的一组编程按钮，单击指令盒按钮，从弹出窗口中的下拉菜单所列出的指令中选择要输入的指令单击即可。工具按钮如图 13-42 所示。

图 13-42　编程按钮

在指令工具条上，编程元件输入有 18 个按钮。下行线、上行线、左行线和右行线按钮，用于输入连接线，可形成复杂梯形图结构。输入触点、输入线圈和输入指令盒按钮用于输入编程元件，单击输入触点按钮会弹出下拉菜单，可在其中选择合适的触点或线圈。插入网络和删除网络按钮，在编辑程序时使用。输入如下：

①顺序输入。在一个网络中，如果只有编程元件的串联连接，输入和输出都无分叉，则视作顺序输入。此方法非常简单，只需从网络的开始依次输入各编程元件即可；每输入一个元件，光标自动向后移动到下一列。在图 13-41 中，网络 2 所示为一个顺序输入例子。

图 13-42 中网络 3 中的图形就是一个网络的开始。此图形表示可在此继续输入元件。

　　而网络 2 已经连续在一行上输入了两个触点，若想再输入一个线圈，可以直接在指令树中双击线圈图标。图中的方框为光标（大光标），编程元件就是在光标处被输入。

　　②输入操作数。图 13-43 中的"??.?"表示此处必须有操作数，此处的操作数为触点的名称。可单击"??.?"，然后键入操作数。

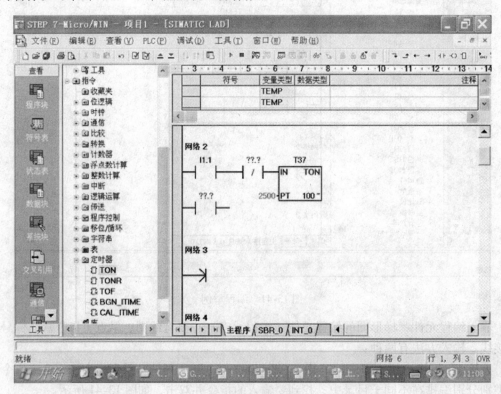

图 13-43　新生成行

　　③任意添加输入。如果想在任意位置添加一个编程元件，只需单击这一位置将光标移到此处，然后输入编程元件即可。

　　复杂结构：用指令工具条中的编程按钮，如图 13-42 所示，可编辑复杂结构的梯形图，本例中的实现如图 13-43 所示。方法是单击图中第一行下方的编程区域，则在本行下一行的开始处显示光标（图中方框），然后输入触点，生成新的一行。

　　输入完成后如图 13-44 所示，将光标移到要合并的触点处，单击按钮 即可。

　　如果要在一行的某个元件后向下分支，可将光标移到该元件，单击按钮 。然后便可在生成的分支顺序处输入各元件。元件有：

　　①插入和删除。编程中经常用到插入和删除一行、一列、一个网络、一个子程序或中断程序等。方法有两种：在编程区右击要进行操作的位置，弹出下拉菜单，选择"插入（Insert）"或"删除（Delete）"选项，再弹出子菜单，单击要插入或删除的项，然后进行编辑。也可用"编辑（Edit）"菜单中的命令进行上述相同的操作。

　　对于元件的剪切、复制和粘贴等操作方法也与上述类似。

　　②块操作。利用块操作对程序做大面积删除、移动、复制操作十分方便。块操作包括

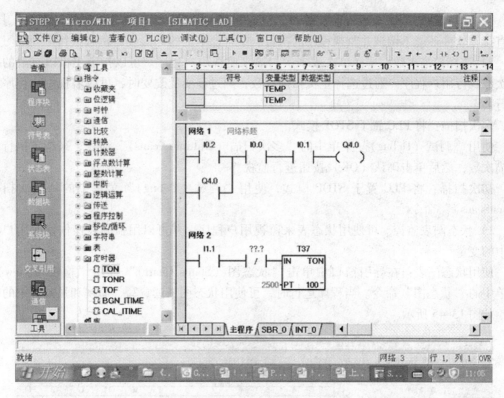

图 13-44　向上合并

选择、块剪切、块删除、块复制和块粘贴。这些操作非常简单，与一般字处理软件中的相应操作方法完全相同。

③符号表。使用符号表，可将直接地址编号用具有实际含义的符号代替，有利于程序结构清晰易读。具体使用可参考"帮助"栏中的相关内容。

④局部变量表。打开局部变量表的方法是，将光标移到编辑器的程序编辑区的上边缘，拖动上边缘向下，则自动显露出局部变量表，此时即可设置局部变量。使用带参数的于程序调用指令时会用到局部变量表。

⑤标题与注释。梯形图编程器中的"网络 n（Network n）"标志每个梯级，同时又是栏，可在此为本梯级加标题或必要的注释说明，使程序清晰易读。方法：双击"网络 n"区域，弹出对话框，此时可以在"题目（Title）"文本框键入标题，在"注释（Comment）"文本框键入注释。

⑥编程语言转换。软件可实现三种编程语言（编辑器）之间的任意切换。选择"检视（View）"菜单，单击 STL、LAD 或 FBD 便可进入对应的编程环境。使用最多的是 STL 和 LAD 之间的互相切换，STL 的编程可以按或不按网络块的结构顺序编程，但 STL 只有在严格按照网络块编程的格式编程才可切换到 LAD，不然无法实现转换。

⑦编译。程序编辑完成，可用"PLC"菜单中的"编译（Compile）"命令进行离线编译。编译结束，在输出窗口显示编译结果信息。

⑧下载。如果编译无误，便可单击下载按钮 ■ 把程序下载到 PLC 中。

（2）PLC 程序调试及运行监控练习。STEP7-Micro/WIN 编程软件提供了一系列工具，可直接在软件环境下调试并监视程序的执行。结合课本上的 PLC 简单例程进行下列练习。

1）选择扫描次数。选择单次或多次扫描来监视用户程序。可以指定主机以有限的扫描次数执行用户程序。通过选择主机扫描次数，当过程变量改变时，可以监视用户程序的执行。

多次扫描：将 PLC 置于 STOP 模式。

使用"调试（Debug）"菜单中的"多次扫描（Multiple Scans）"命令，来指定执行的扫描次数，然后单击确认（OK）按钮进行监视。

初次扫描：将 PLC 置于 STOP 模式，使用"调试（Debug）"菜单中的"初次扫描（FirstScans）"命令。

2）状态图表监控。可使用状态表来监视用户程序，并可以用强制表操作修改用户程序中的变量。

使用状态图表：在导引窗口中单击"状态图（Status Chart）"或用"检视（View）"菜单中的"状态图"命令。当程序运行时，可使用状态图来读、写、监视和强制其中的变量，如图 13-45 所示。

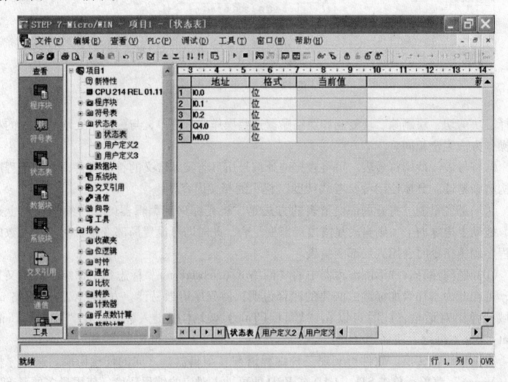

图 13-45　状态图表的监视

当用状态图表时，可将光标移到某一个单元格，右击单元格，在弹出的下拉菜单中单击一项，可实现相应的编辑操作。

根据需要，可建立多个状态图表。

状态图表的工具图标在编程软件的工具条区内。单击可激活这些工具图标，如顺序排序、逆序排序、全部写、单字读、读所有强制、强制和解除强制等。

强制指定值：可以用状态图表来强制用指定值对变量赋值，所有强制改变的值都存到主机固定的 EEPROM 存储器中。锁定强制指定值主要注意以下几个方面：

①强制范围。强制制定一个或所有 I 或 O 位。

强制改变最多 16 个 V 或 M 存储器的数据，变量可以是字节、字或双字类型。

强制改变模拟量映像存储器 AI 或 AQ，变量类型为偶字节开始的字类型。

用强制功能取代了一般形式的读和写。同时，采用输出强制时，以某一个指定值输出，当主机变为 STOP 方式后输出将变为强制值，而不是设定值。

②强制一个值。若强制一个新值，可在状态表的"新数值（New Value）"栏中输入新值，然后单击工具条中的 按钮。

若强制一个已经存在的值，可以在"当前值（Current Value）"栏中单击并点亮这个值，然后单击强制按钮。

③读所有强制操作。打开状态图表窗口，单击工具条中的 按钮，则状态图表中所有被强制的当前值的单元格中会显示强制符号。

④解除一个强制操作。在当前值栏中单击并点亮这个值，然后单击工具条中的 按钮。

⑤解除所有强制操作。打开状态图表，单击工具条中的 按钮。

（3）运行模式下编辑。在运行模式下编辑，可以在对控制过程影响较小的情况下，对用户程序作少量的修改。修改后的程序下载时，将立即影响系统的控制运行，所以使用时应特别注意。

操作步骤：

1）选择"调试（Debug）"菜单中的"在运行状态编辑程序（Program Edit in RUN）"命令，因为 RUN 模式下只能编辑主机中的程序，如果主机中的程序与编程软件窗口中的程序不同，系统会提示用户存盘。

2）屏幕弹出警告信息。单击"继续（Continue）"按钮，所连接主机中的程序将被上载到编程主窗口，便可以在运行模式下进行编辑。

3）在运行模式下进行下载。在程序编译成功后，可用"文件（File）"菜单中的"下载（Download）"命令，或单击工具条中的下载按钮 ，将程序块下载到 PLC 主机。

（4）退出运行模式编辑。使用"调试（Debug）"菜单中的"在运行状态编辑程序（Program Edit in RUN）"命令，然后根据需要选择"选项（Checkmark）"中的内容。

程序监控：利用三种程序编辑器（梯形图、语句表和功能表）都可在 PLC 运行时，监视程序的执行对各元件的执行结果，并可监视操作数的数值。监视方法如下：

①梯形图监视。利用梯形图编辑器可以监视在线程序状态，梯形图中显示所有操作数的值，所有这些操作数状态都是 PLC 在扫描周期完成时的结果。在使用梯形图监控时，STEP 7-Micro/WIN 编程软件不是在每个扫描周期都采集状态值在屏幕上的梯形图中显示，而是要间隔多个扫描周期采集一次状态值，然后刷新梯形图中各值的状态显示。在通常情况下，梯形图的状态显示不反映程序执行时的每个编程元素的实际状态。但这并不影响使用梯形图来监控程序状态，而且在大多数情况下，使用梯形图也是编程人员的首选。

实现方法是：用“工具（Tools）”菜单中的“选项（Options）”命令，打开选项对话框，选择“LAD 状态（LAD status）”选项卡，然后选择一种梯形图的样式。梯形图可选择的样式有 3 种：指令内部显示地址和外部显示值；指令外部显示地址和外部显示值；只显示状态值。

打开梯形图窗口，在工具条中单击程序状态按钮即可。

②语句表监视。用户可利用语句表编辑器监视在线程序状态。语句表程序状态按钮连续不断地更新屏幕上的数值，操作数按顺序显示在屏幕上，这个顺序与它们出现在指令中的顺序一致，当指令执行时，这些数值将被捕捉，它可以反映指令的实际运行状态。

编程练习：

①根据图 13-46 ~ 图 13-51 中的梯形图，确定 I/O 点数。如果把其中的 M0. ? 改成 I1. ? 或 Q1. ?（想一想该怎样改?），再确定 I/O 点数。

②按照 S7-200 设备的要求，仔细检查连接线，先 PLC 电源线，再 I/O 连接线。接通硬件电源。

程序 1

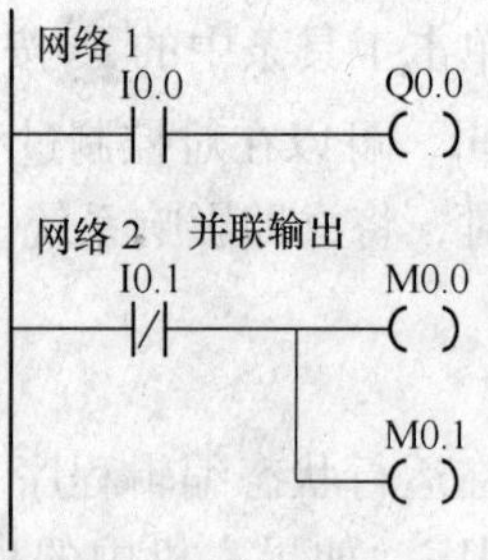

(a)

LD	I0.0
=	Q0.0
LDN	I0.1
=	M0.0
=	M0.1

(b)

图 13-46　LD、LDN、= 指令

（a）梯形图；（b）语句表

程序 2

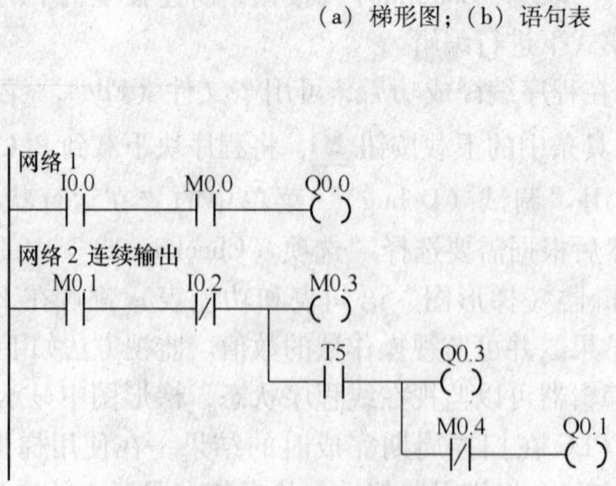

(a)

LD	I0.0
A	M0.0
=	Q0.0
LD	M0.1
AN	I0.2
=	M0.3
A	T5
=	Q0.3
AN	M0.4
=	Q0.1

(b)

图 13-47　A、AN 指令

（a）梯形图；（b）语句表

程序 3

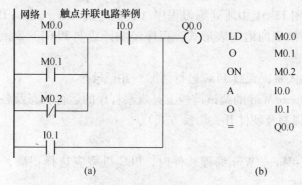

(a)   (b)

图 13-48   O、ON 指令

(a) 梯形图；(b) 语句表

程序 4

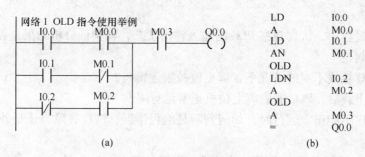

(a)   (b)

图 13-49   OLD 指令

(a) 梯形图；(b) 语句表

程序 5

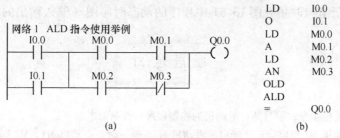

(a)   (b)

图 13-50   ALD 指令

(a) 梯形图；(b) 语句表

程序 6

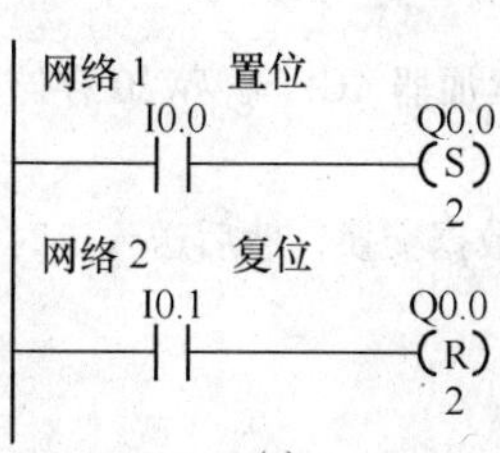

网络 1   置位

```
LD    I0.0
S     Q0.0,2
```

网络 2   复位

```
LD    I0.1
R     Q0.0,2
```

(a)   (b)

图 13-51   S、R 指令

(a) 梯形图；(b) 语句表

③进入 Step 7-Micro/Win 编程软件。

④把图 13-46 ~ 图 13-51 中所列练习程序（把其中的 M0.？改成 I1.？或 Q1.？）的梯形图输入，并查看转换成的语句表形式。程序经编译后向 PLC 下载该程序（PLC 须处于 STOP 状态）。

⑤分别设置各输入量，观察 PLC 运行情况，并记录。

⑥使用 Step 7-Micro/Win 的调试监控工具观察程序的运行状态及各变量（触点）状态（可通过软件写入或强制及硬件开关切换方式）。

5. 注意事项

（1）进入 Step 7-Micro/Win 编程软件时，PLC 机型应选择正确，否则无法正常下载程序。

（2）下载程序前，应确认 PLC 供电正常、状态正确（硬件 STOP）。

（3）通电前，应按照 S7-200 设备的要求，仔细检查连接线，先 PLC 电源线，再 I/O 连接线。

（4）实验过程中，认真观察 PLC 的输入输出状态，以验证分析结果是否正确。

6. 思考和讨论

（1）在 I/O 接线不变的情况下，能更改控制逻辑吗？

（2）程序下载后，PLC 能脱离上位机正常运行吗？

（3）当程序不能正常运行时，如何判断是编程错误、PLC 故障，还是外部 I/O 点连接线错误？

（4）M？.？是何器件？没有定义过时它为何状态？

（5）分别确定图 13-46 ~ 图 13-51 中程序的 I/O 点数。（如果把其中的 M0.？改成 I1.？或 Q1.？，再确定 I/O 点数。）

（6）分别画出图 13-46 ~ 图 13-51 中程序的动态时序图（输入输出的关系）。

课 后 练 习

13-1　使用置位、复位指令，编写两台电动机的控制程序，控制要求如下：
　　　启动时，电动机 M1 先启动，才能启动电动机 M2，停止时，电动机 M1、M2 同时停止。

13-2　使用置位、复位指令，编写两台电动机的控制程序，控制要求如下：
　　　启动时，电动机 M1、M2 同时启动，停止时，只有在电动机 M2 停止后，电动机 M1 才能停止。

13-3　编写断电延时 10S 后，M10.0 置位的程序。

13-4　用逻辑操作指令编写一段数据处理程序，将累加器 AC1 与 VW20 存储单元的数据实现逻辑与操作，并将运算结果存入累加器 AC1。

13-5　编写一段程序，将 MB2 字节高 4 位和低 4 位数据交换，然后送入定时器 T38 作为定时器的预置值。

任务 14　CA6140 车床控制线路及 PLC 改造

【任务要点】

1. 普通车床的主要结构及运动形式。
2. 普通车床的电力拖动特点及控制要求。
3. CA6140 车床的电气控制原理。
4. CA6140 车床控制线路电气故障的诊断与解决方法。
5. CA6140 型车床控制改造方案确定。
6. PLC 对 CA6140 型车床控制改造。

14.1　任务描述与分析

14.1.1　任务描述

车床是一种应用极为广泛的金属切削机床，能够车削外圆、内圆、端面、螺纹、切断及割槽等，还可以装上钻头或铰刀进行钻孔和铰孔等加工工作，CA6140 卧式车床属于通用的中型车床，它的加工范围较广，应用也很普遍，适用于小批量生产及修配车间。具有代表性。

14.1.2　任务分析

本任务以 CA6140 卧式车床为例介绍车床的结构、应用、运动形式及电气控制要求等，要求掌握 CA6140 卧式车床的控制原理、实现方法以及电气故障的诊断与解决方法。明确传统车床改造的必要，确定 CA6140 型车床 PLC 改造方案，掌握 PLC 的选型依据，掌握 CA6140 型车床 PLC 程序设计及调试。

14.2　相关知识

14.2.1　普通车床概述

14.2.1.1　普通车床的主要结构及运动形式

车床是一种应用极为广泛的金属切削机床，能够车削外圆、内圆、端面、螺纹、切断及割槽等，能够车削定型表面，并可以装上钻头或铰刀进行钻孔、镗孔、倒角、割槽及切断等加工工作。卧式车床主要由床身、主轴变速箱、溜板与刀架等几部分组成，如图 14-1 所示为其结构示意图。

常用车床有 C6132、C6136、C6140 等几个型号，型号含义如下：

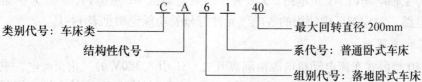

类别代号：车床类————
结构性代号————
最大回转直径 200mm
系代号：普通卧式车床
组别代号：落地卧式车床
C A 6 1 40

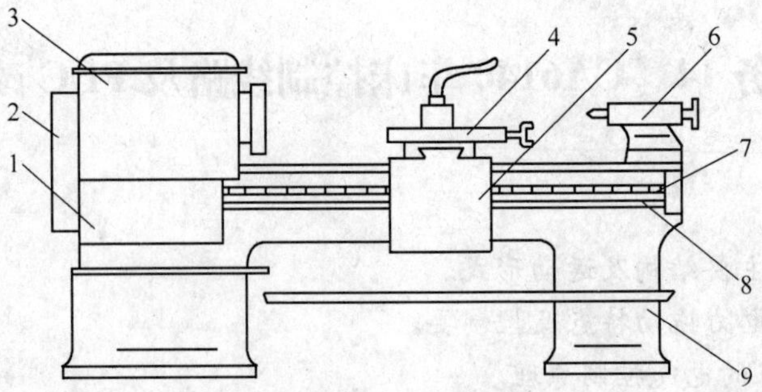

图 14-1　 普通车床的结构示意图
1—进给箱；2—挂轮箱；3—主轴变速箱；4—溜板与刀架；5—溜板箱；
6—尾架；7—丝杠；8—光杠；9—床身

　　车削加工的主运动是工件的旋转运动，由主轴通过卡盘或顶尖去带动工件旋转，它承受车削加工时的主要切削功率。进给运动是刀架的纵向或横向直线运动，其运动形式有手动和机动两种。辅助运动是刀架的快速移动和工件的夹紧与放松。

　　14.2.1.2　 普通车床的电力拖动特点及控制要求

　　（1）车削加工时，能根据工件材料、刀具种类、工件尺寸、工艺要求等来选择不同速度，所以要求主轴能在较大的范围内调速。调速的方法可通过控制主轴变速箱外的变速手柄来实现（机械调速）。

　　（2）车削加工螺纹时，要求能反转退刀，这就要求主轴能够正、反转。主轴的正、反转可通过机械方法如操作手柄实现。

　　（3）车削加工时，刀具的温度高，需要冷却液来进行冷却。因此，车床备有一台冷却泵电机，此电机一般采用长期工作制的单向旋转电机。

　　（4）要求必须有过载、短路、失压保护，照明装置使用安全电压。

14.2.2　 CA6140 型车床的电气控制

　　CA6140 型卧式车床是我国自行设计制造的普通车床。正常运转时，主轴变速由主轴电动机通过主轴变速箱实现。车床的进给运动是刀架带动刀具的直线运动。溜板箱将丝杠或光杠的转动传递给刀架部分，变换溜板箱外的手柄位置，经刀架部分使车刀做纵向或横向进给。如图 14-2 所示为 CA6140 型卧式车床的电气控制原理图。

　　14.2.2.1　 CA6140 型车床的主电路

　　A　 电路结构及主要电气元件作用

　　图 14-2 中 CA6140 型卧式车床主电路由 1~4 区组成。其中 1 区为电源开关及保护部分，2 区为主轴电动机 M1 主电路，3 区为冷却泵电动机 M2 主电路，4 区为快速移动电动机 M3 主电路。对应图区中使用的各电气元件符号及功能说明见表 14-1。

　　B　 工作原理

　　CA6140 型卧式车床电动机电源由隔离开关 QS1 引入 380V 的三相交流电，主轴电动机 M1 的起停由 KM1 的主触头控制，冷却泵电动机 M2 的起停由 KM2 的主触头控制，快速移

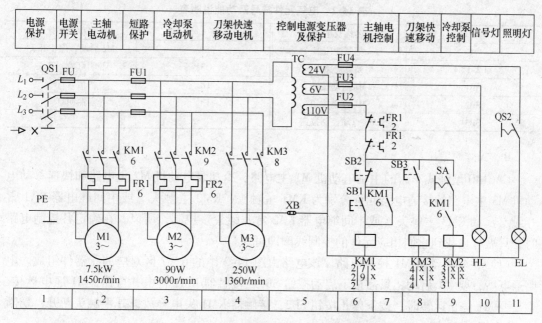

图 14-2　CA6140 型卧式车床的电气控制原理图

表 14-1　电气元件符号及功能说明表

符　号	名称及用途	符　号	名称及用途
M1	主轴电动机	KM1	M1 控制接触器
M2	冷却泵电动机	KM2	M2 控制接触器
M3	快速移动电动机	KM3	M3 控制接触器
FR1、FR2	热继电器	FU、FU1	熔断器短路保护
QS1	隔离开关		

动电动机起停由 KM3 的主触头控制，当然冷却泵电动机和快速移动电动机由于功率较小，冷却泵电动机 M2 也可以采用中间继电器控制，可用中间继电器的常开触头代替接触器常开主触头接通和断开其主电路电源。同理，快速移动电动机也采用中间继电器控制。

FR1 对主轴电动机实现过载保护、FR2 对冷却泵电动机实现过载保护。主电路短路保护油 FU 和 FU1 担任。

14.2.2.2　CA6140 型车床的控制电路

CA6140 型卧式车床控制电路由图中的 5～11 区组成。其中 5 区为控制变压器电路。实际应用时，合上 QS1，380V 交流电压经 FU、FU1 加至变压器 TC 一次绕组两端，经降压后输出 110V 交流电压作为控制电路的电源，24V 交流电作为机床工作照明电路电源，6.3V 交流电作为信号指示灯电路电源。

A　电路结构及主要电气元件作用

CA6140 型卧式车床控制电路由主轴电动机 M1 控制电路、快速移动电动机 M3 控制电路、冷却泵电动机 M2 控制电路和照明、信号电路组成。对应图区中使用的各电气元件符号及功能说明见表 14-2。

表 14-2　电气元件符号及功能说明表

符　号	名称及用途	符　号	名称及用途
TC	控制变压器	SA	M2 启动、停止开关
FU2-FU4	熔断器短路保护	QS2	照明灯控制开关
SB1	M1 启动按钮	HL	信号灯
SB2	M1 停止按钮	EL	照明灯
SB3	M3 点动控制按钮		

B　工作原理

CA6140 型卧式车床的主轴电动机 M1 主电路、冷却泵电动机 M2 主电路和快速移动电动机 M3 主电路的接通电路元件分别为 KM1 主触头、KM2 主触头（或中间继电器 KA1 常开触点）和 KM3 主触头（或中间继电器 KA2 常开触头）控制，所以，在确定各控制电路时，只需各自找到它们相应元件的控制线圈即可。

（1）主轴电动机 M1 控制电路。该电路由图 14-2 中的 6、7 区对应的元器件组成。电路通电后，要 M1 启动，只需按下启动按钮 SB1，接触器 KM1 得电并自锁，M1 通电运转。当需要 M1 停止运转时，按下停止按钮 SB2，接触器 KM1 失电释放，其主触头断开，切断 M1 的电源，M1 停止运转。

（2）冷却泵电动机 M2 控制电路。该电路由图 14-2 中的 9 区对应的元器件组成。由于电机 M1、M2 在控制电路中采用顺序控制，故只有当电机 M1 启动后，即接触器 KM1 在 9 区中的常开触头闭合，合上开关 QS1，电机 M2 才可能启动。当 M1 停止运转时，M2 自动停止运转。

（3）快速移动电动机 M3 控制电路。该电路由图 14-2 中的 8 区对应的元器件组成。该控制电路的启动由安装在进给操作手柄顶端的按钮 SB3 控制，它与 KM3（或中间继电器 KA2）组成点动控制线路。当刀架需要快速移动时，按下 SB3，KM3（或 KA2）得电，其常开触头闭合，接通电机 M3 电源，M3 通电运转，松开 SB3，KM3（或 KA2）失电释放，其常开触头复位，M3 失电停止运转。

（4）照明、信号电路。该电路由 10、11 区对应电气元件组成。控制变压器 TC 的二次侧分别输出 24V 和 6.3V 交流电压，作为车床低压照明灯和信号灯的电源。EL 作为车床的低压照明灯，由控制开关 QS2 控制，HL 为电源信号灯，它们分别由熔断器 FU4、FU3 实现短路保护功能。

CA6140 车床传统电气控制系统都采用继电器—接触器控制方式，针对其存在硬件电路复杂、触点较多、可靠性较差、维修任务繁重等缺点，本文提出运用西门子 S7-200 系列 PLC 对其进行改造，在保障功能的基础上，克服了原有缺点，提高了工作效率。

14.2.3　CA6140 车床的 PLC 改造

14.2.3.1　改造方案的确定

（1）原车床的加工工艺不变。

（2）不改变原控制系统电气操作方法。

（3）不改变原电气控制系统元件（包括按钮、交流接触器，以上元件的数量、作用均与原电气线路相同）。

（4）两个指示灯线路仍和原控制电路相同。

（5）原控制线路中的热继电器仍用硬件控制。

（6）不改变原主轴和进给变速箱操作方法和结构。

（7）原继电器控制中的硬件接线改用软件编程来替代。

14.2.3.2　PLC 选型

A　PLC 生产厂家的选择

CA6140 型车床的电气控制系统所需要的 I/O 点数在 256 以下，属于小型机的范围。控制系统只需要逻辑运算等简单功能，主要用来实现条件控制和顺序控制。从对产品的熟悉程度及产品本身的可靠性及改造要求，选择西门子公司 S7-200 系列 PLC。

B　I/O 点数估算

原主轴与进给电动机正反转启动按钮 2 个，正反转点动控制按钮 2 个，停止按钮 1 个，共 5 个点；主轴变速限位开关 2 个，进给变速限位开关 2 个，主轴箱、工作台与主轴进给互锁限位开关 2 个，共 6 点；快速电动机正反转限位开关 2 个，共 2 点；主轴与进给电动机反接制动速度继电器 2 点；便于齿轮啮合速度继电器 1 点；主轴与进给电动机高、低速变换限位开关 1 点。输入点数共 17 点。

C　PLC 机型的选择

根据控制系统的要求，CA6140 型车床改造后共需要点数为 6 点，考虑 10% 余量及以后加报警电路和故障显示电路，考虑发展及工艺控制问题，故选择 CPU-224PLC。

14.2.3.3　列 I/O 分配表

通过对 CA6140 型车床电气控制实现的原理和方法的掌握，明确了要对 CA6140 型车床进行 PLC 控制，需要输入点 6 个，输出点 3 个即可。见表 14-3。

表 14-3　CA6140 型车床控制 I/O 分配表

I/O 设备名称	I/O 地址	说　明
FR1	I0.0	主轴电动机过载保护
FR2	I0.1	冷却泵电动机过载保护
SB1	I0.1	主轴电动机停止按钮
SB2	I0.2	主轴电动机启动按钮
SB3	I0.3	刀架快速移动启动按钮
KM1	I0.4	主轴电动机接触器反馈输入
KM1	Q0.0	主轴电动机正转接触器线圈
KM2	Q0.1	主轴电动机反转接触器线圈
KM3	Q0.2	主轴电动机反接制动接触器线圈

14.2.3.4　CA6140 型车床 PLC 控制 I/O 接线图

CA6140 型车床 PLC 控制 I/O 接线图如图 14-3 所示。

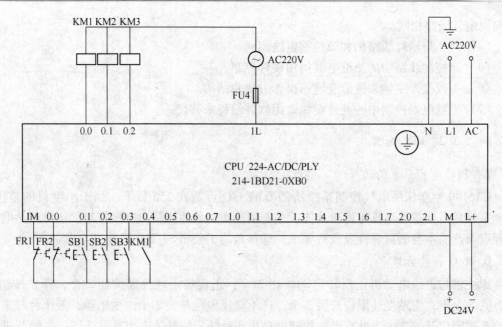

图 14-3　CA6140 型车床控制外接线图

14.2.3.5　CA6140 型车床 PLC 程序设计及调试

CA6140 型车床 PLC 程序设计及调试如图 14-4 所示。

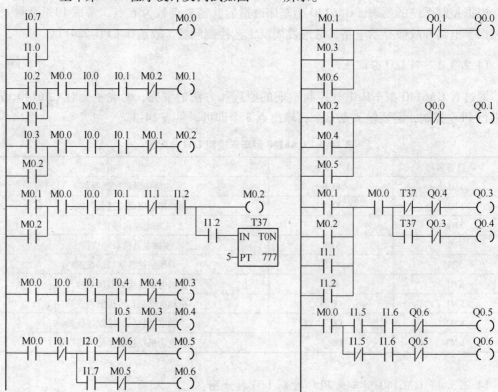

图 14-4　CA6140 型车床 PLC 控制梯形图

14.3　知识拓展

14.3.1　CA6140 型卧式车床常见故障分析

14.3.1.1　主轴电机不能启动

发生此类故障时，首先重点检查 M1 主电路的熔断器是否完好。然后检查热继电器 FR1、FR2 是否动作，若热继电器动作，必须先找出引起热继电器动作的原因。热继电器动作可能是由热继电器规格不当或电动机频繁动作所致。其次，再检查接触器是否正常，线圈引线是否松动，主触头是否接触良好，是否有机械卡阻。

14.3.1.2　主轴电机缺相运行

按下启动按钮 SB1 后，主轴电动机不能启动或转动很慢，且发出"嗡嗡"声，或在运行中突然发出"嗡嗡"响声，这种现象是由于电机三相电源有一相断路所致。原因可能是：三相熔断器有一相熔断，接触器的主触头有一对接触不良，电动机定子绕组某一相导线端接触不良等。遇到这种情况，应立即切断电源，否则电动机可能被烧坏。

14.3.1.3　主轴电机能启动但不能自锁

即只能点动不能长动，造成这种故障的原因是接触器 KM1 的自锁触头连接导线松动或接触不良，自锁触头表面不洁、有油污等。

14.3.1.4　主轴电机不能停转

这种故障的原因是接触器的主触头发生了熔焊。这时只有先切断电源，然后更换接触器，再分析查找引起触头熔焊的原因，以免再次引起熔焊。

14.3.1.5　冷却泵电机不能启动

这种故障原因一般是 SA 接触不良、KM2 接触器线圈引线松动，主触头接触不良，有机械卡阻或 KM1 的自锁触头连接导线松动或接触不良，自锁触头表面不洁、有油污等。

14.3.1.6　照明灯不亮

这种故障的原因一般是灯丝熔断或气泡漏气，接头松动、短路等。

14.3.2　CW6163B 型车床电气控制

如图 14-5 所示为 CW6163B 型车床电气原理图。

CW6136B 型普通车床由主轴电动机 M1，冷却泵电动机 M2，快速进给电动机 M3 三台电动机拖动。

当按下主轴电动机 M1 的启动按钮 SB3 或 SB4 时，接触器 KM1 通电闭合，主轴电动机 M1 启动运转；当按下主轴电动机 M1 的停止按钮 SB1 或 SB2 时，接触器 KM1 失电释放，主轴电动机 M1 断电停转。当主轴电动机 M1 启动运转后，按下冷却泵电动机 M2 的启动按

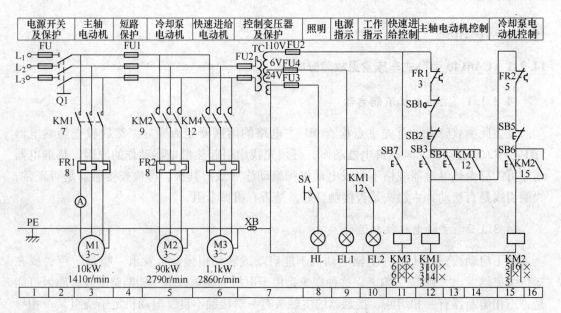

图 14-5　CW6163B 型车床电气原理图

钮 SB6，冷却泵电动机 M2 启动运转。快速进给电动机 M3 是一个点动控制，即当按下点动按钮 SB7 时，快速进给电动机 M3 启动运转，松开点动按钮 SB7 时，快速进给电动机 M3 停转。

14.4　技能训练

题目：CA6140 普通车床电气控制线路的检修

1. 训练目的

（1）掌握 CA6140 普通车床电气图的布局图及原理图。

（2）掌握 CA6140 普通车床的故障分析和检修方法。

2. 仪器及设备

（1）CA6140 普通车床。

（2）低压验电笔、电工钢丝钳、电工刀等电工工具。

（3）万用表等仪表工具。

3. 检修方法

（1）参照电气原理图、电气位置图和机床接线图，熟悉车床电气元件的分布位置和走线情况。

（2）在教师的指导下对车床进行操作，了解车床的各种工作状态及操作方法。

（3）教师随意设置一个故障，学生根据故障现象检修。

4. 检修步骤

（1）用通电试验法观察故障现象。

（2）观察故障现象，根据原理图确定故障范围。

（3）查找故障点，排查维修。

5. 检修完毕进行通电试验，并做好维修记录。

6. 注意事项

（1）熟悉 CA6140 普通车床电气原理。

（2）检修所用工具、仪表应符合使用要求。

（3）带点检修时要注意安全，教师必须现场监护。

（4）检修完毕后进行通电实验，并将故障排查过程填入表 14-4 中。

表 14-4　故障排查表

故 障 现 象	可 能 原 因	处 理 原 理

课 后 练 习

14-1　在各机床控制电路中，为什么冷却泵电动机一般都受主电动机的连锁控制，在主电机启动后才能启动，一旦主电动机停转，冷却泵电动机也同步停转？

14-2　CA6140 型车床，如果出现以下故障，可能的原因有哪些？应如何处理？

（1）按下停车按钮，主轴电动机不停转。

（2）按下启动按钮，主轴不转，但主轴电动机发出"嗡嗡"声。

（3）冷却泵电机不能启动。

14-3　独立分析 CA6140 型车床控制的工作原理。

14-4　试用 PLC 实现图 14-5 所示的 CA6163B 型车床控制。

要求：

（1）列 I/O 分配表。

（2）画出 I/O 接线示意图。

（3）设计 PLC 控制梯形图。

学习情境 4　X62W 铣床电气控制系统及改造

【知识要点】

1. X62W 铣床的控制原理。
2. X62W 铣床控制的 PLC 改造要求。
3. 电动机顺序控制线路、制动控制线路的分析。
4. 电动机顺序控制线路、制动控制线路的接线安装、检修。
5. X62W 铣床控制线路分析、安装、维护、检修。

任务 15　电动机的顺序控制

【任务要点】

1. 电动机顺序控制实现的方法。
2. 电动机的顺序控制原理分析、设计。
3. 电动机顺序控制线路的安装、调试。
4. 电动机顺序控制线路的故障分析、排查。

15.1　任务描述与分析

15.1.1　任务描述

实际工作中的生产机械，往往需要多台电动机来拖动，而通常各台电动机由于作用不同，常需要按一定顺序动作，才能保证生产机械正常、可靠运行，这就需要对这些电动机按一定顺序启动、停止的控制，比如在机床电路中，通常要求冷却泵电动机启动后，主轴电动机才能启动。这样可防止金属工件和刀具在高速运转切削运动时，由于产生大量的热量而毁坏工件或刀具。铣床的运行要求是主轴旋转后，工作台才可移动。以上所说的工作要求就是顺序控制。

15.1.2　任务分析

本任务介绍顺序控制各种实现的方法和控制原理、特点及应用，掌握电动机的顺序控制分析、设计，掌握电机顺序控制线路的安装、调试及故障诊断方法和手段。

15.2　相关知识

对电动机的顺序控制，可能要求出现的情况有：两台电机手动顺序启动，手动逆序或顺序停车；两台电机自动顺序启动，自动逆序或顺序停车；两台电机自动顺序启动，手动逆序或顺序停车等情况。

15.2.1　手动顺序启动、逆序停止控制

在装有多台电动机的生产机械上，各电动机所起的作用是不同的，有时需按一定的顺序启动或停止，才能保证操作过程的合理和工作的安全可靠。例如 CA6140 车床主轴电动机启动后冷却泵电动机才能启动；X62W 型万能铣床的主轴电动机启动后，进给电动机才能启动；皮带传输系统中的前后皮带电动机的启动、停止等生产设备对电机的启动停止控制都有要求。这种对两台及两台以上电动机进行顺序启动、顺序停止的控制称为电动机的顺序控制。

下面以两台电机为例，可能要求出现的情况有：两台电机手动顺序启动，手动逆序或顺序停车；两台电机自动顺序启动，自动逆序或顺序停车；两台电机自动顺序启动，手动逆序或顺序停车等情况，下面任选其中两种情况加以说明。其相关控制电路如图 15-1、图15-2 所示。

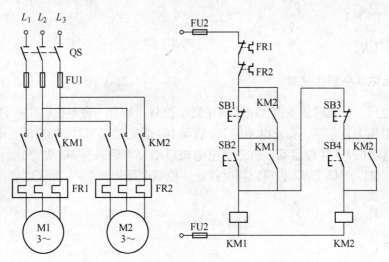

图 15-1　顺序控制电路（手动顺序启动、手动逆序停止）

图 15-1 中，M1、M2 为两台异步电动机，分别由 KM1、KM2 控制。SB1、SB2 为 M1 的停止、启动按钮。SB3、SB4 为 M2 的停止、启动按钮。

工作原理：按下启动按钮 SB2，接触器 KM1 得电并自锁，M1 通电运转。需要 M2 启动，必须先启动运转 M1 后才行，M1 如已启动，按下启动按钮 SB4，接触器 KM2 得电并自锁，M2 通电运转，电机 M1、M2 都投入运行。当需要 M2 停止运转时，按下停止按钮SB3，接触器 KM2 失电释放，其主触头断开，切断 M2 的电源，M2 停止运转。需要 M1 停止运转时，必须先按 SB3，使电机 M2 停转的前提下按 SB1，才能使接触器 KM1 失电释放，其主触头断开，切断 M1 的电源，M1 停止运转。

15.2.2　自动逆序启动、手动逆序停止

图 15-2 中，主电路同图 15-1 所示，下面就控制电路加以讨论。

工作原理：按下启动按钮 SB2，接触器 KM2 得电并自锁，M2 电机启动运转，同时时间继电器 KT 得电，延时时间到后，KT 的延时辅助触头闭合，KM1 得电并自锁，M1 电机启动运转，同时 KM1 常闭触头断开，KT 失电。电机 M1、M2 都投入运行。当需要 M2 电机停转时，按下按钮 SB3，KM2 失电释放，其主触头断开，切断 M2 的电源，M2 电机停止运转。当需要 M1 电机停转时，必须先按 SB3，在使电机 M2 停转的前提下按 SB1，才能使接触器 KM1 失电释放，其主触头断开，切断 M1 的电源，M1 停止运转。

实现顺序控制的方法与手段很多，除了上述方法还可以通过其他方法来实现顺序控制，这里就不一一列举了。

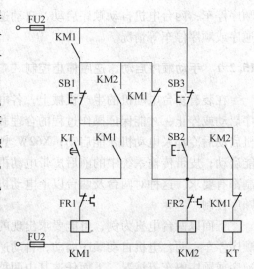

图 15-2　顺序控制电路（自动逆序启动、手动逆序停止）

15.3　知识拓展

15.3.1　多台电动机顺序控制

在实际应用中，有时需要多台电机顺序启动控制，如有一台专机，用三台交流异步电动机拖动，根据工艺需要，要求电动机 M1 启动 10s 后电动机 M2 立即启动，电动机 M2 启动 20s 后，电动机 M3 才能启动，当三台电动机启动完毕后只有 M3 先停止，M1、M2 才能同时停止；M1、M2、M3 也可以同时停止。控制电路如图 15-3 所示。

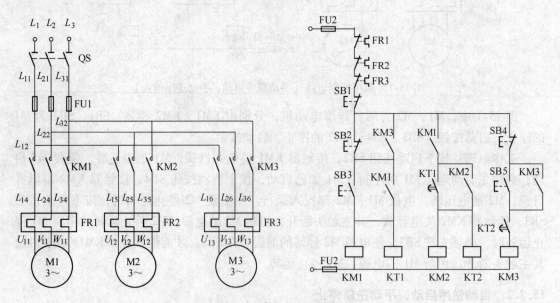

图 15-3　三台电机的顺序控制

15.3.2 工作原理

工作原理如下：

启动和停止电动机 M1：按下按钮 SB3，接触器 KM1 得电并自锁，M1 电机启动运转，同时时间继电器 KT1 得电，为 M2 的启动作好准备。要想停止运转，只有 KM3 的常开触头断开才有可能，即必须先停止 M3 电机才能按 SB2 停止 M1 电机运转。

启动和停止电动机 M2：启动电机 M1 后，KT1 的延时时间到达，KT1 常开触头闭合，KM2 得电自锁，M2 电机启动运转，同时时间继电器 KT2 得电，为 M3 的启动作好准备。要想停止运转，KM1 的常开触头断开就可，即停止 M1 电机 M2 就停转了。

启动和停止电动机 M3：启动电机 M2 后，KT2 的延时时间到达，KT2 常开触头闭合，按下按钮 SB5，接触器 KM3 得电并自锁，M3 电机启动运转。要想停止运转，按下按钮 SB4，接触器 KM3 失电释放，其主触头断开，切断 M3 的电源，M3 停止运转。

同时停止 M1、M2、M3 电机：按下按钮 SB1。

15.4 技能训练

题目：实验项目六 低压电器控制三相异步电动机的顺序启停

1. 目的

(1) 进一步加深对顺序启停原理的认识。

(2) 掌握三相异步电机控制线路的安装接线方法。

(3) 学会对三相异步电动机顺序启停控制线路故障进行排查，并能进行相应的处理。

2. 仪器及设备

(1) 电机多功能实验台：总电源、EEL-10 控制挂件。

(2) M04 三相交流异步电机、M09 三相交流异步电动机。

(3) 导线。

3. 方法、步骤

(1) 自己根据实验设备设计一个顺启逆停的控制线路。经教师检查确认无误后，开始接线。

(2) 接好实验线路，经教师检查确认无误后，方可接通电源。

(3) 观察如何对电机进行顺序控制。

4. 注意事项

(1) 电机启动前将调压器逆时针旋转到头。

(2) 电机出现异常（如异响、不能正常启动等），应立即切断电源并请老师检查。

课 后 练 习

15-1 有一生产机械设备由油泵电动机和主轴电动机拖动；要求启动时先启动油泵电动机后才能启动主轴电动机，停止是先停止主轴电动机，并经 10s 延时后才能停止油泵电动机。根据要求自行设计继电—接触器控制电路。

15-2　为两台异步电动机设计一个控制线路，其要求如下：

(1) 两台电机互不影响地独立工作。

(2) 能同时控制两台电动机的启动与停止。

(3) 当一台电动机发生故障时，两台电机均停止。

15-3　试设计两台三相异步电动机 M1、M2 的顺序启停线路。

(1) M1、M2 能顺序启动，并能同时或分别停止。

(2) M1 启动后 M2 启动，M1 可点动，M2 可单独停止。

任务 16 三相异步电动机的反接制动控制及其 PLC 改造

【任务要点】

1. 三相异步电动机反接制动控制线路结构及控制原理。
2. 三相异步电动机反接制动控制线路的分析及设计。
3. 三相异步电动机反接制动控制线路的安装、调试。
4. 三相异步电动机反接制动控制线路的故障诊断方法与手段。
5. 三相异步电动机反接制动控制的 PLC 改造。

16.1 任务描述与分析

16.1.1 任务描述

许多生产机械在停车时要求迅速、准确，如万能铣床、卧式镗床等，为达到对生产机械迅速、准确停车的目的，必须采取制动措施。

16.1.2 任务分析

本任务介绍三相异步电动机反接制动控制线路实现的方法、手段及控制原理，掌握三相异步电动机反接制动控制线路分析及设计方法，会三相异步电动机制动控制线路安装、调试及故障诊断。

16.2 相关知识

三相异步电动机切除电源后因为惯性总要转动一段时间才能停下来。而生产中如：起重机的吊钩或卷扬机的吊篮要求准确定位；万能铣床的主轴要求能迅速停下来等。这些都需要对拖动的电动机进行制动控制，对电动机实现制动控制方法有两大类：机械制动和电力制动。

电源反接制动是其中电力制动的一种应用较广的一种方法，即在电动机切断正常运转电源的同时改变电动机定子绕组的电源相序，使之有反转趋势而产生较大的制动力矩的方法。

反接制动一般只适用系统惯性较大，制动要求迅速、操作不频繁的场合，如铣床、镗床、中型车床等主轴的制动。

16.2.1 三相异步电动机的反接制动

16.2.1.1 反接制动控制实现思路

反接制动是利用改变电动机定子电源电压相序，使电动机迅速停止转动的一种电气制动方法，由于电源相序改变，定子绕组产生的旋转磁场方向也发生改变，即与转子原旋转方向相反。由于转子仍按原方向惯性旋转，于是在转子电路中产生与原方向相反的感应电流，根据载流导体在磁场中受力的原理可知，此时转子要受到一个与原转动方向相反的力矩的作用，从而使电动机转速迅速下降，实现制动。采用反接制动的关键问题是，当电动机转速接近零时，必须自动地立即将定子电源切断，以免电动机反向启动。为此可以采用按转速原则进行制动控制，即借助速度继电器来检测电动机速度变化，当电动机转速接近零速时（100r/min），由速度继电器自动切断定子电源。

采用改变电动机电源相序的反接制动，优点是制动力矩大，制动迅速，制动效果好，但缺点是制动精确性差，制动过程冲击强烈，易损坏传动零件，能量损耗大，由电网供给的电能和拖动系统的机械能全部都转化为电动机转子的热损耗。因此，反接制动方式常用于 10kW 以下小容量的电动机不频繁启动、制动，对停车位置无精确要求而传动机构能承受较大冲击的设备，如铣床、镗床、中型车床主轴的制动。

在反接制动时，转子与定子旋转磁场的相对速度接近于 2 倍同步转速，所以定子绕组中的反接制动电流相当于全电压直接启动时电流的 2 倍。因此，为避免对电动机及机械传动系统的过大冲击，延长其使用寿命，在电动机容量不是很小的情况下，一般反接制动过程中电动机的定子电路中要串接对称或不对称电阻，以限制制动转矩和制动电流，这个电阻称为反接制动电阻。反接制动的制动力矩较大，冲击强烈，易损坏传动零件，而且频繁反接制动可能使电动机过热。使用时必须引起注意。

16.2.1.2　反接制动典型控制线路

A　单方向反接制动控制电路

如图 16-1 所示为单方向反接制动控制电路，图 16-1 中 KM1 为单方向旋转控制接触器，KM2 为反接制动控制接触器，KS 为速度继电器，R 为反接制动电阻器。

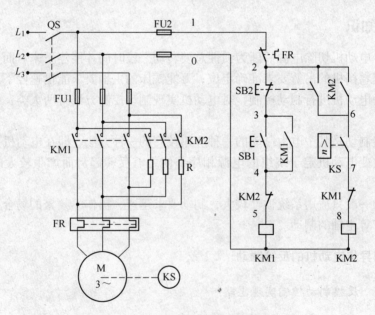

图 16-1　单方向反接制动控制电路

电路工作原理：合上电源开关 QS，按下启动按钮 SB1，接触器 KM1 通电并自锁，电动机 M 得电运转。在电动机正常运行时，速度继电器 KS 常开触点闭合，为反接制动做准备。当按下停止按钮 SB2 时，KM1 断电，电动机定子绕组脱离三相电源，但电动机因惯性仍以很高速度旋转，KS 原闭合的常开触点仍保持闭合，当 SB2 按到底，使 SB2 常开触点闭合，KM2 通电并自锁，电动机定子串接电阻接上反相序电源，电动机进入反接制动运行状态。

电动机转速迅速下降，当速度接近 100r/min 时，KS 常开触点复位，KM2 断电，电动机及时脱离电源，之后停车至速度为零，反接制动结束。

B　电动机可逆运行反接制动控制电路

图 16-2 所示为可逆运行反接制动控制电路。图中 KM1、KM2 为正、反转接触器，KM3 为短接电阻接触器，KA1、KA2、KA3 为中间继电器，KS 为速度继电器，其中 KS1 为正转闭合触点，KS2 为反转闭合触点，R 为启动与制动电阻。

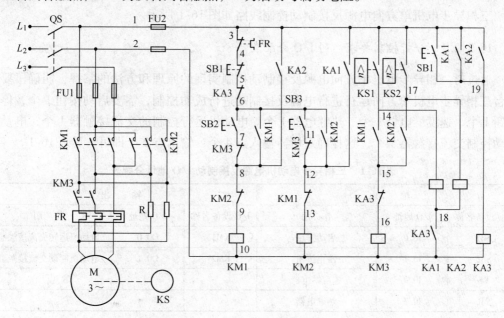

图 16-2　可逆运行反接制动控制电路

电路工作原理：合上电源开关 QS，按下正转启动按钮 SB2，KM1 通电并自锁，电动机串入电阻接入正序电源启动，当转速升高到一定值时 KS1 触点闭合，KM3 通电，短接电阻，电动机在全压下进入正常运行。

需要停车时，按下停止按钮 SB1，KM1、KM3 相继断电，电动机脱离正序电源并串入电阻，同时 KA3 通电，其常闭触点又再次切断 KM3 电路，使 KM3 无法通电，保证电阻器 R 串接在定子电路中，由于电动机惯性仍以很高速度旋转，KS1 仍保持闭合使 KA1 通电，触点 KA1（3-12）闭合使 KM2 通电，电动机串接电阻接上反序电源，实现反接制动；另一触点 KA1（3-19）闭合，使 KA3 保持通电，确保 KM3 始终处于断电状态，R 始终串入。当电动机转速下降到 100r/min 时，KS1 断开，KA1，KM2、KA3 同时断电，反接制动结束，电动机停止。

同理、合上电源开关 QS，按下反转启动按钮 SB3，KM2 通电并自锁，电动机串入电阻接入反序电源启动，当转速升高到一定值时 KS2 触点闭合，KM3 通电，短接电阻，电动机在全压下进入正常运行。

需要停车时，按下停止按钮 SB1，KM2、KM3 相继断电，电动机脱离反序电源并串入电阻，同时 KA3 通电，其常闭触点又再次切断 KM3 电路，使 KM3 无法通电，保证电阻器 R 串接在定子电路中，由于电动机惯性仍以很高速度旋转，KS2 仍保持闭合使 KA2 通电，触点 KA1（3-12）闭合使 KM1 通电，电动机串接电阻接上正序电源，实现反接制动；另一触点 KA2（3-19）闭合，使 KA3 保持通电，确保 KM3 始终处于断电状态，R 始终串入。当电动机转速下降到 100r/min 时，KS2 断开，KA2，KM1、KA3 同时断电，反接制动结束，电动机停止。

16.2.2　PLC 控制三相异步电机单方向电源反接制动

三相异步电机单方向电源反接制动控制线路如图 16-1 所示。

16.2.2.1　分析控制要求，列 I/O 分配表

通过对三相异步电机单方向电源反接制动控制实现的原理和方法的掌握，明确了要对一台三相异步电机单方向运行进行电源反接制动进行成功控制，需要启动按钮 1 个，停止按钮 1 个，速度继电器 1 个、热继电器 1 个。电动机运行控制的交流接触器 1 个，电动机制动控制交流接触器 1 个，这样确定所需输入点 4 个，输出点 2 个即可。见表 16-1。

表 16-1　三相异步电动机电源反接制动 I/O 地址分配表

输　入			输　出		
I/O 设备名称	I/O 地址	作　用	I/O 设备名称	I/O 地址	作　用
SB1	I0.0	启动按钮	KM1	Q0.0	电动机运转交流接触器
SB2	I0.1	停止按钮	KM2	Q0.1	电动机制动交流接触器
KS	I0.2	速度继电器			
FR	I0.3	热继电器			

16.2.2.2　PLC 外接线图

PLC 外接线如图 16-3 所示。

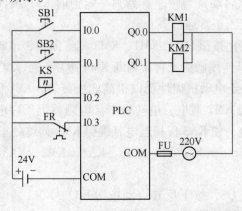

图 16-3　三相异步电机的反接制动 PLC 外接线图

16.2.2.3　梯形图

三相异步电机的反接制动 PLC 梯形图如图 16-4 所示。

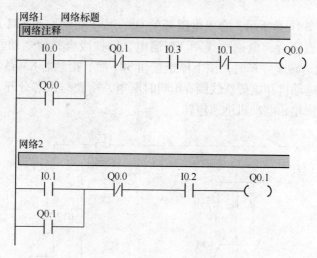

图 16-4　三相异步电机的反接制动 PLC 梯形图

16.3　知识拓展

16.3.1　电磁抱闸制动控制

16.3.1.1　电磁抱闸结构与原理

电磁抱闸制动装置由电磁操作机构和弹簧机械抱闸机构组成，如图 16-5 所示为断电制动型电磁抱闸示意图。

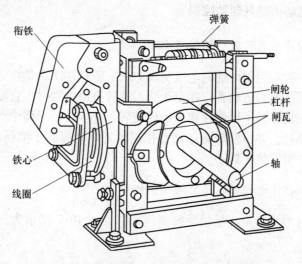

图 16-5　断电制动型电磁抱闸的结构示意图

电磁抱闸线圈 YB 得电，衔铁吸合，克服弹簧的拉力使制动器的闸瓦与闸轮分开。当电磁抱闸线圈 YB 也失电，衔铁在弹簧拉力作用下与铁芯分开，并使制动器的闸瓦紧紧抱住闸轮。

16.3.1.2　电磁抱闸断电制动控制线路

控制原理，如图 16-6 所示，合上电源开关 QS，按下启动按钮 SB2 后，接触器 KM 线圈得电自锁，主触点闭合，电磁铁线圈 YB 通电，衔铁吸合，使制动器的闸瓦和闸轮分开，电动机 M 启动运转。停车时，按下停止按钮 SB1 后，接触器 KM 线圈断电，自锁触点和主触点分断，使电动机和电磁铁线圈 YB 同时断电，衔铁与铁芯分开，在弹簧拉力的作用下闸瓦紧紧抱住闸轮，电动机迅速停转。

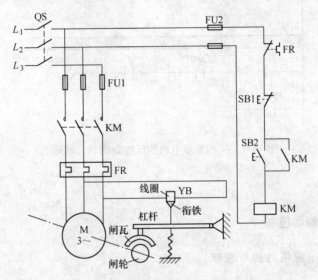

图 16-6　电磁抱闸断电制动控制电路

16.3.2　三相异步电动机能耗制动控制

16.3.2.1　三相异步电动机能耗制动原理

能耗制动也是一种应用很广泛的电气制动方法。能耗制动就是将运行中的电动机从交流电源上切除并立即接通直流电源，在定子绕组接通直流电源时，直流电流会在定子内产生一个静止的直流磁场，转子因惯性在磁场内旋转，并在转子导体中产生感应电势，从而转子中有感应电流流过。并与恒定磁场相互作用消耗电动机转子惯性能量产生制动力矩，使电动机迅速减速，最后停止转动。

16.3.2.2　三相异步电动机能耗制动控制线路

在实际应用中有半波及全波耗制动控制线路，如图 16-7 所示为三相异步电动机全波能耗制动控制电路。

控制原理分析：

启动：合上空气开关 QF 接通三电源，按下启动按钮 SB2，接触器 KM1 线圈通电并自锁，主触头闭合，电动机接入三相电源而启动运行。

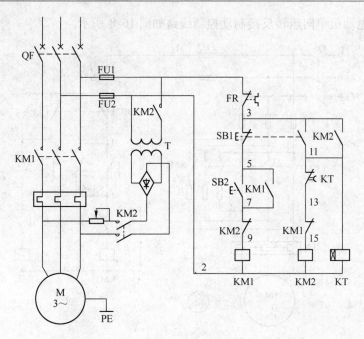

图 16-7　三相异步电动机全波能耗制动控制电路

制动停止：当需要停止时，按下停止按钮 SB1，KM1 线圈断电，其主触头全部释放，电动机脱离电源。此时，接触器 KM2 和时间继电器 KT 线圈通电并自锁，电动机开始进入能耗制动停车过程。同时 KT 开始计时，当计时时间一到时间继电器延时断开触头分断 KM2，接触器 KM2、时间继电器 KT 断电恢复。电动机能耗制动过程结束。

16.4　技能训练

题目：实验项目七　三相异步电动机的电源反接制动控制

1. 目的

（1）熟悉三相异步电动机电源反接制动原理。

（2）了解速度继电器的结构、工作原理及使用方法。

（3）掌握电源反接制动控制线路的工作原理和接线方法。

2. 仪器及设备

（1）电机综合实验装置。

（2）三相鼠笼异步电动机。

（3）导线。

3. 方法、步骤

（1）单向运转反接制动控制线路按下图接线，经检查确认无误后，方可通电源。

（2）按下 SB1，电动机正常启动。

（3）按下 SB2（注意要按到底），观察电动机反接制动的效果，观察速度继电器的作用（电机转速降至零时应及时切断 KM2，否则电动机会反转）。

（4）可在电动机正常运转时轻轻按下 SB2，使其切断 KM1，而不接通 KM2，观察电动机自然停车过程，并与反接制动的效果进行对照。

三相异步电动机单向运转反接制动控制线路如图 16-8 所示。

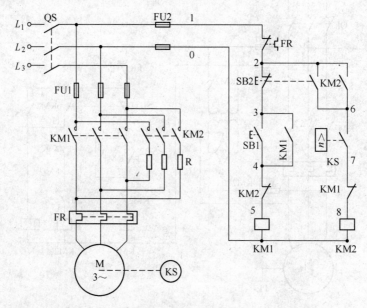

图 16-8　三相异步电动机单向运转反接制动控制线路

课 后 练 习

16-1　什么是反接制动？有哪些特点？适合哪些场合？

16-2　制动电阻 R 的大小对反接制动有什么影响？

任务 17　X62W 铣床控制线路及 PLC 改造初探

【任务要点】

1. X62W 铣床电气控制的原理、实现控制的方法、手段。
2. PLC 对 X62W 铣床电气控制线路改造的方法。
3. X62W 铣床的控制线路的安装、调试。
4. X62W 铣床控制线路的故障诊断方法与手段。
5. X62W 铣床初步 PLC 改造。

17.1　任务描述与分析

17.1.1　任务描述

铣床作为机械加工的通用设备在机械加工生产中一直起着不可替代的作用。X62W 铣床是由普通机床发展而来。它集机械、液压、气动、伺服驱动、精密测量、电气自动控制、现代控制理论、计算机控制等技术于一体，是一种高效率、高精度能保证加工质量、解决工艺难题、而且又具有一定柔性的生产设备。

17.1.2　任务分析

本任务介绍 X62W 铣床的电气控制要求、实现电气控制的原理、手段，掌握对 X62W 铣床的控制线路的分析、改造方法，掌握 X62W 铣床的控制线路的安装、调试及故障诊断方法和手段；掌握 X62W 铣床控制的 PLC 改造方法。

17.2　相关知识

万能铣床是一种通用的多用途机床，它可以用圆柱铣刀、圆片铣刀、角度铣刀、成型铣刀及端面铣刀等刀具对各种零件进行平面、斜面、螺旋面及成形表面的加工。下面以 X62W 万能铣床为例认识铣床的运动形式及电气控制原理。如图 17-1 所示为 X62W 万能铣床实物图。

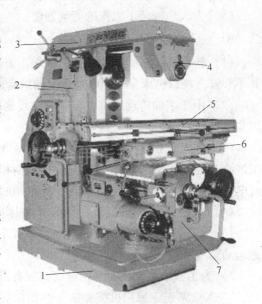

图 17-1　X62W 万能铣床实物图
1—底座；2—床身；3—悬梁；4—刀杆支架；
5—工作台；6—溜板；7—升降台

17.2.1　X62W 万能铣床电气控制线路

下面是 X62W 万能铣床型号说明。

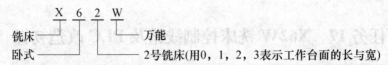

X62W 万能铣床电气控制线路共有三台电动机：

M1 是主轴电动机，在电气上需要实现启动控制与制动快速停转控制，为了完成顺铣与逆铣，还需要正反转控制，此外还需主轴临时制动以完成变速操作过程。

M2 是工作台进给电动机，X62W 万能铣床有水平工作台和圆形工作台，其中水平工作台。

M3 可以实现纵向进给（有左右两个进给方向）、横向进给（有前后两个进给方向）和升降进给（有上下两个进给方向），圆工作台转动等 4 个运动，只有在主轴电动机 M1 启动后，冷却泵电动机才能启动。

17.2.1.1　X62W 万能铣床特点

A　机床特点

（1）能完成很多普通机床难以加工或者根本不能加工的复杂型面的加工。

（2）采用 X62W 铣床可以提高零件的加工精度，稳定产品的质量。

（3）X62W 的生产率是普通机床的 2～3 倍，对复杂零件的加工，生产率可以提高十几倍甚至几十倍。

（4）此机床具有柔性，只需更换程序，就可以适应不同品种及尺寸规格零件的自动加工。

（5）大大地减轻了工人的劳动强度。

B　电力拖动的特点

（1）铣削加工有顺铣和逆铣两种加工方式，要求主轴电动机能正反转，因正反转操作并不频繁，所以由床身下侧电器箱上的组合开关来改变电源相序实现。

（2）由于主轴传动系统中装有避免震荡的惯性轮，故主轴电动机采用电磁离合器制动以实现准确停车。

（3）铣床的工作台要求有前后、左右、上下 6 个方向的进给运动和快速移动，所以也要求进给电动机能够正反转，并通过操作手柄和机械离合器相配合来实现。进给的快速移动通过电磁铁和机械挂挡来完成。圆形工作台的回转运动是由进给电动机经传动机构驱动的。

（4）根据加工工艺的要求，X62W 铣床应具有以下的电气联锁措施：

1）为了防止刀具和铣床的损坏，只有主轴旋转后才允许有进给运动和进给方向的快速运动。

2）为了减小加工表面的粗糙度，只有进给停止后主轴才能停止或同时停止。

3）X62W 铣床采用机械操纵手柄和位置开关相配合的方式实现进给运动 6 个方向的连锁。

4）主轴运动和进给运动采用变速盘来进行速度选择，为保证变速齿轮进入良好的啮合状态，两种运动都要求变速后顺时点动（变速冲动）。

5）当主轴电动机或冷却泵过载时，进给运动必须立即停止，以免损坏刀具和铣床。

（5）要求有冷却系统、照明设备及各种保护措施。

17.2.1.2　X62W 万能铣床主要运动形式及控制要求

A　主运动

X62W 万能铣床的主运动是主轴带动铣刀的旋转运动。

B　进给运动

工件夹持在工作台上在垂直于铣刀轴线方向做直线运动（工作台上下、前后、左右 3 个相互垂直方向上运动）。

C　辅助运动

工件与铣刀相对位置的调整运动（即工作台在上下、前后、左右 3 个相互垂直方向上的快速直线运动及工作台的回转运动），及主轴和进给的变速冲动。

17.2.1.3　X62W 万能铣床电气控制线路分析

A　电气控制要求

（1）主轴电动机 M1 的控制。

1）电气原理图。X62W 万能铣床电气原理图如图 17-2 所示。

2）X62W 铣床电器元件名称、功能。X62W 铣床电器元件名称、功能见表 17-1。

3）主轴电动机全压启动。主轴电动机 M1 采用全压启动方式，启动前由开关 QS1 选择电动机转向，本机床采用两地控制方式，启动按钮 SB1 和停止按钮 SB5-1 为一组；启动按钮 SB2 和停止按钮 SB6-1 为一组。分别安装在工作台和机床床身上。

按下启动按钮 SB1 或 SB2，接触器 KM1 通电吸合并自锁，主电动机 M1 启动。KM1 的辅助常开触点闭合，接通控制电路的进给线路电源，保证了只有先启动主轴电动机，才可启动进给电动机，避免损毁工件或刀具。主电动机 M1 按 QS1 所选转向启动。

4）主轴电动机制动控制。按下 SB5 或 SB6 时，停止按钮的常开触点 SB5-1 或 SB6-1 常闭触点断开，KM1 线圈因所在支路断路而断电，导致主轴转动电路中 KM1 主触头断开，与此同时，停止按钮的常开触点 SB5-2 或 SB6-2 接通电磁离合器 YC1，离合器吸合，将摩擦片压紧，对主轴电动机进行制动。直到主轴停止转动，才可松开停止按钮。主轴制动时间不超过 0.5s。

5）主轴变速制动控制。主轴变速是通过改变齿轮的传动比进行的。当改变了传动比的齿轮组重新啮合时，因齿之间的位置不一定刚好对上，若直接启动，有可能使齿轮打牙。为此，本机床设置了主轴变速瞬时电动控制线路。变速时，先将变速手柄拉出，再转动蘑菇形变速手轮，调到所需转速上，然后，将变速手柄复位。就在手柄复位的过程中，压动了行程开关 SQ1，SQ1 的常闭触点先断开，常开触点后闭合，接触器 KM1 线圈瞬时通电，主轴电动机作瞬时点动，使齿轮系统抖动一下，达到良好啮合。当手柄复位后，SQ1 复位，断开主轴瞬时点动线路。若瞬时点动一次没有实现齿轮良好啮合，可重复上述动作。

6）主轴换刀控制。在主轴上刀或换刀时，为避免人身事故，应将主轴置于制动状态。为此，控制线路中设置了换刀制动开关 SA1。只要将 SA1 拨到"接通"位置，其常闭触点 SA1-2 断开，常开触点 SA1-1 闭合接通电磁离合器 YC1，将电动机轴抱住，主轴处于制动

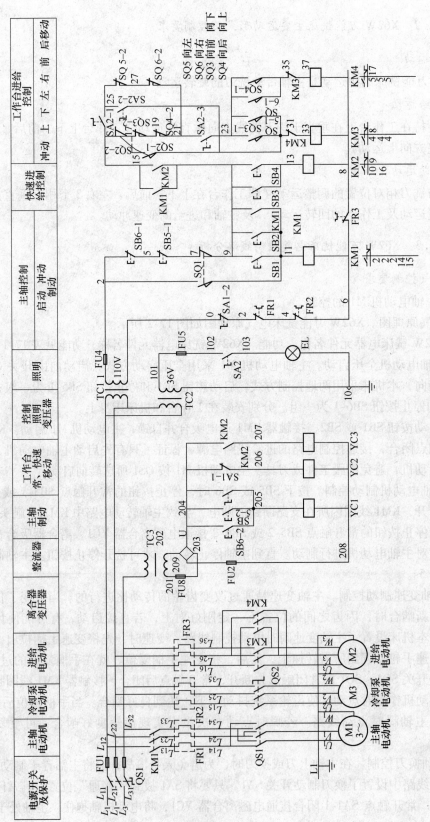

图 17-2　X62W 万能铣床电气原理图

表 17-1　X62W 铣床电器元件名称、功能

序　号	名　　称	符　号	序　号	名　　称	符　号
1	主轴电动机 M1 接触器	KM1	12	进给冲动行程开关	SQ2
2	快速进给接触器	KM2	13	"向前"、"向下"行程开关	SQ3
3	向右、前、下接触器	KM3	14	"向后"、"向上"行程开关	SQ4
4	向左、后、上接触器	KM4	15	"向左"行程开关	SQ5
5	主轴制动电磁铁	YC1	16	"向右"行程开关	SQ6
6	工作台常速移动电磁铁	YC2	17	换刀制动开关	SA1
7	工作台快速移动电磁铁	YC3	18	圆工作台开关	SA2
8	主轴电动机 M1 启动按钮	SB1、SB2	19	主轴电动机热继电器	FR1
9	主轴电动机 M1 制动停止按钮	SB5、SB6	20	冷却泵电动机热继电器	FR2
10	快速进给按钮	SB3、SB4	21	进给电动机热继电器	FR3
11	主轴冲动行程开关	SQ1			

状态。同时，常闭触点 SA1-2 断开，切断控制回路电源。保证了上刀或换刀时，机床没有任何动作。当上刀、换刀结束后，应将 SA1 扳回"断开"位置。

（2）进给电动机 M2 控制。工作台的进给运动分为工作进给和快速进给。工作进给只有在主轴启动后才可进行，快速进给是点动控制，即使不启动主轴也可进行。工作台的左、右、前、后、上、下 6 个方向的运动都是通过操纵手柄和机械联动机构带动相应的行程开关使进给电动机 M2 正转或反转来实现的。行程开关 SQ5、SQ6 控制工作台的向左和向右运动，SQ3、SQ4 控制工作台的向前、向下和向后、向上运动。

进给拖动系统用了两个电磁离合器 YC2 和 YC3，都安装在进给传动链中的第 4 根轴上。当左边的离合器 YC2 吸合时，连接上工作台的进给传动链；当右边的离合器 YC3 吸合时，连接上快速移动传动链。

1）工作台的纵向（左、右）进给运动。工作台的纵向运动由纵向进给手柄操纵。当手柄扳向右边时，联动机构将电动机的传动链拨向工作台下面的丝杠，使电动机的动力通过该丝杠作用于工作台。同时，压下行程开关 SQ5，常开触点 SQ5-1 闭合，常闭触点 SQ5-2 断开，接触器 KM3 线圈通过（9-15-17-19-21-23-31-33）路径得电吸合，进给电动机 M2 正转，带动工作台向右运动。

当纵向进给手柄扳向左边时，行程开关 SQ6 受压 SQ6-1 闭合，SQ6-2 断开，接触器 KM4 通电吸合（得电路径：9-15-17-19-21-23-35-37），进给电动机反转，带动工作台向左运动。

SA2 为圆工作台控制开关，其状态见表。这时的 SA2 处于断开位置，SA2-1、SA2-3 接通，SA2-2 断开。

2）工作台的垂直（上、下）与横向（前、后）进给运动。工作台的垂直与横向进给手柄操纵。该手柄有 5 个位置；即上、下、前、后、中间。当手柄向上或向下时，机械机构将电动机传动链和升降台上下移动丝杠相连；向前或向后时，机械机构将电动机传动链与溜板下面的丝杠相连；手柄在中间位时，传动链脱开，电动机停转。

以工作台向下（或向前）运动为例，将垂直与横向进给手柄扳倒向下（或向前）位，

手柄通过机械联动机构压下行程开关 SQ3，常开触点 SQ3-1 闭合，常闭触点 SQ3-2 断开，接触器 KM3 线圈通过（9-15-25-27-21-23-31-33）路径得电吸合，进给电动机 M2 正转，带动工作台做向下（或向前）运动。

若将手柄扳倒向上（或向后）位，行程开关 SQ4 被压下，SQ4-1 闭合，SQ4-2 断开，接触器 KM4 线圈通过（9-15-25-27-21-23-35-37）路径得电，进给电动机 M2 反转，带动工作台做向上（或向后）运动。

3）进给快速冲动。在改变工作台进给速度时，为使齿轮易于啮合，也需要使进给电动机瞬时点动一下。其操作顺序是：先将进给变速的蘑菇形手柄拉出，转动变速盘，选择好速度。然后，将手柄继续向外拉到极限位置，随即推回原位，变速结束。就在手柄拉到极限位置的瞬间，行程开关 SQ2 被压动，SQ2-2 先断开，SQ2-1 后接通，接触器 KM3（9-15-25-27-21-19-17-31-33）路径得电，进给电动机瞬时正转。在手柄推回原位时，SQ2 复位，进给电动机只瞬动一下。由 KM3 的得电路径可知，进给变速只有各进给手柄均在零位时才可进行。

4）工作台的快速移动。工作台 6 个方向的快速移动也是由进给电动机 M2 拖动的。当工作台工作进给时，按下快移按钮 SB3 或 SB4（两地控制），接触器 KM2 得电吸合，其常闭触点断开电磁离合器 YC2，常开触点接通电磁离合器 YC3。KM2 的吸合，使进给传动系统跳过齿轮变速链，电动机直接拖动丝杠套，工作台快速进给，进给方向仍由进给操纵手柄决定。松开 SB3 或 SB4，KM2 断电释放，快速进给过程结束，恢复原来的进给传动状态。

由于在主轴启动接触器 KM1 的常开触点上并联了 KM2 的一个常开触点，故在主轴电动机不启动的情况下，也可实现快速进给。

5）圆工作台的控制。当需要加工螺旋槽、弧形槽和弧形面时，可在工作台上加装圆工作台。圆工作台的回转运动也是由进给电动机 M2 拖动的。

使用圆工作台时，先将控制开关 SA2 扳到"接通"位，这时，SA2-2 接通，SA2-1 和 SA2-3 断开。再将工作台的进给操纵手柄全部扳到中间位，按下主轴启动按钮 SB1 或 SB2，主轴电动机 M1 启动，接触器 KM3 线圈经（9-15-17-19-21-27-25-31-33）路径得电吸合，进给电动机 M2 正转，带动圆工作台做旋转运动。

可见，圆工作台只能沿一个方向做回转运动。由于启动电路途经 SQ3-SQ6 4 个行程开关的常闭触点，故扳动工作台任一进给手柄，都会使圆工作台停止工作，保证了工作台进给运动与圆工作台工作不可能同时进行。

B　控制过程

（1）主轴电动机 M1 的控制。按下按钮 SB1 或 SB2，接触器 KM1 通电闭合，主轴电动机 M1 启动运转。按下按钮 SB5 或 SB6，主轴电动机 M1 制动停止。

主轴变速盘瞬时压合行程开关 SQ1，接触器 KM1 瞬时通电闭合，主轴电动机 M1 瞬时启动运转，对主轴变速齿轮进行冲动。

将换刀制动转换开关 SA1 扳至"换刀"位置，常开触点 SA1-1 接通制动电磁铁 YC1 电源，主轴被制动，常闭触点 SA1-2 断开，切断控制回路电源。操作人员可安全进行换刀操作。

（2）进给电动机 M2 的控制。主轴电动机 M1 启动后，将圆工作台开关 SA2 扳至"断开"位置，图 17-2 中 SA2-1、SA2-3 触点闭合，SA2-2 断开。

将工作台纵向操作手柄扳至"向左"或"向右"位置，行程开关 SQ5 或 SQ6 被压合，接触器 KM3 或 KM4 通电闭合，进给电动机 M2 启动正转或启动反转，通过机械装置带动工作台向左或向右运动。

将工作台横向合垂直手柄扳至"向下"或"向上"位置，行程开关 SQ3 或 SQ4 被压合，接触器 KM3 或 KM4 通电闭合，进给电动机 M2 启动正转或启动反转，通过机械装置带动工作台向下或向上运动。

将工作台横向合垂直手柄扳至"向前"或"向后"位置，行程开关 SQ3 或 SQ4 被压合，接触器 KM3 或 KM4 通电闭合，进给电动机 M2 启动正转或启动反转，通过机械装置带动工作台向前或向后运动。

当进给变速盘瞬时压合行程开关 SQ2 时，接触器 KM3 瞬时通电闭合，进给电动机 M2 瞬时启动运转，对进给变速齿轮进行冲动。

按下按钮 SB3 或 SB4，接触器 KM2 通电闭合，电磁铁 YC2 失电，YC3 通电，工作台快速向六个进给方向快速移动。

将圆工作台开关 SA2 扳至"接通"位置，SA2-1、SA2-3 断开，SA2-2 闭合，接触器 KM3 通电闭合，带动圆工作台工作。

17.2.2　X62W 铣床 PLC 改造

17.2.2.1　改造要求、方案

（1）X62W 万能铣床电气控制线路中的电源电路、主电路及照明电路保持不变。

（2）原铣床的工艺加工方法不变。

（3）在保留主电路的原有元件的基础上，不改变原控制系统电气操作方法。

（4）电气控制系统控制元件（包括按钮、行程开关、热继电器、接触器），作用与原电气线路相同。

（5）主轴和进给启动、制动、低速、高速和变速冲动的操作方法不变。

（6）在控制电路中，变压器 TC 的输出及整流器 VC 的输出部分去掉，用可编程控制器实现。

（7）为了保证各种连锁功能，将 SQ1～SQ6，SB1～SB6 分别接入 PLC 的输入端。

（8）换刀开关 SA1 和圆形工作台转换开关 SA2 分别用其一对常开和常闭触头接入 PLC 的输入端子。

（9）输出器件分三个电压等级，一个是接触器使用的 110V 交流电压，另一个是电磁离合器使用的 36V 直流电，还有一个是照明使用的 24V 或 36V 交流电压，这样也将 PLC 的输出口分为三组连接点。

通过对 X62W 万能铣床电气控制实现的原理和方法的掌握，明确了对 X62W 万能铣床运行进行成功控制，需要输入点 12 个，输出点 7 个，选 CPU226 即可。CPU226 是功能最强的单元，可完全满足 X62W 铣床的控制系统的要求。

17.2.2.2　I/O 分配表

I/O 分配见表 17-2。

表 17-2　X62W 万能铣床 I/O 分配表

序号	I/O 设备名称	I/O 地址	说　明	序号	I/O 设备名称	I/O 地址	说　明
	输　入　信　号				**输　出　信　号**		
1	SB1、SB2	I0.1	主轴电动机 M1 启动按钮	15	KM1	Q0.1	主轴电动机 M1 接触器
2	SB5、SB6	I0.0	主轴电动机 M1 制动停止按钮	16	KM2	Q1.2	快速进给接触器
3	SB3、SB4	I0.2	快速进给按钮	17	KM3	Q0.3	向右、前、下接触器
4	SQ1	I1.3	主轴冲动行程开关	18	KM4	Q0.4	向左、后、上接触器
5	SQ2	I1.4	进给冲动行程开关	19	YC1	Q1.0	主轴制动电磁铁
6	SQ3	I1.1	"向前"、"向下"行程开关	20	YC2	Q0.5	工作台常速移动电磁铁
7	SQ4	I1.2	"向后"、"向上"行程开关	21	YC3	Q0.6	工作台快速移动电磁铁
8	SQ5	I1.0	"向左"行程开关				
9	SQ6	I0.7	"向右"行程开关				
10	SA1	I0.3	换刀制动开关				
11	SA2	I2.6	圆工作台开关				
12	FR1	I1.5	主轴电动机热继电器				
13	FR2	I1.6	冷却泵电动机热继电器				
14	FR3	I1.7	进给电动机热继电器				

17.2.2.3　控制系统 PLC 接线图

控制系统 PLC 接线如图 17-3 所示。

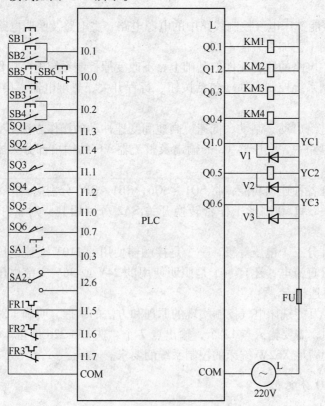

图 17-3　X62W 万能铣床 PLC 外接线图

17.2.2.4　PLC 程序

Network 1　　　// 主轴电动机 M1 启动按钮 SB1、SB2 对 KM1 的控制

LD	I0.1
O	M0.6
AN	I0.0
AN	I1.3
AN	I0.3
AN	I1.5
AN	I1.6
=	M0.6

Network 2　　　// 换刀制动开关、SA1 对 YC1 电磁铁的控制

LD	I0.0
O	I0.3
AN	Q0.1
=	Q1.0

Network 3　　　// 进给冲动行程开关 SQ2 对 KM3 的控制

LD	I1.4
AN	I0.7
AN	I1.0
AN	I1.1
AN	I1.2
AN	I0.0
AN	I1.7
AN	I0.5
AN	I0.3
AN	I1.5
AN	I1.6
=	M0.0

Network 4　　　// "向右"行程开关 SQ6 对 KM3 的控制

LD	I0.7
O	M0.1
AN	I1.4
AN	I1.0
AN	I1.1
AN	I1.2
AN	I0.0
AN	I1.7
AN	I0.5
AN	I0.3
AN	I1.5
AN	I1.6
=	M0.1

Network 5　　　// "向前"、"向下" 行程开关 SQ3 对 KM3 的控制
LD　　　I1.1
O　　　　M0.2
AN　　　I1.4
AN　　　I0.7
AN　　　I1.0
AN　　　I1.2
AN　　　I0.0
AN　　　I1.7
AN　　　I0.5
AN　　　I0.3
AN　　　I1.5
AN　　　I1.6
=　　　　M0.2

Network 6　　　// 圆工作台开关 SA2 对 KM3 的控制
LD　　　I2.6
AN　　　I1.4
AN　　　I0.7
AN　　　I1.0
AN　　　I1.1
AN　　　I1.2
AN　　　I0.0
AN　　　I1.7
AN　　　I0.3
AN　　　I1.5
AN　　　I1.6
=　　　　M0.3

Network 7　　　// 上面对 KM3 控制的综合
LD　　　M0.0
O　　　　M0.1
O　　　　M0.2
O　　　　M0.3
AN　　　Q0.4
LD　　　Q0.1
O　　　　Q1.2
ALD
=　　　　Q0.3

Network 8　　　// "向左" 行程开关 SQ5 对 KM4 的控制
LD　　　I1.0
O　　　　M0.4
AN　　　I1.4
AN　　　I0.7
AN　　　I1.1

```
AN      I1.2
AN      I0.0
AN      I1.7
AN      I0.3
AN      I1.5
AN      I1.6
=       M0.4
```

Network 9　　// "向后"、"向上" 行程开关 SQ4 对 KM4 的控制

```
LD      I1.2
O       M0.5
AN      I1.4
AN      I0.7
AN      I1.0
AN      I1.1
AN      I0.0
AN      I1.7
AN      I0.3
AN      I1.5
AN      I1.6
=       M0.5
```

Network 10　　// 上面对 KM4 控制的综合

```
LD      M0.4
O       M0.5
AN      I0.5
AN      Q0.3
LD      Q0.1
O       Q1.2
ALD
=       Q0.4
```

Network 11　　// 快速进给按钮 SB3、SB4 对 KM2 的控制

```
LD      I0.2
AN      I0.0
AN      I0.3
AN      I1.5
AN      I1.6
=       Q1.2
```

Network 12　　// 工作台常速移动电磁铁的控制

```
LD      Q0.1
AN      Q1.2
=       Q0.5
```

Network 13　　// 工作台快速移动电磁铁的控制

```
LD      Q0.1
A       Q1.2
```

```
   =        Q0.6
Network 14        // 主轴冲动行程开关对 KM1 的控制
LD       I1.3
AN       I0.1
AN       I0.3
AN       I1.5
AN       I1.6
   =        M0.7
Network 15        // 上面对 KM1 控制的综合
LD       M0.6
O        M0.7
```

17.3　知识拓展

X6132 万能卧式铣床。

17.3.1　X6132 铣床的结构

X6132 万能卧式铣床主要构造由床身、悬梁及刀杆支架、工作台、溜板和升降台等几部分组成，其外形图如图 17-4 所示。（说明：主要关注可移动部分的结构）

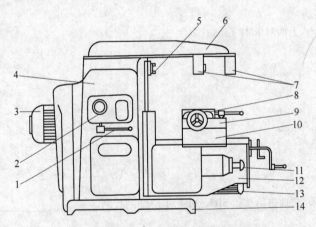

图 17-4　X6132 万能卧式铣床结构图

1—主轴变速手柄；2—主轴变速盘；3—主轴电动机；4—床身；5—主轴；6—悬架；
7—刀架支杆；8—工作台；9—转动部分；10—溜板；11—进给变速手柄及变速盘；
12—升降台；13—进给电动机；14—底盘

箱形的床身 4 固定在底盘 14 上，在床身内装有主轴传动机构及主轴变速操纵机构。在床身的顶部有水平导轨，其上装有带着一个或两个刀杆支架的悬梁。刀杆支架用来支撑安装铣刀心轴的一端，而心轴的另一端则固定在主轴上。在床身的前方有垂直导轨，一端悬挂的升降台可沿之作上下移动。在升降台上面的水平导轨上，装有可平行于主轴轴线方向移动（横向移动）的溜板 10。工作台 8 可沿溜板上部转动部分 9 的导轨在垂直与主轴轴线的方向移动（纵向移动）。这样，安装在工作台上的工件可以在三个方向调整位置或完成进给运动。此外，由于转动部分对溜板 10 可绕垂直轴线转动一个角度（通常为

±450），这样，工作台于水平面上除能平行或垂直于主轴轴线方向进给外，还能在倾斜方向进给，从而完成铣螺旋槽的加工。

17.3.2　X6132 铣床的运动情况

主运动：铣刀的旋转运动。

进给运动：工件相对于铣刀的移动。工作台的左右、上下和前后进给移动。

旋转进给移动：装上附件圆工作台。

工作台是用来安装夹具和工件。在横向溜板上的水平导轨上，工作台沿导轨作左、右移动。在升降台的水平导轨上，使工作台沿导轨前、后移动。升降台依靠下面的丝杠，沿床身前面的导轨同工作台一起上、下移动。

变速冲动：为了使主轴变速、进给变速时变换后的齿轮能顺利地啮合，主轴变速时主轴电动机应能转动一下，进给变速时进给电动机也应能转动一下。这种变速时电动机稍微转动一下，称为变速冲动。

其他运动有：进给几个方向的快移动运动；工作台上下、前后、左右的手摇移动；回转盘使工作台向左、右转动 ±450；悬梁及刀杆支架的水平移动。除进给几个方向的快移运动由电动机拖动外，其余均为手动。

进给速度与快移速度的区别，只不过是进给速度低，快移速度高，在机械方面由改变传动链来实现。

17.3.3　X6132 铣床加工的电气控制要求

X6132 铣床电气原理图如图 17-5 所示。

A　主运动——铣刀的旋转运动

机械调速：铣刀直径、工件材料和加工精度的不同，要求主轴的转速也不同。

正反转控制：顺铣和逆铣两种铣削方式的需要。

制动：为了缩短停车时间，主轴停车时采用电磁离合器机械制动。

变速冲动：为使主轴变速时变速器内齿轮易于啮合，减小齿轮端面的冲击，要求主轴电动机在变速时具有变速冲动。

B　进给运动——工件相对于铣刀的移动

运动方向：纵向、横向和垂直 6 个方向。

实现方法：通过操作选择运动方向的手柄与开关，配合进给电动机的正反转来实现的。

连锁要求：主轴电动机和进给电动机的连锁：在铣削加工中，为了不使工件和铣刀碰撞发生事故，要求进给拖动一定要在铣刀旋转时才能进行，因此要求主轴电动机和进给电动机之间要有可靠的连锁。

纵向、横向、垂直方向与圆工作台的连锁：为了保证机床、刀具的安全，在铣削加工时，只允许工作台作一个方向的进给运动。在使用圆工作台加工时，不允许工件作纵向、横向和垂直方向的进给运动。为此，各方向进给运动之间应具有连锁环节。

两地控制：便于操作。

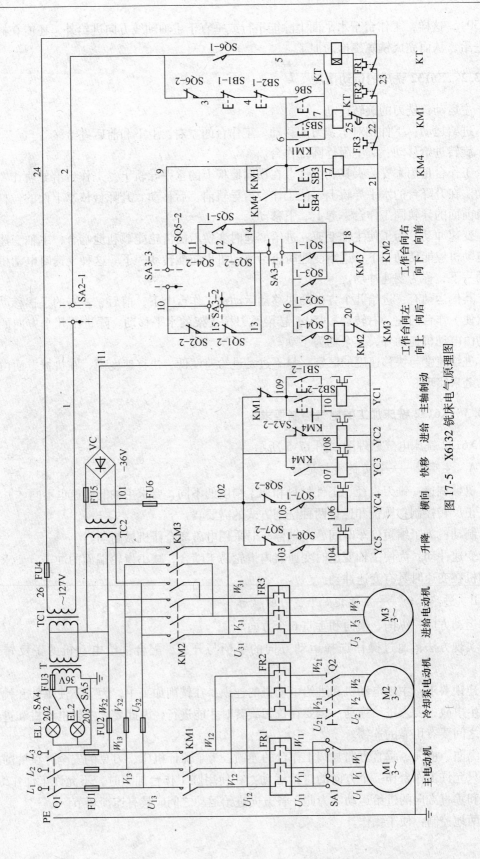

图 17-5　X6132 铣床电气原理图

冷却润滑要求：铣削加工中，根据不同的工件材料，也为了延长刀具的寿命和提高加工质量，需要切削液对工件和刀具进行冷却润滑，而有时又不采用，因此采用转换开关控制冷却泵电动机单向旋转。

此外还应配有安全照明电路。

17.3.4　X6132 铣床的主轴电动机控制线路分析

17.3.4.1　主轴的启动过程

换向开关 SA1 旋转到所需要的旋转方向→启动按钮 SB5 或 SB6 主轴电动机 M1 旋转。

17.3.4.2　主轴的停车制动过程

按下停止按钮 SB1 或 SB2。按停止按钮时应按到底使主轴制动离合器 YC1 因线圈通电而吸合使主轴制动，迅速停止旋转。

17.3.4.3　主轴的变速冲动过程

主轴变速时，首先将变速操纵盘上的变速操作手柄拉出，然后转动变速盘，选好速度后再将变速操作手柄推回。当把变速手柄推回原来位置的过程中，通过机械装置使冲动开关 SQ6-1 闭合一次，SQ6-2 断开。SQ6-2（2-3）断开→KM1 接触器断电；SQ6-1 瞬时闭合→时间继电器 KT 通电→其常开触点（5-7）瞬时闭合→接触器 KM1 瞬时通电→主轴电动机作瞬时转动，以利于变速齿轮进入啮合位置；同时，延时继电器 KT 线圈通电→其常闭触点（25-22）延时断开→KM1 接触器断电，以防止由于操作者延长推回手柄的时间而导致电动机冲动时间过长、变速齿轮转速高而发生打坏轮齿的现象。

主轴正在旋转，主轴变速时不必先按停止按钮再变速。这是因为当变速手柄推回原来位置的过程中，通过机械装置使 SQ6-2（2-3）触点断开，使接触器 KM1 因线圈断电而释放，电动机 M1 停止转动。

17.3.4.4　主轴换刀时的制动过程

为了使主轴在换刀时不随意转动，换刀前应将主轴制动。将转换开关 SA2 扳到换刀位置→其触点（1-2）断开了控制电路的电源，以保证人身安全；另一个触点（109-110）接通了主轴制动电磁离合器 YC1，使主轴不能转动。换刀后再将转换开关 SA2 扳回工作位置→触点 SA2-1（1-2）闭合，触点 SA2-2（109-110）断开→主轴制动离合器 YC1 断电，接通控制电路电源。

17.3.5　X6132 铣床的进给电动机控制

将电源开关 Q1 合上，启动主轴电机 M1，接触器 KM1 吸合自锁，进给控制电路有电压，就可以启动进给电动机 M3。

17.3.5.1　工作台纵向（左、右）进给运动的控制

先将圆工作台的转换开关 SA3 扳在"断开"位置，工作台纵向运动手柄扳到右边位

置，进给电动机 M3 就正向旋转，拖动工作台向右移动。将纵向进给手柄向左，进给电动机 M3 就反向转动→拖动工作台向左移动。当将纵向进给手柄扳回到中间位置（或称零位）时，进给电动机 M3 停止，工作台也停止。

终端限位保护的实现：在工作台的两端各有一块挡铁，当工作台移动到挡铁碰动纵向进给手柄位置时，会使纵向进给手柄回到中间位置，实现自动停车。这就是终端限位保护。调整挡铁在工作台上的位置，可以改变停车的终端位置。

17.3.5.2　工作台横向（前、后）和垂直（上、下）进给运动的控制

圆工作台转换开关 SA3 扳到"断开"位置。

操纵工作台横向联合向进给运动和垂直进给运动的手柄为十字手柄。它有两个，分别装在工作台左侧的前、后方。它们之间有机构连接，只需操纵其中的任意一个即可。手柄有上、下、前、后和零位共五个位置。进给也是由进给电动机 M3 拖动。

17.3.5.3　工作台的快速移动

为了缩短对刀时间，需要能控制工作台的快速移动。

主轴启动以后，将操纵工作台进给的手柄扳到所需的运动方向，工作台就按操纵手柄指定的方向作进给运动。这时如按下快速移动按钮 SB3 或 SB4，接通快速移动传动链。工作台按原操作手柄指定的方向快速移动。当松开快速移动按钮 SB3 或 SB4，工作台就以原进给的速度和方向继续移动。

17.3.5.4　进给变速冲动

为了使进给变速时齿轮容易啮合。在变速前有进给变速冲动环节。

先启动主轴电动机 M1，变速时将变速盘往外拉到极限位置，再把它转到所需的速度，最后将变速盘往里推。在推的过程中挡块压一下微动开关 SQ5，其常闭触点 SQ5-2（9-11）断开一下，同时，其常开触点 SQ5-1（11-14）闭合一下，接触器 KM2 短时吸合，进给电动机 M3 就转动一下。当变速盘推到原位时，变速后的齿轮已顺利啮合。

17.3.5.5　圆形工作台时的控制

圆形工作台主要铣削圆弧和凸轮等曲线。圆形工作台由进给电动机 M3 经纵向传动机构拖动。

圆形工作台转换开关 SA3 转到"接通"位置，SA3 的触点 SA3-2（13-16）断开，SA3-2（10-14）闭合，SA3-3（9-10）断开。工作台的进给操作手柄都扳到中间位置。

按下主轴启动按钮 SB5 或 SB6→接触器 KM1 吸合并自锁→KM1 的常开辅助触点（6-9）也同时闭合→接触器 KM2 也紧接着吸合→进给电动机 M3 正向转动，拖动圆形工作台转动。因为只能接触器 KM2 吸合，KM3 不能吸合，所以圆形工作台只能沿一个方向转动。

17.3.5.6　进给的连锁

主轴电动机与进给电动机之间的连锁：防止在主轴不转时，工件与铣刀相撞而损坏机床。

工作台各运动方向联锁：防止工作台两个以上方向同进给容易造成事故。

进给变速时两个进给操纵手柄都必须在零位：为了安全起见，进给变速冲动时不能有进给移动。

圆形工作台的转动与工作台的进给运动不能同时进行。

17.3.6 X6132 铣床的照明电路

照明变压器 T 将 380V 的交流电压降到 36V 的安全电压，供照明用。照明电路由开关 SA4、SA5 分别控制灯泡 EL1、EL2。熔断器 FU3 用作照明电路的短路保护。

整流变压器 TC2 输出低压交流电，经桥式整流电路供给五个电磁离合器以 36V 直流电源。控制变压器 TC1 输出 127V 交流控制电压。

17.4 技能训练

17.4.1 X62W 铣床电气控制线路检修

17.4.1.1 故障现象原因分析排除方法

X62W 铣床电气故障现象原因分析及排除方法见表 17-3。

表 17-3 X62W 铣床电气故障现象原因分析及排除方法

故 障 现 象	原 因 分 析	排 除 方 法
全部电动机都不能启动	（1）转换开关 QS1 接触不良； （2）熔断器 FU1、FU2 或 FU3 熔断； （3）热继电器 FR，动作； （4）瞬动限位开关 SQ7 的常闭触头 SQ7-2 接触不良	（1）检查三相电流是否正常，并检修 QS1； （2）查明熔断原因并更换 FU1 熔体； （3）查明 FR1 动作原因并排除； （4）检修 SQ7 的常闭触头
主轴电动机变速时无冲动过程	（1）瞬动限位开关的常开触头 SQ7-1 接触不良； （2）机械顶端不动作或未碰上瞬动限位开磁 SQ7	（1）检修 SQ7-1 的常开触头； （2）检修机械顶销使其动作正常
主轴停车时没有制动作用	（1）速度继电器常开触头 KS 或 KS2 未闭合或胶木摆杆断裂； （2）接触器 KM1 的联锁触头接触不良	（1）清除 KS 常开触头油污或调整触头压，更换胶木摆杆； （2）清除 KM1 联锁触头油污或调整触头压力
主轴停车封动后产生短时反向旋转	速度继电器 KS 动触片弹簧调得过松使触头分断过迟	调整 KS 动触片的弹簧压力
按停止按钮主轴不停	（1）接触器 KM1 主触头熔焊； （2）停止按钮触头断路	（1）找出原因，更换主触头； （2）要换停止按钮
进给电动机不能启动（主轴电动机能启动）	（1）接触器 KM3 或 KM4 线圈断线，主触头和联锁触头接触不良； （2）转换开关 SA1 或 SA2 接触不良	（1）检修 KM3 或 KM4 线圈和主触头及联锁触头； （2）检修 SA1 和 SA2

续表 17-3

故 障 现 象	原 因 分 析	排 除 方 法
工作台升降和横向进给正常，纵向（左右不能进给）	（1）限位开关 SQ3，SQ4 或 SQ6 的常闭触头中有一对接触不良，就不能进给； （2）限位开关 SQ1 的常开触头接触不良； （3）纵向操作手柄联动机构机械磨损	（1）检修 SQ3-2，SQ4-2 或 SQ6-2 常闭触头； （2）检修 SQ1-1 常开触头； （3）检修纵向操纵手柄联动机构
进给电动机没有冲动控制	冲动限位开关 SQ6 的常开触头接触不良	检修 6-1 常开触头
工作台不能快速进给	（1）接触器 KM5 线圈短路或主触头接触不良； （2）电磁铁 YA 线圈短路，机械卡阻或动铁芯超行程； （3）离合器摩擦片调整不当	（1）检修 KM5 接触器线圈或主触头； （2）检修电磁铁 YA 的线圈和铁芯； （3）调整离合器摩擦片

17.4.1.2　检修注意事项

（1）检修工具及仪表应符合使用要求。

（2）排除故障时，必须修复故障点，但不能采用元件代换法。

（3）检修时严禁扩大故障范围或产生新的故障点。

（4）带电检修时，必须先验电，必须有老师在场监护，确保安全。

（5）检修完毕后，经老师检查，确定后，方可复位。

（6）要立即断开所有电源方可离开。

17.4.1.3　故障检修

（1）一台 X62W 铣床制动正常，进给都不正常，试分析故障原因，写出故障排除方法。

（2）一台 X62W 铣床主轴电动机不转动，伴有很响的"嗡嗡"声，试分析故障原因，写出故障排除方法。

课 后 练 习

17-1　X62W 万能铣床主轴电动机正、反转切换为什么用组合开关？能否用接触器来代替？

17-2　X62W 万能铣床变压器 TC2 的变比为多少？用直流电压挡测量时为多少伏？为什么？

17-3　X62W 万能铣床整流器的作用是什么？用交流电压挡测量时会出现什么现象？

17-4　X62W 万能铣床电磁离合器 YC1 线圈烧毁后，会有什么后果？

17-5　X62W 万能铣床若熔断器 FU4 熔断后，会有什么后果？

学习情境 5 T68 镗床电气控制系统及改造

【知识要点】

1. 三相异步电动机的正反转控制原理、方法。
2. 三相异步电动机的降压启动控制原理、方法。
3. 三相异步电动机的正反转、丫—△降压启动控制的 PLC 控制原理。
4. 三相异步电动机正反转、丫—△降压启动、双速电机、自动往复的行程控制线的分析。
5. 三相异步电动机正反转、丫—△降压启动、双速电机、自动往复的行程控制线路的接线安装、检修。
6. T68 镗床控制线路的分析、设计、安装、维护、检修。
7. T68 镗床的一些基本控制的 PLC 初步改造。

任务 18 三相异步电动机的正反转控制及 PLC 改造

【任务要点】

1. 三相异步电动机的正反转控制实现的方法。
2. 三相异步电动机的正反转控制在机床电气控制中的应用。
3. 三相异步电动机的正反转控制应注意的问题。
4. 三相异步电动机正反转控制线路的安装、调试。
5. 三相异步电动机正反转控制线路的故障诊断方法与手段。
6. 三相异步电动机正反转控制的 PLC 改造。

18.1 任务描述与分析

18.1.1 任务描述

在实际的生产中，正反转控制的应用是非常普遍的。机床主轴的正转和反转，如：铣床主轴的正反转，机床工作台的前进与后退；起重机吊钩的上升与下降等，而对这些生产机械正反转的控制又经常都是通过对电动机的正反转控制来实现的。因此电动机的正反转控制是机床电气控制的一个非常重要的一个环节。

18.1.2 任务分析

本任务主要介绍三相异步电动机正反转控制的原理及方法；掌握正反转控制电路的分

析及设计；掌握三相异步电动机正反转控制线路的安装、调试；掌握三相异步电动机正反转控制线路的故障诊断方法与手段；掌握三相异步电动机正反转控制的 PLC 改造。

18.2　相关知识

18.2.1　三相异步电动机正反转的继电接触器控制

原理：改变电动机三相电源的相序，可改变电动机的旋转方向

实现方法有倒顺开关控制的正反转，按钮、接触器控制的正反转和位置开关控制的正反转。

18.2.1.1　倒顺开关的电动机正反转控制

电路图如图 18-1 所示。

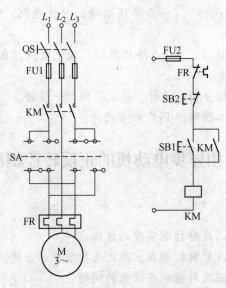

图 18-1　倒顺开关控制电动机的正反转线路

倒顺开关控制电动机的正反转适用于 5.5kW 以下的电动机电路，直接控制电动机正反转。

控制原理：首先合上电源隔离开关 QS，之后用倒顺开关 SA 选择电动机的运行方向，然后按下启动按钮 SB1，则接触器 KM 线圈得电并自锁，KM 主触头接通主电路电动机 M 直接启动运行。停止时，按下 SB2，接触器 KM 线圈失电，电动机停转。

FU1、FU2 实现对电路的短路保护，FR 对电动机进行过载保护，与 SB1 并联的 KM 常开辅助触头实现失压保护。

18.2.1.2　接触器控制电动机的正反转

电路图如图 18-2 所示。

控制原理：首先合上电源隔离开关 QS。

正转控制（反转控制），按下正转（或反转）启动按钮 SB1，接触器 KM1 线圈得电，

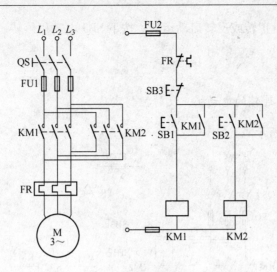

图 18-2　接触器控制的正反转控制线路

KM1 主触头闭合电动机 M 正转（或反转）启动运转，KM1 常开辅助触头闭合自锁。

反转控制（或正转控制），首先按下停止按钮 SB3，接触器 KM1 失电，电动机停转；然后按下反转（或正转）启动按钮 SB2，接触器 KM2 线圈得电，KM2 主触头闭合电动机 M 反转（或正转）启动运转，KM2 常开辅助触头闭合自锁。

缺点：操作不便，易产生故障。正、反转切换时，必须首先按下停止按钮，方能切换正、反转，如果正反转切换之间，不先按停止按钮，否则会造成电动机主电路短路的事故发生。

18.2.1.3　按钮连锁的电动机正反转控制

电路图如图 18-3 所示。

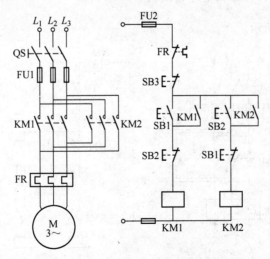

图 18-3　按钮连锁控制的正反转线路

控制原理：首先合上电源隔离开关 QS，按下启动按钮 SB1 或 SB2，接触器 KM1 或

KM2 线圈得电，电动机正转或反转启动运转。按下 SB3 电动机停转。

优点：操作方便。

缺点：易产生事故。

18.2.1.4　接触器连锁的电动机正反转控制线路

电路图如图 18-4 所示。

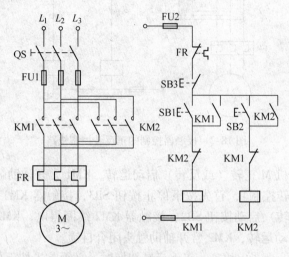

图 18-4　按钮控制的正反转控线路

控制原理：与图 18-2 接触器控制的正反转控制线路原理相同。

优点：安全可靠。

缺点：操作不便。

18.2.1.5　接触器、按钮双重连锁控制

电路图如图 18-5 所示。

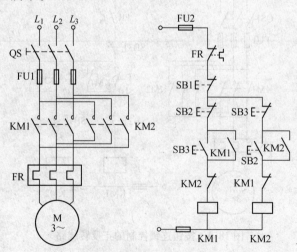

图 18-5　接触器、按钮双重连锁控制的正反转控制线路

控制原理：正反转切换直接按下 SB2、SB3 即可，停止时按下 SB1。

这种控制方案，安全可靠，操作方便。是电动机正反转控制应用中常用的方法。

18.2.1.6　位置开关控制

有些生产机械如万能铣床，要求工作台在一定距离内能自动往返，通常利用行程开关控制电动机正反转实现。这部分内容放在后面讲解。

18.2.2　PLC 控制三相异步电动机的正反转

18.2.2.1　双重连锁正反转控制线路

双重连锁正反转控制线路如图 18-5 所示。

18.2.2.2　分析控制要求，列 I/O 分配表

通过对异步电动机正反转电气控制实现的原理和方法的掌握，明确了要对异步电动机正反转进行成功控制，需要输入点 4 个，输出点 2 个即可。见表 18-1。

表 18-1　双重连锁正反转控制 I/O 分配表

I/O 设备名称	I/O 地址	说　　明
FR	I0.0	热保护（常闭触点）
SB1	I0.1	停止按钮（常闭触点）
SB2	I0.2	正转启动按钮（常开点）
SB3	I0.3	反转启动按钮（常闭开点）
KM1	Q4.0	正转接触器线圈
KM2	Q4.1	反转接触器线圈

18.2.2.3　I/O 接线示意图

双重连锁正反转 PLC 控制外接线如图 18-6 所示，其 PLC 控制外接线梯形图如图 18-7 所示。

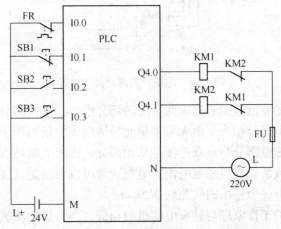

图 18-6　双重连锁正反转 PLC 控制外接线图

18.2.2.4　程序设计及调试

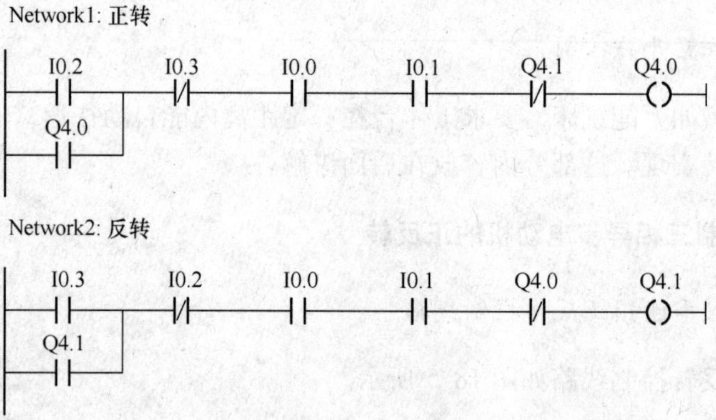

Network1: 正转

Network2: 反转

图 18-7　双重连锁正反转 PLC 控制梯形图

18.3　知识拓展

电磁转差离合器调速

18.3.1　电磁转差离合器调速原理及机械特性

电磁转差离合器调速异步电动机，是由普通的鼠笼式异步电动机和电磁转差离合器组成的。其结构等如图 18-8 所示。由于结构简单、调速范围广、控制功率小、启动性能好、调速平滑性很好，广泛用于纺织、造纸、烟草等机械上以及具有泵类负载特性的设备上。

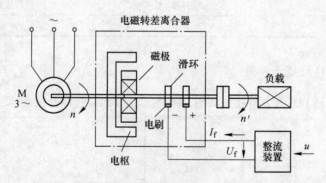

图 18-8　电磁转差离合器结构图

电磁转差离合器主要由电枢和磁极两个旋转部分组成，电枢部分与三相异步电动机相连，是主动部分。电枢部分相当于由无穷多单元导体组成的鼠笼转子，其中流过的涡流类似于鼠笼式的电流。磁极部分与负载连接是从动部分，磁极上励磁绕组通过滑环，电刷与整流装置连接，由整流装置提供励磁电流。电枢通常可以装鼠笼式绕组，也可以是整块铸钢。电枢与磁极之间有一个很小的气隙约 0.5mm。

电磁转差离合器的工作原理与异步电动机的相似。当异步电动机运行时，电枢部分随异步电动机的转子同速旋转，转速为 n，转向设为逆时针方向。若磁极部分的励磁绕组通

入的励磁电流 $I_f = 0$ 时，磁极的磁场为零，电枢与磁极二者之间既无电的联系又无磁的联系，无电磁转矩产生，磁极及关联的负载是不会转动的，这时负载相当于与电机"离开"。若磁极部分的励磁绕组通入的励磁电流 $I_f \neq 0$ 时，磁极部分则产生磁场，磁极与电枢二者之间就有了磁的联系。由于电枢与磁极之间有相对运动，电枢鼠笼式导体要适应电动势并产生电流，用右手法则可判定适应电流的方向如图 18-9 所示。电枢载流导体受磁极的磁场作用产生作用于电枢上的电磁力 f 和电磁转矩 T'，用左手定则可以判定 T' 的方向与电枢的旋转方向相反，是制动转矩，它与作用在电枢上的输入转矩 T 相平衡。而磁极部分则受到与电枢部分大小相等的，方向相反的电磁转矩，也就是逆时针方向的电磁转矩 T'。在它的作用下，磁极部分的负载跟随电枢转动，转速为 n'，

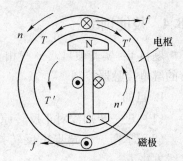

图 18-9　电磁转差离合器原理图

此时负载相当于被"合上"，而且负载转速 n' 始终小于电动机转速 n，即电枢与磁极之间一定要有转差 $\Delta n = n - n'$。这种基于电磁适应原理，使电枢与磁极之间产生转差的设备称为电磁转差离合器。

由于异步电动机的固有机械特性较硬，可以认为电枢的转速 n 是恒定不变的，而磁极的转速 n' 取决于磁极绕组的电流 I_f 的大小。只要改变磁极电流 I_f 的大小，就可以改变磁场的强弱，则磁极和负载转速 n' 就不同，从而达到调速的目的。

电磁转差离合器改变励磁电流时的机械特性如图 18-10 所示。

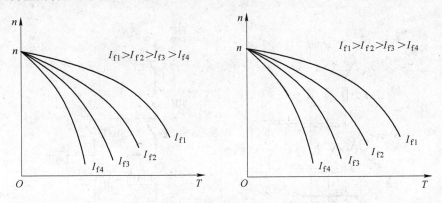

图 18-10　电磁转差离合器的机械特性

18.3.2　调速方法的特点和性能

其特点和性能为：

（1）电磁转差离合器设备简单，控制方便，可平滑调速。

（2）电磁转差离合器的机械特性较软，转速稳定性较差，调速范围较低。采用下述闭环控制系统的调速范围一般可达到 10:1。

（3）电磁转差离合器与三相鼠笼式异步电动机装成一体，即同一个机壳时，称为滑差电机或电磁调速异步电动机。

（4）低速时转动功率损耗较大，效率较低。

18.3.3　电磁调速异步电动机控制电路

电路图如图 18-11 所示。

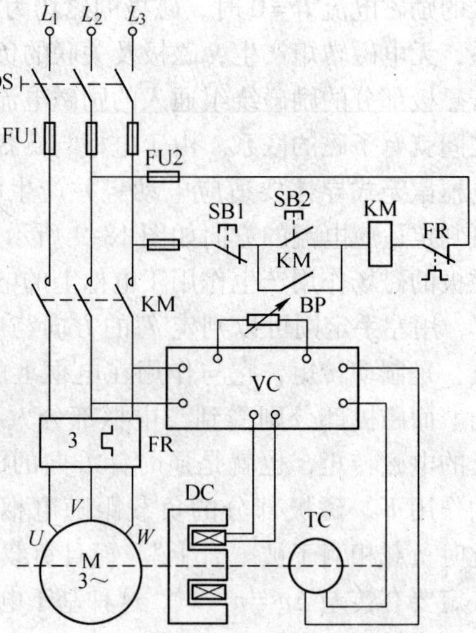

18.4　技能训练

题目 1：实验项目八　三相异步电动机正反转的继电接触器控制

1. 目的

（1）进一步加深对正反转原理的认识。

（2）掌握三相异步正反转控制线路的安装接线方法了。

（3）学会对三相异步电动机正反转控制线路故障进行排查，并能进行相应的处理。

2. 仪器及设备

（1）电机综合实验装置。

（2）三相鼠笼异步电动机。

（3）导线。

3. 方法、步骤

（1）三相异步电动机正反转控制线路按如图 18-12 所示接线，经检查确认无误后，方可通电源。

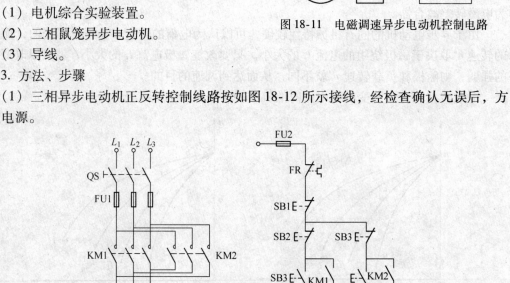

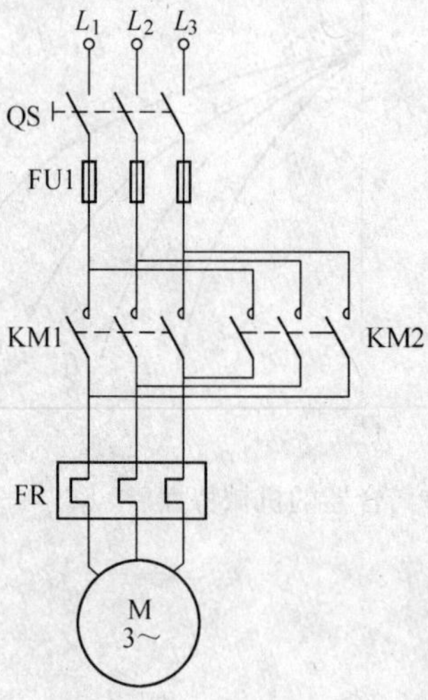

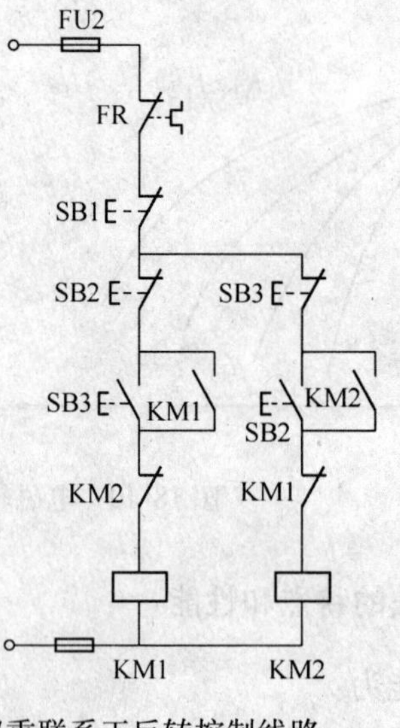

图 18-11　电磁调速异步电动机控制电路

图 18-12　三相异步电动机双重联系正反转控制线路

（2）按下 SB2（SB3），电动机正转启动，按下 SB3（SB2），电动机反转。

（3）按下 SB1，电动机停转。

题目 2：实验项目九　PLC 控制三相异步电动机的正反转

1. 目的

（1）了解并掌握三相异步电动机双重连锁正反转控制的原理。

（2）进一步熟悉 STEP 7 软件的基本使用方法。

（3）掌握运用 PLC 设计或改造"继电-接触器"控制系统的基本方法。

（4）掌握常用指令的应用。

2. 设备、器件

THSMS-D 型 PLC 实验装置、导线。

3. 方法、步骤

（1）依据双重连锁控制要求，参照图 18-12，分析 PLC 控制所需输入点 4 个（即过载保护、停止按钮、正转启动、反转启动），输出点 2 个（即正转接触器线圈、反转接触器线圈）。画出 I/O 地址分配图。

（2）画出 PLC 外接线图并进行接线。

（3）进行程序设计并进行调试。

课 后 练 习

18-1　电动机"正—反—停"控制线路中，复合按钮已经起到了互锁作用，为什么还要用接触器的常闭触点进行连锁？

18-2　什么是电气控制电路中的自锁和连锁？举例说明其用途。

18-3　设计三相异步电动机正、反转控制线路。

控制要求：

（1）电路具有正、反转互锁功能。

（2）从正转→反转，或从反转→正转时，可直接转换。

（3）具有短路、过载保护功能。

设计要求：

（1）设计并绘出采用继电—接触器控制的电动机主电路和控制电路。

（2）设计并绘出 PLC 控制的安装接线图。

（3）绘出 PLC 梯形图。

（4）编写 PLC 指令程序。

任务 19　三相笼型异步电动机的降压启动控制及丫—△降压启动控制的 PLC 改造

【任务要点】

1. 三相异步电动机的降压启动控制实现的原理、方法。
2. 三相异步电动机的降压启动控制线路分析及设计。
3. 三相异步电动机的降压启动控制线路的安装、调试。
4. 三相异步电动机的降压启动控制线路的故障诊断方法与手段。
5. 三相异步电动机丫—△降压启动控制的 PLC 改造。

19.1　任务描述与分析

19.1.1　任务描述

当三相异步电动机容量超过直接启动容量的限制后，降压启动是常采用的方法之一。对三相异步电动机机采用降压启动控制可以限制启动电流；降低供电线路因电动机启动引起的电压降；限制由于电动机启动引起的对生产机械的冲击。

19.1.2　任务分析

本任务主要介绍三相异步电动机丫—△降压启动控制的原理及方法；掌握丫—△降压启动控制线路的分析及设计；掌握三相异步电动机丫—△降压启动控制线路的安装、调试；掌握三相异步电动机丫—△降压启动控制线路的故障诊断方法与手段；掌握三相异步电动机丫—△降压启动控制的 PLC 改造。

19.2　相关知识

利用启动设备将电压适当降低后，加到电动机的定子绕组上进行启动，待电动机启动运转后，再使其电压恢复到额定电压正常运转。

19.2.1　定子电路串电阻降压启动控制

在电动机启动时，在三相定子电路中串接电阻，使电动机定子绕组电压降低，启动结束后再将电阻切除，使电动机在额定电压下正常运行。正常运行时定子绕组接成丫形的笼型异步电动机，可采用这种方法启动。如图 19-1 所示为定子绕组串电阻启动电路图。

电路工作原理如下：

首先合上电源开关 QS。

按下 SB1
- KM1 线圈得电
  - →KM1 主触点闭合→电动机 M 串电阻降压启动
  - →KM1 辅助动合触点闭合，自锁
- KT 线圈得电 —经过一段时间→ KT 延时动合触点闭合→KM2 线圈得电→
  - KM2 主触点闭合→切除起动电阻 R，电动机 M 在全压下稳定运行
  - →KM2 辅助动合触点闭合，自锁
  - KM2 辅助动断触点分断→KM1 和 KT 线圈失电，所有触头复位

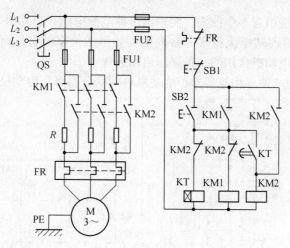

图 19-1　定子绕组串电阻启动线路

19.2.2　丫—△降压启动控制

丫—△降压启动控制原理是：启动时把绕组接成星形连接，启动完毕后再自动换接成三角形接法而正常运行。正常运行时定子绕组接成三角形的笼型异步电动机，均可采用这种降压启动方法（该方法也仅适用于这种接法的电动机）。

如图 19-2 所示是用两个接触器和一个时间继电器自动完成丫—△转换的启动控制电路。

由图可知，按下 SB2 后，接触器 KM1 得电并自锁，同时 KT、KM3 也得电，KM1、KM3 主触头同时闭合，电机以星形接法启动。当电机转速接近正常转速时，到达通电延时型时间继电器 KT 的整定时间，其延时动断触头断开，KM3 线圈断电，延时动合触头闭合，KM2 线圈得电，同时 KT 线圈也失电。这时，KM1、KM2 主触头处于闭合状态，电动机绕组转换为三角形连接，电机全压运行。图中把 KM2、KM3 的动断触头串联到对方线圈电

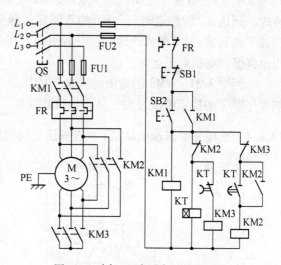

图 19-2　丫—△降压启动控制线路

路中，构成"互锁"电路，避免 KM2 与 KM3 同时闭合，引起电源短路。

在电机丫—△启动过程中，绕组的自动切换由时间继电器 KT 延时动作来控制。这种控制方式称为按时间原则控制，它在机床自动控制中得到广泛应用。KT 延时的长短应根据启动过程所需时间来整定。

19.2.3　自耦变压器降压启动控制

正常运行时定子绕组接成丫形的笼型异步电动机，还可用自耦变压器降压启动。电动机启动时，定子绕组加上自耦变压器的二次电压，一旦启动完成就切除自耦变压器，定子绕组加上额定电压正常运行。

自耦变压器二次绕组有多个抽头，能输出多种电源电压，启动时能产生多种转矩，一般比丫—△启动时的启动转矩大得多。自耦变压器虽然价格较贵，而且不允许频繁启动，但仍是三相笼型异步电动机常用的一种降压启动装置。

如图 19-3 所示为一种三相笼型异步电动机自耦变压器降压启动控制电路。

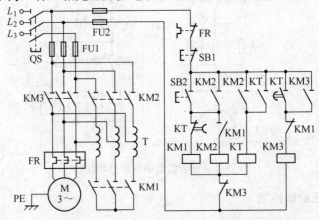

图 19-3　自耦变压器降压启动控制线路

其工作过程是：合上隔离开关 QS，按下 SB2，KM1 线圈得电，自耦变压器作丫连接，同时 KM2 得电自保，电动机降压启动，KT 线圈得电自保；当电机的转速接近正常工作转速时，到达 KT 的整定时间，KT 的常闭延时触点先打开，KM1、KM2 先后失电，自耦变压器 T 被切除，KT 的常开延时触点后闭合，在 KM1 的常闭辅助触点复位的前提下，KM3 得电自保，电机全压运转。

电路中 KM1、KM3 的常闭辅助触点的作用是：防止 KM1、KM2、KM3 同时得电使自耦变压器 T 的绕组电流过大，从而导致其损坏。

19.2.4　三相笼型异步电动机丫—△降压启动控制的 PLC 改造

三相笼型异步电动机丫—△降压启动控制电路如图 19-4 所示。

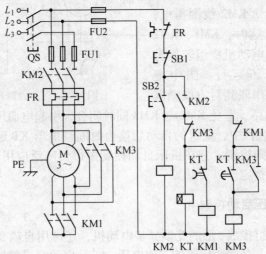

图 19-4　丫—△降压启动控制线路

19.2.4.1 分析控制要求，列 I/O 分配表

通过对三相笼型异步电动机丫—△降压启动控制电气控制实现的原理和方法的掌握，明确了要对三相笼型异步电动机丫—△降压启动控制进行成功控制，需要输入点 4 个，输出点 2 个即可。见表 19-1。

表 19-1 三相笼型异步电动机丫—△降压启动控制 I/O 分配表

I/O 设备名称	I/O 地址	说 明
SB1	I0.0	停止按钮（常闭触点）
SB2	I0.1	正转启动按钮（常闭开点）
FR	I0.2	热保护（常闭触点）
SB3	I0.3	反转启动按钮（常闭开点）
KM2	Q4.0	电源
KM1	Q4.1	丫降压启动
KM3	Q4.2	△运行

19.2.4.2 I/O 接线示意图

I/O 接线示意图如图 19-5 所示。

19.2.4.3 程序设计及调试

丫—△降压启动 PLC 控制梯形图如图 19-6 所示。

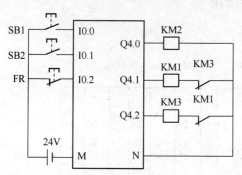

图 19-5 三相笼型异步电动机丫—△降压
启动 PLC 控制外接线图

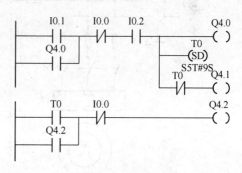

图 19-6 三相笼型异步电动机丫—△降压
启动 PLC 控制梯形图

19.3 知识拓展

三相绕线式异步电动机转子串电阻启动控制。

三相绕线式异步电动机，可以通过滑环在转子绕组中串接电阻来改善电动机的机械特性，从而达到减小启动电流、增大启动转矩以及调节转速的目的。

启动时，在转子回路串入作丫形连接、分级切换的三相启动电阻器，以减小启动电流、增加启动转矩。随着电动机转速的升高，逐级减小可变电阻。启动完毕后，切除可变电阻器，转子绕组被直接短接，电动机便在额定状态下运行。

如图 19-7 所示为按钮控制三相绕线式异步电动机转子串电阻启动控制线路。

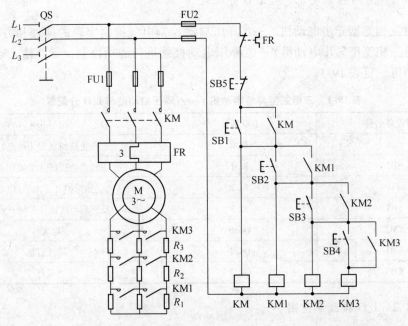

图 19-7　按钮控制三相绕线式异步电动机转子串电阻启动控制电路

如图 19-8 所示为按时间控制的三相绕线式异步电动机转子串电阻启动控制电路。

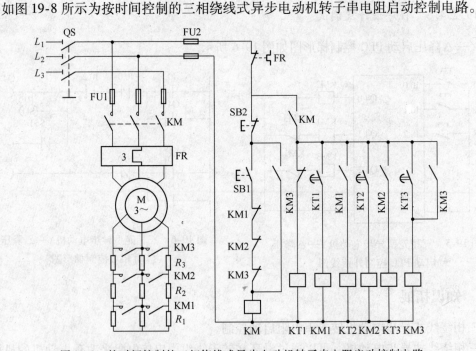

图 19-8　按时间控制的三相绕线式异步电动机转子串电阻启动控制电路

19.4　技能训练

题目：实验项目十　三相异步电动机星—三角形降压启动控制

1. 目的

（1）能读懂电路图，理解电路的工作原理。

（2）熟知电路中各电器元件的作用。

（3）能根据电气原理图按照工艺要求装接电路。

（4）会用万用表检测电路的准确性。

（5）会借助万用表排除电路故障。

2. 仪器及设备

（1）电机综合实验装置。

（2）三相鼠笼异步电动机。

（3）连接导线。

（4）相关电工常用工具。

3. 方法、步骤

（1）三相异步电动机Y—△降压启动控制按图 19-2 接线，经检查确认无误后，方可通电源。

（2）按下 SB2，三相异步电动机定子接成Y形降压启动。

（3）时间继电器整定时间一到则三相异步电动机定子接成△形在全压下稳定运行。

课 后 练 习

19-1　说说三相笼式异步电动机常用Y—△降压启动控制方法有哪些？并比较各种方法的优劣。

19-2　试用 PLC 实现图 19-2 所示的Y—△降压启动控制电路。

要求：

（1）列 I/O 分配表。

（2）画出 I/O 接线示意图。

（3）设计 PLC 控制梯形图。

任务 20　三相笼型异步电动机自动往复控制线路及 PLC 改造

【任务要点】

1. 三相异步电动机自动往复控制的工作原理、方法。
2. 三相异步电动机自动往复线路控制线路的分析及设计。
3. 三相异步电动机自动往复控制线路的安装、调试。
4. 三相异步电动机自动往复控制线路的故障诊断方法与手段。
5. PLC 对三相异步电动机自动往复控制进行设计改造。

20.1　任务描述与分析

20.1.1　任务描述

三相异步电动机自动往复控制线路在生产实际中的应用是十分普遍的。如：铣床工作台的自动往返运动；刨床、立式车床、钻床、加热炉上料小车、吊车行走小车等都要求有自动往返运动控制。

20.1.2　任务分析

本任务主要介绍三相异步电动机自动往复控制实现的原理及方法；掌握三相异步电动机自动往复控制线路的分析及设计；掌握三相异步电动机自动往复控制线路的安装、调试；掌握三相异步电动机自动往复控制线路的故障诊断方法与手段；掌握三相异步电动机自动往复控制的 PLC 改造。

20.2　相关知识

20.2.1　三相异步电动机自动往复行程开关控制

在生产中，有些机械的工作需要自动往复运动，（例如：钻床的刀架、万能铣床、立式车床的工作台等）。为了实现对这些生产机械的自动控制，要求工作台在一定距离内能自动往复，这就需要确定运动过程中的位置，一般情况下，常用的是采用行程开关实现对电动机自动往复控制。

20.2.1.1　行程开关控制的自动往复运动示意图

自动往复运动如图 20-1 所示。

20.2.1.2　自动往复控制工作原理

如图 20-2 所示为自动往复循环控制线路原理，KM1、KM2 分别为电动机正、反转接触器。启动时，合上电源开关 QF，按下正转按钮 SB2，KM1 线圈通电并自锁，主触点接

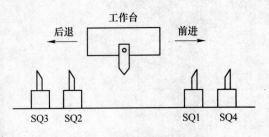

图 20-1　自动往复运动示意图

通主电路，电动机正转，带动运动部件前进。当运动部件到左端的位置 SQ1 时，机械挡铁碰到 SQ1，其动断点断开，切断 KM1 线圈电路，使其主、辅助点复位，KM1 的动断触点闭合及 SQ1 的动合触点闭合使接触器 KM2 线圈通电并自锁，电动机定子绕组电源相序改变，电动机进行反接制动，转速迅速下降，然后反向启动，带动运动部件反向后退运动。当运动部件到右端位置 SQ2 时，其上的挡铁撞压行程开关 SQ2，SQ2 动作，动断触点断开使 KM2 线圈断电，SQ2 的动合触点闭合使 KM1 线圈电路接通，电动机先进行反接制动再反向启动，带动运动部件前进。这样，运动部件自动进行往复运动。当按下停止按钮 SB1 时，电动机停止运行。SQ3 与 SQ4 为超极限保护，当 SQ1 与 SQ2 触头不起作用时起保护作用，防止飞车事故。

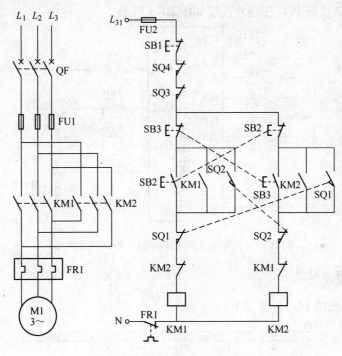

图 20-2　自动往复控制线路图

20.2.2　PLC 控制三相异步电动机的自动往复控制

20.2.2.1　根据控制要求，设计 PLC I/O 分配表

通过对异步电动机自动往复控制线路的原理分析，明确掌握运用 PLC 对异步电动机自动往复控制线路进行设计，需要输入点 6 个，输出点 3 个，在选择 PLC 输入/输出模块时，可留有余量，以后备用。见表 20-1。

表 20-1　自动往复控制 PLC I/O 分配表

设 备 名 称	I/O 地址分配表	说　　明
SB1	I0.0	停止按钮，常闭触点
SB2	I0.1	反向启动按钮，常开触点
SB3	I0.2	正向启动按钮，常开触点

设 备 名 称	I/O 地址分配表	说　明
SQ1	I0.3	左极限
SQ2	I0.4	右极限
FR	I0.5	热接电器，常闭触点
HL	Q0.0	故障报警灯
KM1	Q0.1	接触器线圈 1
KM2	Q0.2	接触器线圈 2

20.2.2.2　I/O 接线示意图

自动往复控制线路 PLC 控制外接线如图 20-3 所示。

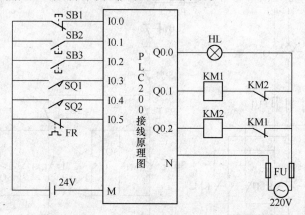

图 20-3　自动往复控制线路 PLC 控制外接线图

20.2.2.3　程序设计

采用 LAD 编辑的 PLC 程序如下：

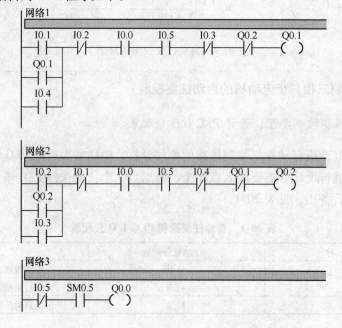

20.2.2.4　程序运行调试程序

（1）按下按钮 SB2，输出继电器 Q0.1 接通，电机启动。

（2）电机自动往返运行直至按下停止按钮。

（3）按下停止按钮 SB1，电机停止运行。

（4）FR 过载输出 Q0.0，指示灯 HL 灯亮，电机停止运行。

20.3　知识拓展

在实际生产过程中，自动往复循环控制线路，常用于钻床的刀架、万能铣床、立式车床的工作台，高炉上料小车，电动阀门，起重机等，运动部件每往返一次，电动机就要经受两次反接制动过程，将出现较大的反接制动电流和机械冲击力。因此，这种线路只适用于循环周期较长，电动机功率比较小的生产机械设备。在选择接触器容量时，一般情况下选择比原来大一级容量的接触器，尽量选择有机械连锁的接触器，控制电路必需要求有机械与电气连锁。在进行限位开关调试时，按照电气原理图接线后，要检查电动机的转向与限位开关是否协调。例如，电动机正转（KM1）吸合，检查运动部件是否到所需要反向的位置，挡铁应该撞到限位开关 SQ1，否则，电动机不会反向。如果电动机转向与限位开关不协调，改变三相异步电动机的电源相序即可。

三相异步电动机钻孔加工过程自动控制：钻床的钻头与刀架分别由两台三相异步电动机拖动。如图 20-4 所示为钻削加工钻头的示意图，其工艺要求为：刀架能够由位置 A 移动到位置 B 停车，进行无进给刀削，当孔的表面达到要求后，自动返回位置 A 停车。

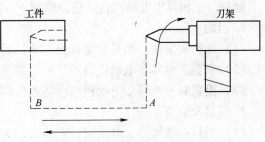

图 20-4　自动往复控制示意图

如图 20-5 所示为刀架自动循环无进给刀削的控制线路。图中，SQ1、SQ2 分别安装于 A、B 位置的行程开关，KM1、KM2 为电动机正、反转接触器。为了提高加工精度，当刀架移动到位置 B 时，要求在无进给情况下进行磨光，磨光后刀架退回位置 A 停车。这个过程的变化参量有工件内圆的表面光洁度和时间，最理想的是根据切削表面的光洁度不易直接测量无进给切削时间。

无进给刀削的控制线路工作过程如下：合上电源开关后，按下启动按钮 SB2，接触器 KM1 线圈通电并自锁，KM1 主触点闭合，电动机正向运转，刀架前进。但刀架到达位置 B 时，撞压行程开关 SQ2，其动断触点断开，KM1 线圈失电，电动机停止工作，刀架停止进给。但钻头由另一台电动机拖动继续旋转，同时，SQ2 的动合触点闭合，接通时间继电器 KT1 的线圈，时间继电器开始给无进给刀削计时。到达预定时间后，时间继电器 KT1 动合触点延时闭合，这时反向接触器 KM2 线圈通电并自锁，KM2 动合主触点闭合，电动机反相序接通，刀架开始返回，到达位置 A 时，撞压行程开关 SQ1，其动断触点断开，KM2 线圈失电，电动机停止运行，完成一个周期的工作。

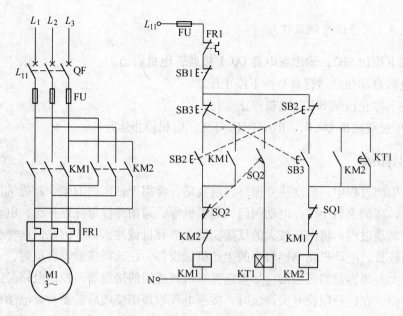

图 20-5　无进给刀削的控制线路

20.4　技能训练

题目：三相异步电动机自动往返控制

1. 目的

（1）理解和掌握三相异步电动机自动往返控制线路的工作原理。

（2）学会三相异步电动机自动往返控制线路的制作。

（3）提高对三相异步电动机自动往返控制线路故障排查处理能力。

2. 仪器及设备

（1）工具：螺丝刀、电工钳、剥线钳、尖嘴钳等。

（2）仪表：万用表 1 只。

（3）器材：见表 20-2。

表 20-2　技能训练所需器材

符　号	名　称	型 号 规 格	数　量
QF	断路器	DZ47LE-32	1
FU2	熔断器	RL1-15	1
FU1	3P 熔断器	RT18-32	3
KM1、KM2	接触器	CJ20-10	2
SB1、SB2、SB3	按钮	LA19-11	3
SQ1、SQ2	行程开关	LX19-001	2
M	三相交流异步电动机	YS-5024W	1
FR	热继电器	JR36-20	1
	端子排、导线		各适量

3. 方法、步骤

（1）自动往返循环控制线路工作示意图。

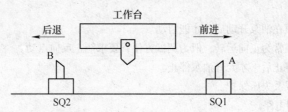

（2）自动往返循环控制线路图。如图 20-6 所示。

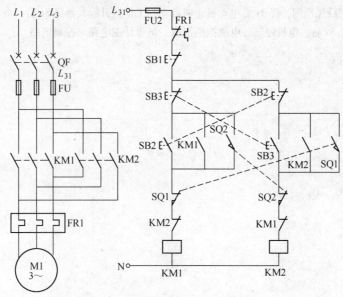

图 20-6 三相异步电动机自动往返控制线路

1）分析电气工作原理。

2）弄清电器元件名称，熟悉各电器元件的作用、结构形式以及安装方法。

3）按照图 20-6 所示三相异步电动机自动往返控制电气原理图，绘制电器布置图，电气接线图的草图，经过指导老师检查绘制出正规的电器布置图。

4）三相异步电动机自动往返控制线路按图 20-6 所示接线，经检查确认无误后，方可通电源。

5）安装完毕后，应仔细检查是否有误，如有误应改正，然后向指导老师提出通电请求，经同意后才能通电试车。

6）通电试车时，不得对线路进行带电改动。出现故障时必须断电进行检修，检修完毕后必须再次向指导老师提出通电请求，直到试车达到满意为止。

7）操作启动和停止按钮，认真观察电动机的启动、低速、高速运行、停车情况。

8）完成实习报告。

课 后 练 习

20-1 某机床由一台润滑油泵三相异步电动机拖动和另一台主轴三相异步电动机拖动，均采用直接启动，工艺要求如下：

(1) 主轴电机必须在油泵开动后，才能启动。

(2) 主轴电动机正常为正向运转，但为调试方便，要求能正反向点动。

(3) 主轴电动机停止后，才允许油泵停止。

(4) 有短路、过载及失压保护。

20-2　试设计电路及控制电路。

某升降台由一台三相异步电动机拖动，采用直接启动，制动由采用电磁抱闸控制。控制要求为：按下启动按钮后先松闸，经 3s 后电动机正向启动，工作台升起，再经 5s 后，电动机自动反向，工作台下降，经 5s 后，电机停转，电磁抱闸抱紧，试设计主电路与控制电路。

任务 21　双速异步电动机控制及 PLC 改造

【任务要点】

1. 双速异步电动机控制的工作原理、方法。
2. 双速异步电动机控制线路的分析及设计。
3. 双速异步电动机控制线路的安装、调试。
4. 双速异步电动机控制线路的故障诊断方法与手段。
5. 双速异步电动机控制的 PLC 设计改造。

21.1　任务描述与分析

21.1.1　任务描述

双速异步电动机属于异步电动机变极调速电动机，是通过改变定子绕组的连接方法达到改变定子旋转磁场磁极对数，从而改变电动机的转速。变极调速具有实现成本低、功耗小、输出力矩刚性好的特点，因此在车床、镗床、冷拔拉管机、金属切削机床、通风机、水泵和升降机等都有所应用。

21.1.2　任务分析

本任务主要介绍双速异步电动机控制实现的原理及方法；掌握双速异步电动机控制线路的分析及设计；掌握双速异步电动机控制的安装、调试；掌握双速异步电动机控制线路的故障诊断方法与手段；掌握双速异步电动机控制的 PLC 改造方法、技能。

21.2　相关知识

21.2.1　三相异步电动机调速控制

随着电力电子、计算机控制以及矢量控制等技术的进步，交流变频调速技术得以迅速发展，将成为未来调速的主要方向。但是，目前在工业现场仍存在一些广泛地使用三相异步电动机调速装置，例如：三相异步电动机的变极调速、三相绕线转子感应电动机改变转子电路电阻实现调速、电磁滑差离合器调速等。下面仅将对变极调速的控制线路进行介绍。

21.2.1.1　多速感应异步电动机控制原理

A　电动机工作原理

三相异步电动机转速表达式为：

$$n = (1 - S)60f/p$$

式中　n——电动机的转速；

f——电源频率；

p——电动机的极对数；

S——转差率。

通过上述表达式可以看出，当电源频率 f 固定以后，三相异步电动机的同步转速与它的磁极对数成反比。因此，只要改变电动机定子绕组磁极对数，也就能改变它的同步转速，从而改变转子转速。在改变定子极数时，转子极数也必须同时改变。为了避免在转子方面进行变极改接，变极电动机常用笼型转子，因为笼型转子本身没有固定的极数，它的极数随定子磁场极数确定，不用人为改变。

B　电动机结构方式

磁极对数的改变可用两种方法：第一种方法是在定子上装置两个独立的绕组，各自具有不同的极数；第二种方法是在一个绕组上，通过改变绕组的连接来改变极数，或者说改变定子绕组每相的电流方向，由于构造的复杂，通常速度改变的比值为 2:1。如果希望获得更多的速度等级，例如四速电动机，可同时采用上述两种方法，即在定子上装置两个绕组，每一个都能改变极数。

如图 21-1 所示为 4/2 极的双速电动机定子绕组接线示意图。电动机定子绕组有 6 个接线端，分别为 U_1、V_1、W_1、U_2、V_2、W_2。图 21-1（a）是将电动机定子绕组的 U_1、V_1、W_1 3 个接线端接三相交流电源，而将电动机定子绕组的 U_2、V_2、W_2 三个接线端悬空，三相定子绕组按三角形接线，此时每个绕组中的①、②线圈相互串联，电流方向如图 21-1（a）中的箭头所示，电动机的极数为 4 极；如果将电动机定子绕组的 U_2、V_2、W_2 三个接线端子接到三相电源上，而将 U_1、V_1、W_1 三个接线端子短接，则原来三相定子绕组的三角形联结变成双星形联结，此时每组绕组中的①、②线圈相互并联，电流方向如图 21-1（b）中箭头所示，于是电动机的极数变为 2 极，注意观察两种情况下各绕组的电流方向。

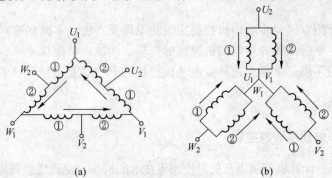

图 21-1　双速异步电动机三相定子绕组接线示意图

注意双速感应异步电动机接线方式，绕组改极后，其相序方向和原来相序相反。所以，在变极时，必须把电动机任意两个出线端对调，以保持高速和低速时的转向相同。例如，在图 21-1 中，当电动机绕组为三角形联结时，将 U_1、V_1、W_1 分别接到三相电源 L_1、L_2、L_3 上；当电动机的定子绕组为双星形联结，即由 4 极变到 2 极时，为了保持电动机转向不变，应将 W_2、V_2、U_2 分别接到三相电源 L_1、L_2、L_3 上。当然，也可以将其他两相任意对调即可。

21.2.1.2　双速感应异步电动机控制线路

双速感应异步电动机控制线路如图 21-2 所示。

21.2.1.3　双速异步电动机控制线路工作情况

（1）合上电源开关 QF1、QF2。

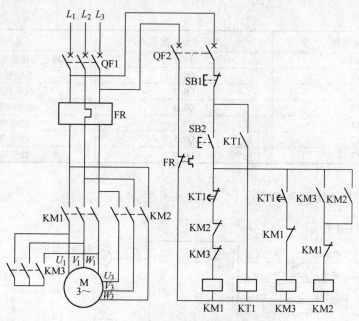

图 21-2　双速感应异步电动机控制线路

（2）按下启动按钮 SB2，KM1 线圈得电，KM1 主触头闭合，电机启动接为三角形运转。KT1 线圈得电，同时 KT1 常开辅瞬动触头闭合并自锁，KT1 延时触头开始计时，经过一段延时后，KT1 延时时间到，KT1 延时常闭触头打开，KM1 线圈失电，KM1 常开触头闭合，KT1 时间到，KT1 延时常开触头闭合，KM3 线圈得电，辅助触头闭合，KM2 线圈得电，KM2 常开辅助触头闭合并自锁，这时电机变为丫丫形运转。

（3）按下停止按钮 SB1 电机停止运行。

通过本对变极调速电动机线路的控制，在实际应用中，很重要的一点是：必须正确识别电动机的各接线端子。

21.2.2　PLC 对双速异步电动机进行控制

21.2.2.1　分析控制要求，列出 PLC I/O 分配表

通过对双速异步电动机控制，掌握实现继电接触器转化成 PLC 控制的设计方法，懂得双速异步电动机进行控制的安装、调试。根据控制需要输入点 3 个，输出点 6 个。见表21-1。

表 21-1　PLC 控制的输入/输出分配表

I/O 设备名称	I/O 地址分配表	说　　明
FR	I0.0	热接电器，常闭触点
SB1	I0.1	停止按钮，常闭触点
SB2	I0.2	启动按钮，常开触点
KM1	I0.3	低速运行接触器反馈常开触点
KM2	I0.4	高速运行接触器反馈常开触点

I/O 设备名称	I/O 地址分配表	说　　明
KM3	I0.5	高速运行接触器反馈常开触点
KM1	Q0.1	接触器线圈 1
KM2	Q0.2	接触器线圈 2
KM3	Q0.3	接触器线圈 3
HL1	Q0.4	低速指示灯
HL2	Q0.5	高速指示灯
HL3	Q0.0	故障报警灯

21.2.2.2　I/O 接线示意图

具体如图 21-3 所示。

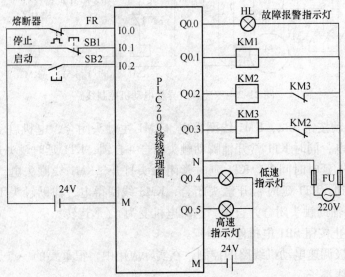

图 21-3　双速电动机 PLC 控制外接线图

21.2.2.3　程序设计及调试

A　采用 STL 编辑的 PLC 程序

```
Network 1
LD        I0.2        //I0.2  启动按钮
O         M0.0
A         I0.1        //I0.1  停止按钮
A         I0.0        //I0.0  热保
=         M0.0
Network 2
LD        M0.0
EU
O         I0.3
A         I0.1
```

A	I0.0	
AN	Q0.3	
LPS		
AN	T40	
=	Q0.1	//低速运行线圈
LPP		
TON	T40，100	//定时器 T40，延时 10s

Network 3

LD	T40	
O	I0.4	
LPS		
A	I0.1	
A	I0.0	
AN	Q0.1	
=	Q0.2	//高速运行线圈 2
LPP		
AN	I0.3	
A	Q0.2	
=	Q0.3	//高速运行线圈 3

Network 4

LD	M0.0	
LPS		
A	I0.3	
=	Q0.4	//Q0.4 低速运行指示
LPP		
A	I0.5	
=	Q0.5	//Q0.5 高速运行指示

Network 5

LDN	I0.0	
A	SM0.5	
=	Q0.0	//Q0.0 故障报警指示（1Hz 闪烁）

B　采用 LAD 编辑的 PLC 程序

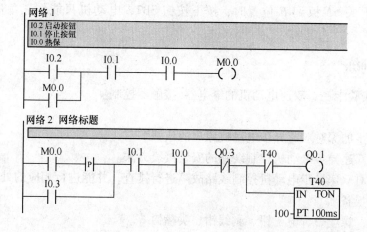

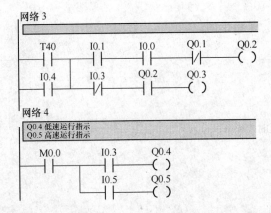

C　运行调试程序

（1）按下按钮 SB2，输出继电器 Q0.1 接通，电机启动。

（2）低速运行 10s 后自动切换至高速运行。

（3）按下停止按钮 SB1，电机停止运行。

21.3　知识拓展

双速异步电动机手动变速和自动加速的控制电路。

在实际工作中，根据生产需要既要实现双速电动机手动变速，又要实现双速电动机自动加速控制。例如：镗床主轴电机、破碎机等。下面列举一例：选择转换开关 SA，实现双速电动机手动变速和自动加速控制。如图 21-4 所示，此控制电路与图 21-2 所示相比，增加了双速电动机手动控制功能，以及电源、低速、高速指示灯 HL1、HL2、HL3。

当选择手动变速时，将转换开关 SA 选择在 B 位置，时间继电器 KT 电路切除，电路工作情况：当合上电源开关 QF 时，按下按钮 SB2，只能 KM1 线圈得电，同时 KM1 辅助触点自锁，这时电动机按 △ 连接低速运行。按下按钮 SB3，KM1 断电，电动机低速停止运行。当需自动加速时，将转换开关 SA 选择在 A 位置。按下 SB2，KM1 通电并自锁，同时 KT 线圈得电，瞬动触点通电并自锁，电动机按 △ 连接低速启动运行，当 KT 延时常闭触点打开、延时常开触点闭合时，KM1 断电，而 KM2、KM3 通电并自锁，电动机便由低速自动转换为高速运行，实现了自动控制。

当把转换开关 SA 扳到 B 位置时，按下按钮 SB2，电动机只能作三角形接法的低速运行。

21.4　技能训练

题目 1：实验十一　双速电动机的继电器-接触器控制

1. 目的

（1）进一步加深对双速异步电动机原理的认识。

（2）掌握双速异步电动机控制线路的安装接线方法。

（3）学会对双速异步电动机控制线路故障进行排查，并能进行相应的处理。

2. 仪器及设备

（1）工具：螺丝刀、电工钳、剥线钳、尖嘴钳等。

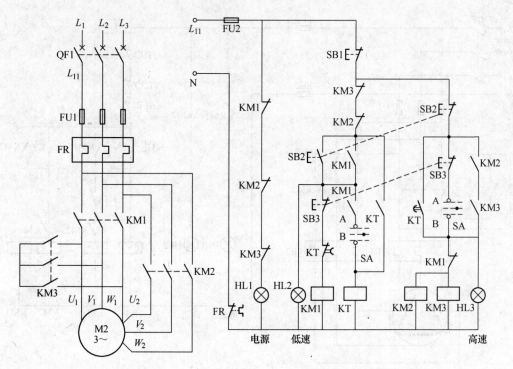

图 21-4　双速电动机手动变速与自动加速控制电路

（2）仪表：万用表 1 只。

（3）器材：所需器材见表 21-2。

表 21-2　技能训练所需器材

代　号	名　称	型 号 规 格	数　量
QF	三相漏电开关	DZ47LE-32	1 个
FU1	3P 熔断器	RT18-32	3 个
FU2	熔断器	RL1-15	1 个
SB1，SB3	按钮	LA19-11	2 个
KM1 KM2 KM3	交流接触器	CJ20-10/220V	3 个
KT	时间继电器	JS7-2A 220V	1 个
M	三相交流双速异步电动机	YS-501	1 台
FR	热继电器	JR36-20/0.3~0.5A	1 个
HL1、HL2、HL3	指示灯	AD11-25/40	3 个
	端子排、线槽、导线		各适量

3. 方法、步骤

（1）掌握电气原理图的工作原理。

（2）弄清电器元件名称，熟悉各电器元件的作用、结构形式以及安装方法。

（3）按照图 21-5 所示双速异步电动机控制电气原理图，绘制电器布置图，电气接线图的草图，经过指导老师检查绘制出正规的电器布置图。

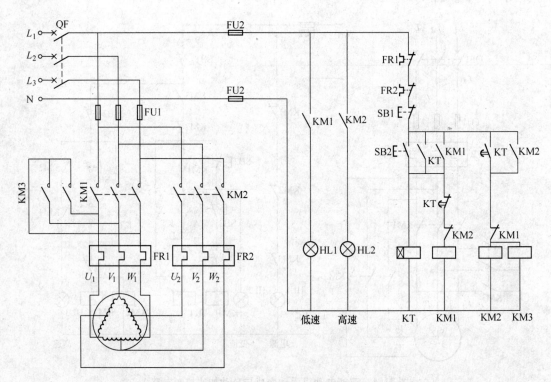

图 21-5　时间继电器切换的双速电动机控制线路

（4）安装完毕后，应仔细检查是否有误，如有误应改正，然后向指导老师提出通电请求，经同意后才能通电试车。

（5）通电试车时，不得对线路进行带电改动。出现故障时必须断电进行检修，检修完毕后必须再次向指导老师提出通电请求，直到试车达到满意为止。

（6）操作启动和停止按钮，认真观察电动机的启动、低速、高速运行、停车情况。

题目 2：PLC 控制双速电动机

1. 目的

（1）了解并掌握双速异步电动机控制的原理。

（2）进一步熟悉 STEP 7 软件的基本使用方法。

（3）掌握运用 PLC 设计或改造"继电-接触器"控制系统的基本方法。

（4）熟悉 PLC 工作原理，掌握常用指令的应用。

（5）应用 PLC 技术实现对双速电机的自动加速控制。

（6）训练编程的思维和方法。熟悉 PLC 的使用，提高应用 PLC 的能力。

（7）了解 PLC 与传统接电的工作原理及使用方法区别。

（8）掌握 PLC 程序编制和外围接线方法。

2. 设备

（1）电机综合实验装置。

（2）西门子 PLC-200 装置。

（3）双速电动机一台。

（4）连接导线。

3. 方法、步骤

（1）依据双速电机控制要求，参照图 21-5 所示，分析 PLC 控制所需输入点 3 个（即过载保护、停止按钮、启动），输出点 6 个（即低速接触器线圈、高速接触器线圈 2 个、故障指示灯 1 个、低速高速指示灯 1 个、高速指示灯 1 个）。

（2）画出 I/O 地址分配图。

（3）画出 PLC 外接线图并进行接线。

（4）根据图 21-5 所示设计运用 PLC 控制双速电机，进行程序设计并下载。

（5）PLC 程序调试。

（6）观察运行状况是否正确。

（7）填写实习报告。

课 后 练 习

21-1　有一 T68 镗床设备由主轴电动机拖动，主轴电动机采用自动加速的双速电机，低速运行 10s 后自动加速到高速；根据控制要求设计 PLC——接触器控制电路，具体要求如下：

（1）具有过载保护环节和运行状态指示。

（2）具有相间短路保护和故障报警指示。

任务 22　T68 镗床控制线路及 PLC 改造初探

【任务要点】

1. T68 镗床的结构、控制特点及要求。

2. T68 镗床继电-接触控制系统的电气控制线路分析。

3. 利用小型 PLC 对 T68 镗床进行改造。

22.1　任务描述与分析

22.1.1　任务描述

镗床是机械加工中使用比较普遍的设备，主要用于加工精确的孔和孔间距离要求较为精确的零件，属于精密机床。

22.1.2　任务分析

本任务介绍了 T68 型卧式镗床的主要结构、控制特点及要求。利用小型 PLC 对 T68 镗床进行改造，根据 T68 镗床的控制要求和特点，分析 T68 型卧式镗床的运动形式，绘制继电接触控制电气线路图，确定 PLC 的输入、输出分配，设计 PLC 的硬件和软件并进行调试。

22.2　相关知识

22.2.1　T68 型卧式镗床的主要结构

T68 卧式镗床的结构如图 22-1 所示，主要由床身、前立柱、镗床架、后立柱、尾座、下溜板、上溜板、工作台等部分组成。

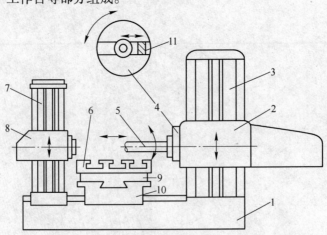

图 22-1　T68 卧式镗床结构示意图

1—床身；2—镗头架；3—前立柱；4—平旋盘；5—镗轴；6—工作台；

7—后立柱；8—尾座；9—上溜板；10—下溜板；11—刀具溜板

床身是一个整体的铸件，在它的一端固定有前立柱，在前立柱的垂直导轨上装有镗床架，镗床架可沿导轨垂直移动。镗床架上装有主轴、主轴变速箱、进给变速箱与操纵机构等部件。切削刀具固定在镗轴前端的锥形孔里，或装在平旋盘的刀具溜板上。在镗削加工时，镗轴一面旋转，一面沿轴向做进给运动。平行盘只能旋转，装在其上的溜板做径向进给运动。镗轴和平行盘轴径由各自的传动链传动，因此可以独自旋转，也可以不同转速同时旋转。

在床身的另一端装有后立柱，后立柱可沿床身导轨在镗轴轴线方向调整位置。在后立柱导轨上安装有尾座，用来支撑镗轴的末端，尾座与镗头架同时升降，保证两者的轴心在同一水平线上。

安装工件的工作台安放在床身中部的导轨上，它由下溜板、上溜板与可转动的工作台组成。下溜板可沿床身导轨做纵向运动，上溜板可沿下溜板的导轨做横向运动，工作台相对于上溜板可做回转运动。

22.2.2　T68 型卧式镗床的运动形式

主运动：镗轴和平旋盘的旋转运动。

进给运动：镗轴的轴向进给，平旋盘刀具溜板的径向进给，镗头架的垂直进给，工作台的纵向进给和横向进给。

辅助运动：工作台的回转，后立柱的轴向移动，尾座的垂直移动及各部分的快速移动等。

T68 型卧式镗床运动对电气控制电路的要求：

（1）主运动与进给运动由一台双速电动机拖动，高低速可选择。

（2）主电机用低速时，可直接启动；但用高速时，则由控制线路先启动到低速，延时后再自动转换到高速，以减少启动电流。

（3）主电动机要求正反转以及点动控制。

（4）主电动机应设有快速准确的停车环节。

（5）主轴变速应有变速冲动环节。

（6）快速移动电动机采用正反转点动控制方式。

（7）进给运动和工作台不平移动两者只能取一，必须要有互锁。

22.2.3　T68 型卧式镗床继电器—接触器控制电路

其电路如图 22-2 所示。

图 22-2 所示为设备原有的继电器—接触器控制电路原理图，机床的主运动与进给运动共用一台双速电动机 M1 [5.5/7.5kW，（1440/2900）r/min] 来拖动。用主轴变速操作机构内的行程开关 SQ 控制时间继电器 KT，用三个接触器 KM4 和 KM5、KM6 控制定子绕组的 "△-YY" 接线转换，以实现高低速的转换。低速时，电动机可直接启动。高速时，采用先低速启动，而后自动转换为高速运行的二级控制，以减少启动电流；主电动机 M1 能逆运行，并可正反向点动及反接制动，在点动、制动和变速过程的脉动慢转时，线路中均串入了限流电阻 R，以减少启动和制动电流；主轴和进给变速均可在运行中进行。只要进行变速，主电动机 M1 就脉动缓慢旋转，以利于齿轮的啮合。主轴变速时，电动机的脉

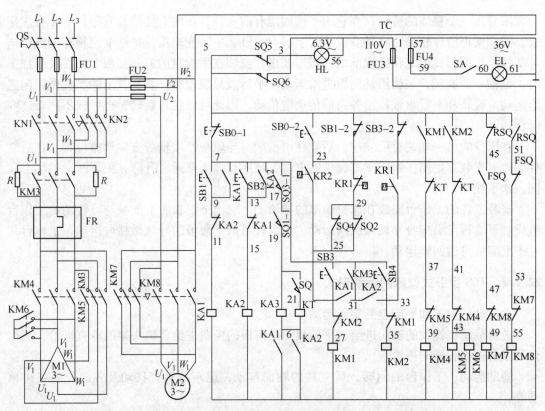

图 22-2　T68 型卧式镗床继电器—接触器控制电路原理图

动旋转是通过行程开关 SQ1 和 SQ2，进给变速是通过行程开关 SQ3 和 SQ4 以及速度继电器 KR 来共同完成；为缩短机床加工的辅助工作时间，主轴箱、工作台、主轴以单独的电动机 M2（2.2kW）拖动快速移动。它们之间的运动进给有机械和电气连锁保护。

22.2.4　T68 型卧式镗床的 PLC 改造

22.2.4.1　可编程控制器的选型

小型 PLC 系统由（主机箱）、I/O 扩展单元、文本、图形显示器、编程器等组成。CPU226 主机箱体外部设有 RS-485 通信接口，用以连接编程器（手持式或 PC 机）、文本、图形编辑器、PLC 网络等外围设备；还设有工作方式开关，模拟电位器，I/O 扩展接口，工作状态指示灯和用户程序存储卡。I/O 接线端子排及发光指示灯等。

在西门子 S7-200 系列 PLC 中，又有 CPU221、CPU222、CPU224、CPU226 等之分，由于 T68 卧式镗床电气控制部分涉及较多的输入/输出端口，并且其控制逻辑非常复杂，出于对其端口以及程序容量的考虑，所以在本次设计中选择了 CPU226 作为该控制系统的主机。

22.2.4.2　PLC I/O 地址分配

依据继电器—接触器控制电路硬件设备，一共用了 18 个输入，9 个输出；使用了五个输入按钮，分别为停止按钮；电动机 M1 正、反转启动按钮；电动机 M1 正、反转点动按钮；用了十三个开关量，分别为高低速转换行程开关；主轴变速、啮合开关；进给变速、啮合开关；工作台或主轴箱机动进给开关；工作台或平旋盘机动进给开关；主轴或平旋盘机动进给开关；M2 快速正、反转开关；主轴过载动作；速度继电器正、反转开关；照明开关。使用了九个输出量分别为：主轴电动机 M1 正、反转接触器；主轴定子短接电阻接触器；主轴电动机 M1 高、低速运转接触器；快速移动电动机 M2 正、反转接触器；运行监控指示灯；照明指示灯。

I/O 分配表见表 22-1。

表 22-1　I/O 分配表

输　入			输　出		
I/O 设备名称	I/O 地址	说　明	I/O 设备名称	I/O 地址	说　明
SB6	I0.0	主轴电动机 M1 制动停止按钮	KM1	Q0.0	主轴电动机 M1 正转接触器
SB1	I0.1	主轴电动机 M1 正转启动按钮	KM2	Q0.1	主轴电动机 M1 反转接触器
SB2	I0.2	主轴电动机 M1 反转启动按钮	KM3	Q0.2	主轴定子短接电阻
SB3	I0.3	主轴电动机 M1 正转点动按钮	KM4	Q0.3	主轴电动机 M1 低速运转接触器
SB4	I0.4	主轴电动机 M1 反转点动按钮	KM5	Q0.4	主轴电动机 M1 高速运转接触器
SQ	I0.5	高低速转换行程开关	KM6	Q0.5	快速移动电动机 M2 正转接触器
SQ1	I0.6	主轴变速开关	KM7	Q0.6	快速移动电动机 M2 反转接触器
SQ2	I0.7	主轴啮合开关	HL	Q1.1	运行监控
SQ3	I1.0	进给变速开关	HL	Q1.0	照明
SQ4	I1.1	进给啮合开关			
SQ5	I1.2	工作台或主轴箱机动进给开关			
SQ6	I1.3	主轴或平旋盘机动进给开关			
SQ7	I1.4	M2 快速正转开关			
SQ8	I1.5	M2 快速正转开关			
FR	I1.6	主轴过载动作			
KS1	I1.7	速度继电器正转			
KS2	I2.0	速度继电器反转			
SA	I2.1	照明开关			

22.2.4.3　外部接线图

如图 22-3 所示为 T68 卧式镗床控制 PLC 的外部接线图，图中输入量与相应的按钮和开关进行链接，其中，SQ 为高低速转换开关，SQ1、SQ2 为主轴开关，SQ3、SQ4 为进给开关。用此开关对其进行一个变速的设置。SQ5、SQ6 在此设置中起到一个保护的作用，这两个开关一旦同时动作此工作台将停止工作。其输出量与相应的接触器进行链接。

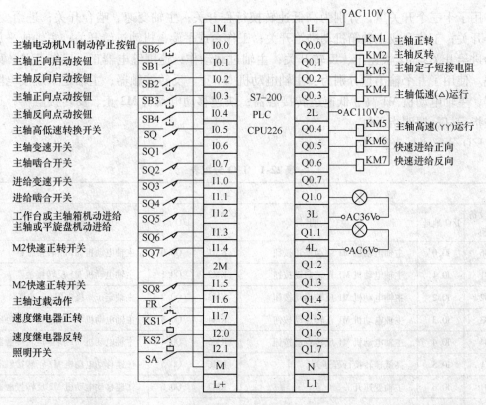

图 22-3　外部接线图

22.2.4.4　程序编写

在本次设计中所用的 S7-200 系列的 PLC 使用的编程工具是 STEP7-MICRO/WIN 编程软件。STEP7-MICRO/WIN 编程软件是强大的工控编程组态软件，在 Windows 平台上运行的 SIMATIC S7-200 软件简单、易学，能够解决复杂的自动化任务，可以快速进入，节省编程时间，具有扩展功能，基于标准的 Windows 软件（类似于 Winword，Outlook 等标准应用软件）。STEP 7-Micro/WIN 编程软件为用户开发、编辑和监控自己的应用程序提供了良好的编程环境。编程软件 STEP7-Micro/WIN 的主界面如图 22-4 所示。

下面以主轴电机控制的几个典型案例为例讲解梯形图的编写。

A　主电动机的正向点动控制

按下正向点动按钮 SB3，输入继电器 I0.3 得电，输出继电器 Q0.0 得电，同时输出继电器 Q0.3 也得电，交流接触器 KM1、KM4 通电吸合，其主触点闭合，接通电源。这时，因为接触器 KM5 无电，所以主电动机定子绕组接成三角形。又因为交流接触器 KM3 无电，所以限流电阻器 R 串接入主电动机的电源电路中。这样，主电动机定子绕组接成三角形，经限流电阻器 R 接通三相电源，主电动机启动正向旋转。松开正向点动按钮 SB3，输入继电器 I0.3 断电，输出继电器 Q0.0 断电，同时输出继电器 Q0.3 也断电，接触器 KM1 和 KM4 断电释放，它们的主触点断开，切除电源，主电动机停转。

其主电动机的正向点动梯形图如图 22-5 所示。

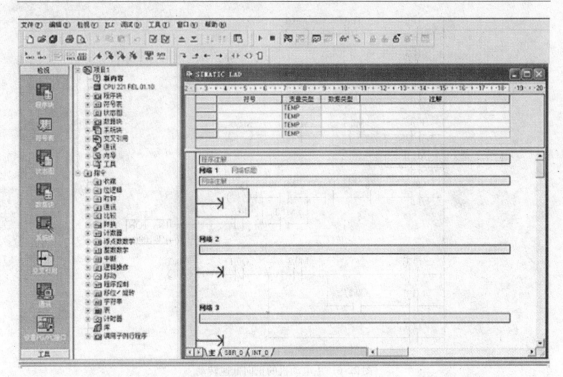

图 22-4　编程软件 STEP7-Micro/WIN 主界面

B　主电动机正向低速转动控制

主电动机低速转动时，限位开关 SQ 的动合触点 I0.5 处于断开位置，I1.0 和 I1.1 处于闭合位置。按下主电动机正向启动按钮 SB1，输入继电器 I0.1 得电，内部继电器 M0.1 得电并自锁，输出继电器 Q0.2 得电，Q0.2 与 M0.1 的得电，又使输出继电器 Q0.0 得电，Q0.0 的得电，又使输出继电器 Q0.3 得电。输出继电器 Q0.2、Q0.1、Q0.3 的相继得电，使

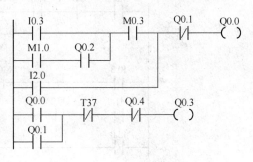

图 22-5　主电动机的正向点动

接触器 KM3、KM1 和 KM4 得电。KM3 的主触点闭合，将限流电阻 R 短路。KM1 的主触点闭合，引入三相电源。KM4 的主触点闭合，接通主电动机 M1 的三相电源。因为高速转动交流接触器 KM5 无电，所以主电动机定子绕组接成三角形，在全电压（不经限流电阻器 R）下启动正向低速旋转。

其主电动机的正向低速转动梯形图如图 22-6 所示。

C　M1 正反转控制的梯形图

用 PLC 来完成对 M1 的正反转控制，需要 PLC 内部继电器 M1.0、M1.1 作为正反转控制的辅助继电器，为了可靠地保证正反转的切换，要用定时器 T37 和 T38 来完成 0.5s 的转换延时，如图 22-7 所示。

在绘制梯形图的过程中要在注意设置相应的互锁电路，如主轴电动机的正、反转控制，主轴电动机的高、低速控制，快移电动机的正、反转控制。但是梯形图中的连锁电路

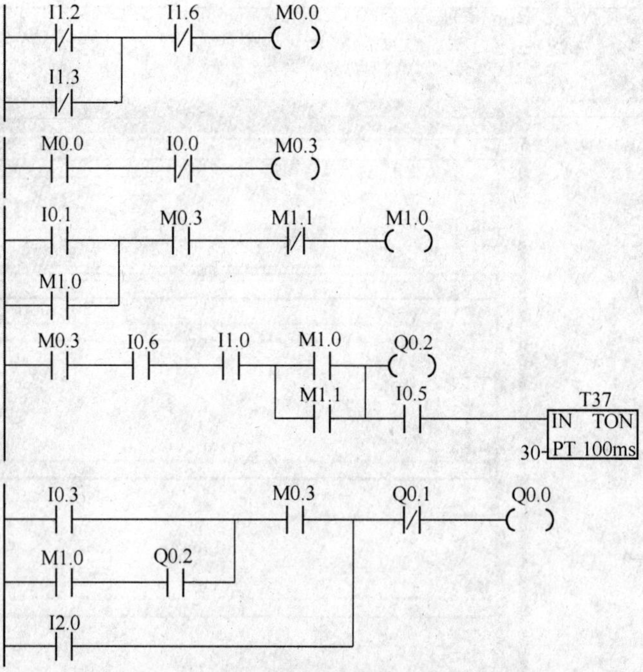

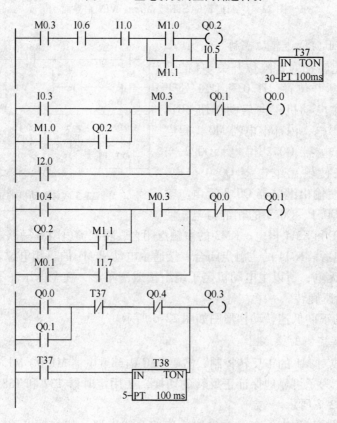

图 22-6　主电动机的正向低速转动

图 22-7　M1 正反转控制

只能保证 PLC 输出模块上两个对应的硬件继电器不同时输出动作，如果因为主电流过大或接触器的主触点不好，某一接触器的主触点被断开电路时产生的电弧熔焊，其线圈断电后主触点仍然接通，这时如果另一接触器的线圈通电，这将会造成三相电源短路事故，所以在电路接线中特别要注意电机正反转。当然也可以将某一接触器的常闭触点与另一接触器的线圈相串联，达到更有保障的效果。所有这些线路图与编程完成后还必须通过实验，将硬件接线与程序放在 PLC 实验台上，经验证接线合理，程序与接线是否正确，才能安装到 T68 上面试验。

22.3　知识拓展

22.3.1　小型 PLC 的主要类别

小型 PLC 技术的起源主要分为两个派系，日本和欧洲的系统。前者是由三菱和欧姆龙代表，后者以西门子为首。

自进入中国，第一次占领市场的是 Koyo、荣耀于 20 世纪 90 年代，但在中国经营，没有跟上步伐，逐渐被三菱欧姆龙取代了。随着中国的改革开放过程不断深化，自动化巨头西门子在中国典型的小型 PLC 产品、S7-200 发展迅猛。连续获得用户，特别是大型用户的认可。

到目前为止，从金额的角度看，西门子小型 PLC 在市场占据的份额略超过 30%，三菱紧随其后大约占 25%，欧姆龙达 11%。

22.3.2　S7-200 小型 PLC 系统构成

小型 PLC 系统由（主机箱）、I/O 扩展单元、文本、图形显示器、编程器等组成。CPU226 主机箱体外部设有 RS-485 通信接口，用以连接编程器（手持式或 PC 机）、文本、图形编辑器、PLC 网络等外围设备；还设有工作方式开关，模拟电位器，I/O 扩展接口，工作状态指示灯和用户程序存储卡。I/O 接线端子排及发光指示灯等。

22.3.2.1　基本单元 I/O

CPU226 集成 24 输入/16 输出共 40 个数字量 I/O 点，可连成 7 个扩展模块。13KB 程序和数据存储空间。

CPU226 主机共有 I0.0 ~ I0.7、I1.0 ~ I1.7、I2.0 ~ I2.7 24 个输入点和 Q0.0 ~ Q0.7、Q1.0 ~ Q1.7 14 个输出点。

22.3.2.2　基本单元 I/O 及扩展

CPU226PLC 主机的输入点数为 24 点，输出点数为 16 点，可扩展的模块数为 7。

22.3.2.3　高速反应性

CPU226 有 6 个高速计数脉冲输入端（I0.0 ~ I0.5），最快的响应速度为 30kHz。用于捕捉比 CPU 扫描周期更快的脉冲信号。

CPU226 有 2 个高速脉冲输出端（Q0.0、Q0.1），输出脉冲频率可达 20kHz。用于 PT0（高速脉冲束）和 PWM（宽度可变脉冲输出）高速脉冲输出。

22.4　技能训练

题目 1：绘制 T68 镗床传统继电-接触控制系统电路

要求能熟练绘制 T68 镗床传统继电-接触控制线路图并能描述其工作原理。

题目 2：利用小型 PLC 对卧式镗床电气线路进行改造

要求了解小型 PLC 的种类、s7-200PLC 的基本结构、能熟练编写地址分配表、绘制 PLC 硬件结构图、编写主轴电机的控制程序。

课 后 练 习

22-1　T68 镗床由哪几部分构成？

22-2　编写主电动机的反正向点动控制程序。

22-3　主电动机的反接制动控制程序。

学习情境 6　数控机床电气控制认识

【知识要点】

1. 数控机床及控制系统的组成及控制原理。
2. 数控机床电气控制电路的识读、分析。

任务 23　数控机床控制系统

【任务要点】

1. 数控系统的组成、结构特点。
2. 数控系统的控制特点。
3. 数控系统的重要地位。

23.1　任务描述与分析

23.1.1　任务描述

数字控制技术，简称数控（NC）技术，是指用数字化信息对设备运行和生产过程进行控制的一种自动控制技术。数控机床的控制系统组成：（1）程序载体；（2）输入/输出装置；（3）CNC 单元；（4）伺服系统；（5）可编程序控制器（PLC）；（6）位置反馈系统；（7）机床本体。常用的控制系统有：FANUC 数控系统、SIEMENS 数控系统和 HNC-21 华中数控系统。

23.1.2　任务分析

本任务是理解数控机床类型、组成与特点；认知数控系统，了解其组成、特点与基本原理；熟悉系统的软件、硬件结构和类型，熟悉系统的插补原理与方法；了解典型数控系统类型；能熟练操作上电、断电数控设备。

23.2　相关知识

23.2.1　数控机床控制系统的组成

数控机床加工工件时，首先要将加工零件图上的几何信息和工艺信息数字化，即将零件的加工工艺、工艺参数、刀具位移及位移方向和有关辅助操作，按规定的指令代码及程序格式编制加工程序，并存储到程序载体内。程序编制可以是手工编制，也可以是自动编制。对于自动编程，目前已较多的采用了计算机 CAD/CAM 图形交互式自动编程，通过计算机有关处理后，自动生成数控程序，可通过接口直接输入 CNC 单元。CNC 单元将程序（代码）进行译码、运算之后，向机床各坐标的伺服系统和辅助控制装置发出信号，以驱动机床的各运动部件，并控制所需要的辅助动作，最后加工出合格的工件。

数控机床的基本组成应包括程序载体、数控系统、伺服系统、检测与反馈装置、辅助装置和机床本体。数控机床上完成零件加工的步骤有以下几个方面：

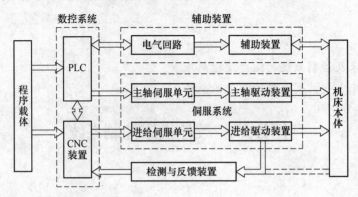

23.2.2　程序载体与输入装置

程序载体用于记录数控机床加工零件所需的程序，是用于存取零件加工程序的装置。输入装置的作用是将程序载体上的程序完整、正确地读入数控机床的 CNC 中。

23.2.3　计算机数控系统

23.2.3.1　数控系统的组成

从外部特征来看，数控系统是由硬件（通用硬件和专用硬件）和软件（专用）两大部分组成，如图 23-1 所示。

数控系统的控制精度很大程度上取决于硬件，而数控系统的功能很大程度上取决于软件。

从结构上来看，数控系统由操作面板、输入/输出装置、计算机数控装置、伺服单元、驱动装置、可编程逻辑控制器（PLC）等组成，其关系如图 23-2 所示。

数控系统 — 硬件系统 — 微机部分、外围设备部分、机床控制部分
数控系统 — 系统软件 — 输入数据处理程序、插补运算程序、速度控制程序、管理程序、诊断程序

图 23-1　数控系统构成框图

A　操作面板

操作面板是操作人员与机床数控系统进行信息交流的工具，它由按钮站、状态灯、按键阵列（功能与计算机键盘类似）和显示器组成。

B　输入/输出装置

输入装置的作用是将程序载体上的数控代码变成相应的数字信号，传送并存入数控装置内。

通常采用的通信方式如下：

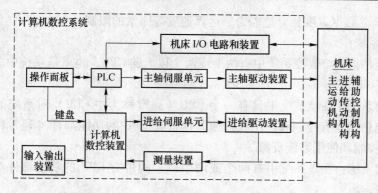

图 23-2　计算机数控系统组成及相互关系

（1）串行通信（RS232 等串行通信接口）。

（2）自动控制专用接口通信（DNC 和 MAP 等）。

（3）利用网络技术通信（Internet 和 LAN 等）。

C　计算机数控装置

数控装置是计算机数控系统的核心，它包括微处理器（CPU）、存储器、局部总线、外围逻辑电路及与数控系统其他组成部分联系的接口及相应控制软件。

D　伺服单元

伺服单元分为主轴伺服和进给伺服，分别用来控制主轴电动机和进给电动机。

E　驱动装置

驱动装置将伺服单元的输出变为机械运动，它与伺服单元一起是数控装置和机床传动部件间的联系环节，它们有的带动工作台，有的带动刀具，通过几个轴的综合联动，使刀具相对于工件产生各种复杂的机械运动，加工出形状、尺寸与精度符合要求的零件。

F　可编程控制器

可编程控制器（PLC）采用可编程序的存储器，用来在其内部存储执行逻辑运算、顺序控制、定时、计数和算术运算等操作的指令，并通过数字式或模拟式的输入和输出信号，控制各种类型的机械设备和生产过程。

数控系统的特点：灵活性、通用性、可靠性、易于实现许多复杂的功能、使用维修方便。

数控系统的基本原理：数控系统的生产厂家编制好数控系统控制软件（也称为系统程序）后，都要把它固化在 ROM（EPROM）中，系统接上电源后即自动由 CPU 按照此固化的程序运行。

23.2.3.2　数控系统的硬件结构

A　数控系统的硬件类型

数控系统的硬件结构，若按其中含有 CPU 的多少来分，可分为单机系统和多机系统。

a　单机系统

单机系统是指整个数控系统只有一个 CPU，它集中控制和管理整个系统资源，通过分时处理的方式来实现各种数控功能。其特点是投资小、结构简单、易于实现，但系统功能受到 CPU 字长、数据宽度、寻址能力、运算速度等因素的限制。

　　b　多机系统

　　多机系统是指整个数控系统中有两个或两个以上的 CPU，也就是系统中的某些功能模块自身也带有 CPU。

　　主从结构系统：在该系统中只有一个 CPU（通常称为主 CPU）对系统的资源（系统存储器、系统总线）有控制和使用权，而其他带有 CPU 的功能部件（通常称之为智能部位），则无权控制和使用系统资源。

　　多主结构系统：在该系统中有两个或两个以上的带有 CPU 的功能部件对系统资源有控制或使用权。

　　分布式结构系统：该系统有两个或两个以上的带有 CPU 的功能模块，每个功能模块有自己独立的运行环境（系统总线、存储器、操作系统等），功能模块间采用松耦合，即在空间上可以较为分散，各模块间采用通信方式交换信息。

　　B　单机或主从结构模块的硬件介绍

　　下面从功能方面来讨论如图 23-3 所示数控系统中各硬件模块的作用。

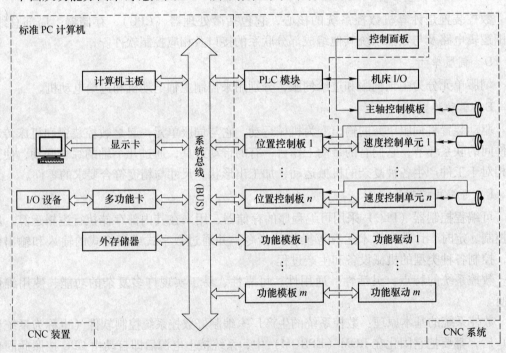

图 23-3　单机或主从结构的数控系统硬件结构

　　a　计算机主板和系统总线（母板）

　　计算机主板：计算机主板是数控系统的核心，数控系统的计算机系统在功能上完全与标准的 PC 一样，各硬件模块也均与 PC 总线标准兼容。

　　计算机主板的主要作用是对输入到 CNC 装置中的各种数据、信息（零件加工程序、各种 I/O 信息等）进行相应的算术和逻辑运算，并根据其处理结果，向各功能模块发出控制命令，传送数据，使加工指令得以执行。

系统总线（母板）：它是由一组传送数字信息的物理导线组成，是计算机系统内部（数控系统内部）进行数据或信息交换的通道，从功能上来讲，它可分为以下 3 种：

（1）数据总线。

（2）地址总线。

（3）控制总线。

b　显示模块（显示卡）

在数控系统中，CRT 显示是一个非常重要的功能，它是人机交流的重要媒介，它给用户提供了一个直观的操作环境，可使用户能快速地熟悉适应其操作过程。

显示卡的主要作用是接收来自 CPU 的控制命令和显示用的数据，经与 CRT 的扫描信号调制后，产生 CRT 显示器所需要的视频信号，在 CRT 上产生所需要的画面。

c　输入/输出模块

它是数控系统与外界进行数据和信息交换的接口板，即数控系统通过该接口可以从输入设备获取数据，也可以将数控系统中的数据送给输出设备。

d　电子盘

电子盘存储的内容：电子盘是数控系统特有的存储模块，在数控系统中它用来存放系统软件、系统固有数据，系统的配置参数（系统所能控制的进给轴数、轴的定义、系统增益等）和用户的零件加工程序。

存储器的种类：目前，计算机领域所用存储器有磁存储器件，如软/硬磁盘（读/写），它们都是可随机读写的如图 23-4 所示；光存储器件，如光盘（只读）；电子（半导体）存储器件，如 RAM、ROM、FLASH 等。

其串行接口 RS-232C 如图 23-5 所示。

图 23-4　软盘驱动器

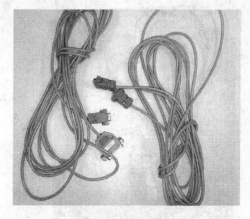

图 23-5　RS-232C 串行接口

e　设备辅助控制接口模块（PLC 模块）

数控系统对设备的控制分为两类：一类是对各类坐标轴的速度和位置的"轨迹控制"；另一类是对设备动作的"顺序控制"。

f　位置控制模块

位置控制模块是进给伺服系统的重要组成部分，是数控系统与伺服驱动系统连接的接口模块，如图 23-6 所示。

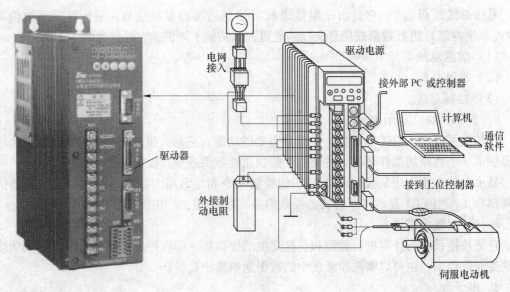

图 23-6　伺服系统连接

g　功能接口模块

功能接口模块是实现用户特定功能要求的接口板。

如图 23-7 所示，主轴控制主要是对主轴转速的控制。提高主轴转速控制范围可以更好地实现高效、高精、高速加工。

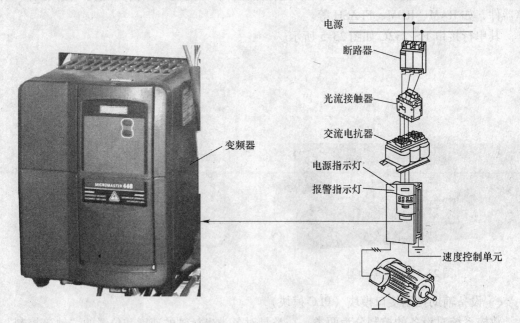

图 23-7　主轴系统连接

C　多主结构数控系统的硬件介绍

多主结构的最大特点：能实现真正意义上的并行处理，处理速度快，可以实现较为复杂的系统功能；容错能力强，在某模块出了故障后，通过系统重组仍可继续工作。

a　共享总线结构

共享总线结构以系统总线为中心，把数控系统内各功能模块划分为带有 CPU 或 DMA（直接数据存取控制器）的各种主模板和从模板（RAM/ROM、I/O 模块）。共享总线结构如图 23-8 所示。

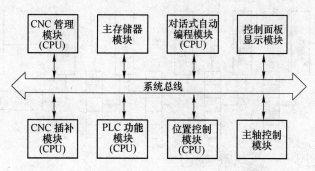

图 23-8　共享总线结构

b　共享存储器结构

这种结构一般采用双端口存储器（双端口 RAM），如图 23-9 所示。

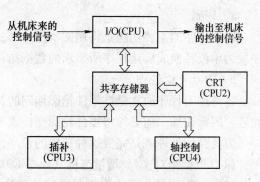

图 23-9　共享存储器结构

23.2.3.3　数控系统的软件结构

A　数控系统软件和硬件的功能界面

（1）硬件处理速度快，但灵活性差，实现复杂控制的功能困难。

（2）软件设计灵活，适应性强，但处理速度相对较慢。划分的准则是系统的性价比。如图 23-10 所示为数控系统功能界面的几种划分方法。

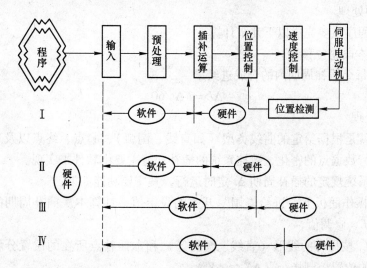

图 23-10　软件和硬件功能界面的几种划分方法

B　数控系统的数据转换流程

数控系统的数据转换流程具体如图 23-11 所示。

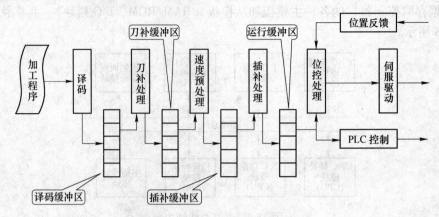

图 23-11　数控系统数据转换流程

a　译码

译码程序的主要功能是将用文本格式（通常用 ASCII 码）表达的零件加工程序，以程序段为单位转换成后续程序所要求的数据结构（格式）。

b　刀具补偿处理

零件加工程序通常是按零件轮廓编制的，而数控机床在加工过程中控制的是刀具中心轨迹，因此在加工前必须将零件轮廓变换成刀具中心轨迹。

刀具补偿处理就是完成这种转换的程序，它主要进行以下几项工作：

（1）根据绝对坐标/增量坐标（G90/G91）计算零件轮廓的终点坐标值。

（2）根据刀具半径 R 和刀具半径补偿的方向（G41/G42），计算刀具中心轨迹的终点坐标值。

（3）根据本段与前段连接关系，进行段间连接处理。

c　速度预处理

速度处理程序主要完成以下几步计算：

（1）计算本段总位移量。

（2）计算每个插补周期内的合成进给量。

$$\Delta L = F \Delta t / 60$$

d　插补处理

插补处理就是根据给定的曲线类型（如直线、圆弧）、起点、终点以及速度，在起点和终点之间进行数据点的密化，数控系统的插补功能主要由软件来实现。

本程序以系统规定的插补周期 Δt 定时运行，其主要功能如下：

（1）根据操作面板上"进给修调"开关的设定值，计算本次插补周期的实际合成位移量：$\Delta L_1 = \Delta L \times$ 修调值。

（2）将 ΔL_1 按插补的线形（直线、圆弧等）和本插补点所在的位置分解到各个进给轴，作为各轴的位置控制指令（ΔX_1，ΔY_1）。

e　位置控制处理

位置控制数据转换流程如图 23-12 所示。

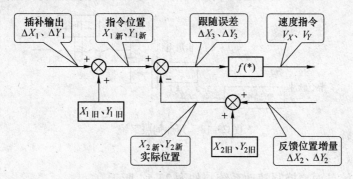

图 23-12　位置控制数据转换流程

位置控制处理主要进行各进给轴跟随误差（ΔX_3，ΔY_3）的计算，并进行调节处理，其输出为位移速度控制指令（V_X，V_Y）。

位置控制完成以下几步计算：

（1）计算新的位置指令坐标值。

$$X_{1新} = X_{1旧} + \Delta X_1 \qquad Y_{1新} = Y_{1旧} + \Delta Y_1$$

（2）计算新的位置实际坐标值。

$$X_{2新} = X_{2旧} + \Delta X_2 \qquad Y_{2新} = Y_{2旧} + \Delta Y_2$$

（3）计算跟随误差（指令位置值－实际位置值）。

$$\Delta X_3 = X_{1新} - X_{2新} \qquad \Delta Y_3 = Y_{1新} - Y_{2新}$$

（4）计算速度指令值。

$$V_X = f(\Delta X_3) \qquad VY = f(\Delta Y_3)$$

23.2.4　数控机床伺服驱动系统与检测装置

伺服系统是以机械位置或角度作为控制对象的自动控制系统，是一种位置随动系统。数控机床的伺服系统有两种，即进给伺服系统与主轴伺服系统。

23.2.4.1　伺服系统的类型

A　按伺服电机类型分类

（1）直流伺服系统。

（2）交流伺服系统。

B　按驱动装置类型分类

（1）电液伺服系统。

（2）电气伺服系统。

C　按进给驱动和主轴驱动分类

（1）进给伺服系统。

（2）主轴伺服系统。

D　按有无反馈分类

a　开环伺服系统

开环伺服系统无位置反馈装置，是数控机床中最简单的伺服系统，如图 23-13 所示。

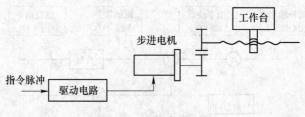

图 23-13　开环伺服系统

b　闭环伺服系统

闭环伺服系统是误差控制随动系统，如图 23-14 所示。

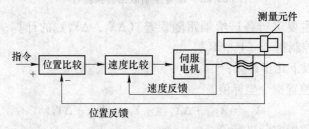

图 23-14　闭环伺服系统

c　半闭环伺服系统

半闭环伺服系统如图 23-15 所示。

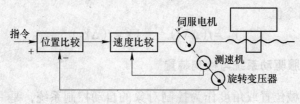

图 23-15　半闭环伺服系统

E　按反馈比较控制方式分类

（1）脉冲、数字比较伺服系统。

（2）相位比较伺服系统。

（3）幅值比较伺服系统。

（4）全数字伺服系统。

23.2.4.2　位置检测装置

常用位置检测元件主要有脉冲编码器、旋转变压器、感应同步器和光栅。

A　旋转变压器

旋转变压器是一种数控机床上常见的角度测量装置，它具有结构简单、动作灵敏、工作可靠、对环境条件要求低（特别是高温、高粉尘的地方）、输出信号幅度大和抗干扰能力强等特点，其缺点是信号处理比较复杂。

旋转变压器又叫同步分解器，在结构上与两相绕线式异步电动机相似，由定子和转子组成，是一种旋转式的小型交流电动机。

B   感应同步器

感应同步器类似于旋转变压器，相当于一个展开的多极旋转变压器。

感应同步器的种类繁多，根据用途和结构特点可分成直线式和旋转式（圆盘式）两大类。

直线式由定尺和滑尺组成，用以测量直线位移，用于全闭环伺服系统。

旋转式由定子和转子组成，用以测量旋转角度，用于半闭环伺服系统。

C   光栅

光栅按用途分有两大类：一类是物理光栅（也称衍射光栅），另一类是计量光栅。

计量光栅按形状可以分为长光栅（又称直线光栅）和圆光栅。

长光栅用于检测直线位移，圆光栅用于测量转角位移。

按制作原理又可以分成玻璃透射光栅和金属反射光栅。

玻璃透射光栅是在玻璃的表面上用真空镀膜法镀一层金属膜，再涂上一层均匀的感光材料，用照相腐蚀法制成透明与不透明间隔相等的线纹，也有用刻蜡、腐蚀、涂黑工艺制成的。

金属反射光栅是在钢尺或不锈钢的镜面上用照相腐蚀法或用钻石刀直接刻划制成的光栅线纹；金属反射光栅常用的线纹数为每毫米 4 条、10 条、25 条、40 条、50 条，因此，其分辨率比玻璃透射光栅低。

D   编码器

包括接触式码盘和光电式编码器两种。

接触式码盘是一种绝对值式的检测装置，可直接把被测转角用数字代码表示出来，且每一个角度位置均有表示该位置的唯一对应的代码，因此这种测量方式即使断电或切断电源，也能读出转动角度。

常用的光电式编码器为增量式光电编码器，也称光电码盘、光电脉冲发生器、光电脉冲编码器等，是一种旋转式脉冲发生器，它把机械转角变成电脉冲，是数控机床上常用的一种角位移检测元件，也可用于角速度检测。

E   磁栅

磁栅又称磁尺，是用电磁方法计算磁波数目的一种位置检测元件。可用于直线和角位移的测量，磁栅与感应同步器、光栅相比，测量精度略低。

23. 3   知识拓展

典型数控系统介绍。

23. 3. 1   FANUC 数控系统介绍

FANUC 16/18 系列数控系统具有多主轴、多控制轴控制功能，数控铣床可以构成具有三轴联动和五轴联动功能的加工中心；具有与计算机联网组成柔性制造系统的能力。开发有存储卡在线 DNC 加工功能。FANUC 数控系统及伺服系统采用 3 × 220V、50Hz 交流电源标准。

23.3.1.1　FS0 系列

FS0 系列数控一般由主电路板、PLC 板、附加 I/O 板、图形控制板和电源组成。
FS0 系列数控系统有多种规格。

常用的数控系统型号有：FS0-MA/MB/MEA/MC/MF 用于加工中心、数控铣床和镗床；FS0-TA/TB/TEA/TC/TF 用于数控车床；FS0-TTA/TTB/TTC 用于一个主轴双刀架或两个主轴双刀架的四轴数控车床；FS0-GA/GB 用于数控磨床；FS0-PB 用于回转头压力机。

23.3.1.2　FS15 系列

1987 年 FANUC 公司推出的 FS15 系列多微处理器控制数控系统，称之为 AI-CNC 系统（人工智能数控系统）。它适用于大型机床、复合机床的多轴控制和多系统控制。

23.3.1.3　FS16 系列

FS16 系列是功能上位于 FS15 系列和 FS0 系列之间的数控系统。

23.3.1.4　FS18 系列

FS18 系列是紧接着 FS16 系列推出的 32 位数控系统，在功能上也是位于 FS15 系列和 FS0 系列之间，但低于 FS16 系列。

23.3.1.5　FS21/210 系列

本系列的数控系统适用于中、小型数控机床。

23.3.2　SIEMENS 数控系统介绍

SINUMERIK 840D 共设置有 10 个数控通道，具有同时处理 10 组加工数据的能力；最多可控制 24 个 NC 轴和 6 个主轴。标准配备的以太网接口具有很强的通信功能。

SIEMENS 数控系统是由德国 SIEMENS 公司生产，产品主要有 SINUMERIK 3、SINU-MERIK 8、SINUMERIK 810、SINUMERIK 820、SINUMERIK 850、SINUMERIK 880、SINU-MERIK 840、SINUMERIK 802 等系列。

23.3.2.1　SINUMERIK 3 系列

SINUMERIK 3 系列数控系统适用于各种机床控制，有 M 型、T 型、TT 型、G 型、N 型等。

23.3.2.2　SINUMERIK 8 系列

20 世纪 80 年代初期，SIEMENS 公司推出了 SINUMERIK 8 系列数控系统，该系列产品适用于各种机床。

23.3.2.3　SINUMERIK 810/820 系列

20 世纪 80 年代中期，SIEMENS 公司推出了 SINUMERIK 810/820 系列数控系统。该系列产品分为 M、T、G 型等。M 型用于数控镗床、铣床和加工中心；T 型用于数控车床；G

型用于数控磨床。810 系列数控系统如图 23-16 所示。

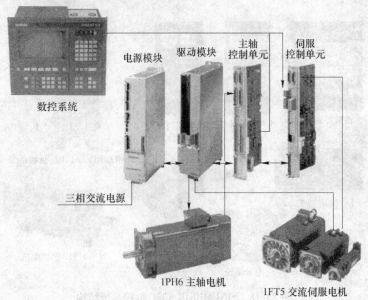

图 23-16　SINUMERIK 810 数控系统结构

23.3.2.4　SINUMERIK 850/880 系列

20 世纪 80 年代后期，SIEMENS 公司推出了 SINUMERIK 850/880 系列数控系统。该系列产品适用于高度自动化水平的机床及柔性制造系统，有 850M、850T、880M 和 880T 等规格。

23.3.2.5　SINUMERIK 802 系列

20 世纪 90 年代后期，SIEMENS 公司推出了 SINUMERIK 802 系列数控系统。其中 802S 和 802C 是经济型数控系统，可带 3 个进给轴。802S 系列数控系统如图 23-17 所示，802C 如图 23-18 所示。

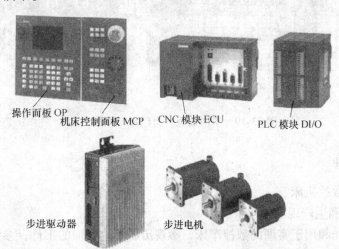

图 23-17　SINUMERIK 802S 数控系统结构

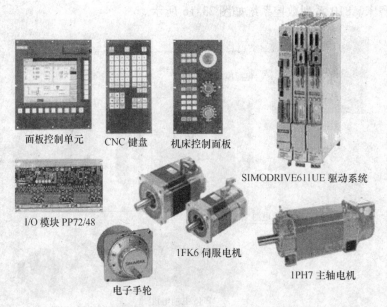

面板控制单元　　CNC 键盘　　机床控制面板

SIMODRIVE611UE 驱动系统

I/O 模块 PP72/48

1FK6 伺服电机

1PH7 主轴电机

电子手轮

图 23-18　SINUMERIK 802C 数控系统结构

23.3.3　HNC-21 华中数控系统介绍

国产华中"世纪星"数控系统采用工业计算机作为硬件平台的开放式体系结构的创新技术路线，充分利用 PC 软、硬件的丰富资源，通过软件技术的创新，实现数控技术的突破。其系列产品如图 23-19 所示。

图 23-19　华中数控"世纪星"系列产品

23.4　技能训练

题目：认识数控机床

1. 参观实训和生产现场

参观实训车间和用于实训的数控车床，参观历届学生实训的工件，参观工厂的生产产品。学习数控车床安全文明生产要求，逐条学习数控车床安全文明生产基本要求，对照场地、设备进行检查。按照安全文明生产要求摆放工具、夹具、量具等物品。

2. 数控车床的开机

数控车床的开机步骤如下：

（1）检查机床。

（2）开启数控车床的供电空气开关。

（3）开启数控车床的总电源开关。

（4）检查机床各冷却风扇是否正常，检查润滑油泵是否工作正常。

（5）开启数控系统电源开关。

（6）数控系统自检后，进入开机界面或待机状态。

（7）旋开急停开关。

3. 机床面板操作

机床面板如图 23-20 所示，逐一认识机床面板各按钮，说出各按钮功能，并手动操作各按钮。

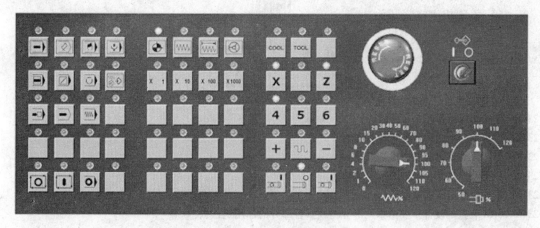

图 23-20　数控车床控制面板

数控系统 MDI 功能键如图 23-21 所示，逐一认识机床 MDI 功能键，说出各按键功能，并手动操作各按键。

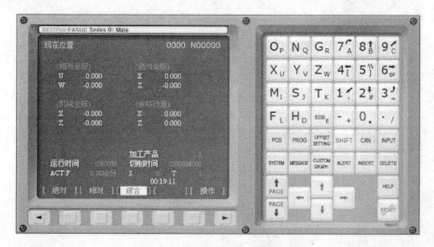

图 23-21　数控车床 MDI 功能键

4. 数控车床的回参考点（回零）

其操作步骤如下。

（1）按"手动会参考点"键，屏幕左下角显示"REF"。

（2）按下"＋X"、"＋Z"键，当机床面板上的"X零点"或"Z零点"的指示灯亮，表示该轴已返回参考点。

5. 数控车床的关机

数控车床的关机操作如下：

（1）清理机床上的切屑，卸下工件和刀具。

（2）给导轨进行充分润滑。

（3）将溜板移动到床鞍的上部。

（4）按下急停按钮，关闭数控系统电源。

（5）关闭机床总电源开关。

（6）关闭机床空气开关。

课 后 练 习

23-1　数控车床由哪几个部分组成?

23-2　目前工厂中常用数控系统有哪些?

23-3　简述数控车床的安全操作规程。

23-4　简述数控机床各种加工模式及功能。

23-5　熟悉数控车床的基本操作。

23-6　CNC 装置的硬件主要由哪几部分构成? 各部分的作用是什么?

任务 24　TK1640 数控车床电气控制电路认识

【任务要点】

　　1. TK1640 数控车床的组成结构、原理。

　　2. TK1640 数控车床电气控制分析方法、步骤。

　　3. TK1640 数控车床电气控制电路分析。

24.1　任务描述与分析

24.1.1　任务描述

　　TK1640 数控车床的电气控制设备主要由数控装置、软驱单元、控制变压器、伺服变压器、开关电源、伺服驱动器和伺服电动机组成。本项目的任务是正确分析数控车床数控系统控制电路、主轴控制电路、刀架控制电路、数控车床伺服电路，了解其组成与特性，说出其控制原理。电路控制要求：利用数控系统与全数字伺服驱动、变频器操作面板、外部电位器、按钮开关来带动控制伺服电动机、异步电动机，实现 X 轴、Z 轴伺服进给；刀架自动换刀；主轴无级变速及正转和反转以及停止。

24.1.2　任务分析

　　本任务是通过对 TK1640 数控车床的电气控制线路分析，进一步阐述电气控制系统的分析方法，使读者掌握 TK1640 的电气控制线路的原理，了解机床的机械及各部分与电气控制系统之间的配合关系，了解电气部分在整个设备中所处的地位和作用，为进一步学习电气控制系统的相关知识打下一定的基础。

24.2　相关知识

24.2.1　TK1640 数控车床的组成

　　TK1640 数控车床采用主轴变频调速，机床主轴的旋转运动由 5.5kW 变频主轴电动机经皮带传动至 I 轴，经三联齿轮变速将运动传至主轴 E，并得到低速、中速和高速三段范围内的无级变速。

　　机床进给为两轴联动，配有四工位电动刀架，可满足不同需要的加工。

　　Z 坐标为大拖板左右运动方向，其运动由 GK6063-6AC31 交流永磁伺服电动机与滚珠丝杠直联实现；X 坐标为中拖板前后运动方向，其运动由 GK6062-6AC31 交流永磁伺服电动机通过同步齿形带及带轮带动滚珠丝杠和螺母实现。

　　为保证螺纹车削加工时主轴转一圈，刀架移动一个导程（即被加工螺纹导程）。主轴箱的左侧安装了一光电编码器配合纵向进给交流伺服电动机，主轴至光电编码器的齿轮传动比为 1:1。

24.2.2　TK1640 数控车床的技术参数

　　TK1640 数控车床的技术参数见表 24-1。

表 24-1　TK1640 数控车床的部分技术参数

项　目		单　位	技 术 规 格
加工范围	床身上最大回转直径	mm	φ410
	床鞍上最大回转直径	mm	φ180
	最大车削直径	mm	φ240
	最大工件长度	mm	1000
	最大车削长度	mm	800
主轴	主轴通孔直径	mm	φ52
	主轴头形式		ISO0702/Ⅱ No. 6
	主轴转速	r/mim	36 ~ 2000
	高速	r/mim	170 ~ 2000
	中速	r/mim	95 ~ 1200
	低速	r/mim	36 ~ 420
	主轴电动机功率	kW	5. 5（变频）
尾座	套筒直径	mm	φ55
	套筒行程（手动）	mm	120
	尾座套筒锥孔		MT No. 4
刀架	快速移动速度 X/Z	m/min	3/6
	刀位数		4
	刀方尺寸	mm × mm	20 × 20
	X 向行程	mm	200
	Z 向行程	mm	800
主要精度	机床定位精度 X	mm	0. 030
	机床定位精度 Z	mm	0. 040
	机床重复定位精度 X	mm	0. 012
	机床重复定位精度 Z	mm	0. 016
其他	机床尺寸（L × W × H）	mm × mm × mm	2140 × 1200 × 1600
	机床毛重	kg	2000
	机床净重	kg	1800

24. 2. 3　电气原理图分析的方法与步骤

电气控制电路一般由主回路、控制电路和辅助电路等部分组成。了解电气控制系统的总体结构、电动机和电器元件的分布状况及控制要求等内容之后，便可以阅读分析电气原理图。

24. 2. 3. 1　分析主回路

从主回路入手，要根据伺服电动机、辅助机构电动机和电磁阀等执行电器的控制要求，分析它们的控制内容，控制内容包括启动、方向控制、调速和制动。

24.2.3.2　分析控制电路

根据主回路中各伺服电动机、辅助机构电动机和电磁阀等执行电器的控制要求，逐一找出控制电路中的控制环节，按功能不同划分成若干个局部控制线路来进行分析。而分析控制电路的最基本方法是查线读图法。

24.2.3.3　分析辅助电路

辅助电路包括电源显示、工作状态显示、照明和故障报警等部分，它们大多由控制电路中的元件来控制的，所以在分析时，还要回头来对照控制电路进行分析。

24.2.3.4　分析互锁与保护环节

机床对于安全性和可靠性有很高的要求，实现这些要求，除了合理地选择元器件和控制方案以外，在控制线路中还设置了一系列电气保护和必要的电气互锁。

24.2.3.5　总体检查

经过"化整为零"，逐步分析了每一个局部电路的工作原理以及各部分之间的控制关系之后，还必须用"集零为整"的方法，检查整个控制线路，看是否存在遗漏，特别要从整体的角度去进一步检查和理解各控制环节之间的联系，理解电路中每个元器件所起的作用。

24.2.4　TK1640 数控车床电气控制电路分析

电气控制设备主要器件见表 24-2。

表 24-2　TK1640 数控车床电气控制设备主要器件

序　号	名　　称	规　　格	主　要　用　途	备　注
1	数控装置	HNC-21TD	控制系统	HCNC
2	软驱单元	HFD-2001	数据交换	HCNC
3	控制变压器	AC380/220V 300W	伺服控制电源、开关电源供电	HCNC
		/110V 250W	交流接触器电源	
		/24V 100W	照明灯电源	
4	伺服变压器	3P AC380/220 V2.5kW	伺服电源	HCNC
5	开关电源	AC220/DCMV145W	HNC-21TD、PLC 及中间继电器电源	明玮
6	伺服驱动器	HSV-16D030	X、Z 轴电动机伺服驱动器	HCNC
7	伺服电动机	GK6062-6AC31-FE（7.5N·m）	X 轴进给电动机	HCNC
8	伺服电动机	GK6063-6AC31-FE（11N·m）	Z 轴进给电动机	HCNC

24.2.4.1　机床的运动及控制要求

正如前述，TK1640 数控车床主轴的旋转运动由 5.5kW 变频主轴电动机实现，与机械变速配合得到低速、中速和高速三段范围的无级变速。Z 轴、X 轴的运动由交流伺服电动机带动滚珠丝杠实现，两轴的联动由数控系统控制。

加工螺纹由光电编码器与交流伺服电动机配合实现。除上述运动外，还有电动刀架的转位，冷却电动机的启、停等。

24.2.4.2 主回路分析

图 24-1 是 TK1640 数控车床电气控制中的 380V 强电回路。

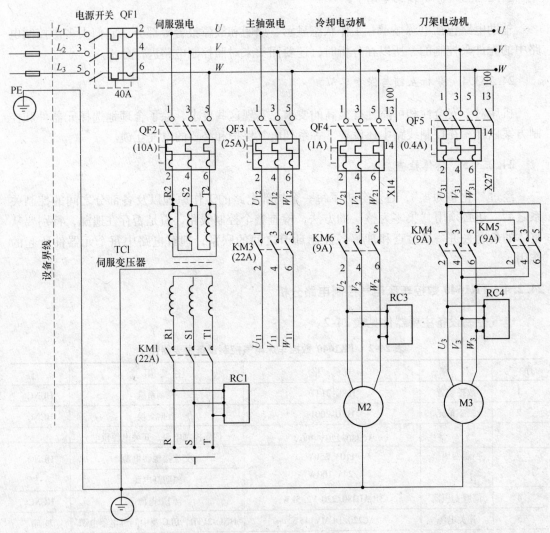

图 24-1　TK1640 强电回路

图 24-1 所示中 QF1 为电源总开关。QF3、QF2、QF4、QF5 分别为主轴强电、伺服强电、冷却电动机、刀架电动机的空气开关，它们的作用是接通电源及短路、过流时起保护作用；其中 QF4、QF5 带辅助触头，该触点输入到 PLC，作为 QF4、QF5 的状态信号，并且这两个空开的保护电流为可调的，可根据电动机的额定电流来调节空开的设定值，起到过流保护作用。KM3、KM1、KM6 分别为主轴电动机、伺服电动机、冷却电动机交流接触器，由它们的主触点控制相应电动机；KM4、KM5 为刀架正反转交流接触器，用于控制刀

架的正反转。TC1 为三相伺服变压器，将交流 380V 变为交流 200V，供给伺服电源模块。RC1、RC3、RC4 为阻容吸收，当相应的电路断开后，吸收伺服电源模块、冷却电动机、刀架电动机中的能量，避免产生过电压而损坏器件。

24.2.4.3 电源电路分析

如图 24-2 所示为 TK1640 数控车床电气控制中的电源回路图。图中 TC2 为控制变压器，初级为 AC380V，次级为 AC110V、AC220V、AC24V，其中 AC-110V 给交流接触器线圈和强电柜风扇提供电源；AC24V 给电柜门指示灯、工作灯提供电源；AC220V 通过低通滤波器滤波给伺服模块、电源模块、DC24V 电源提供电源；VC1 为 24V 电源，将 AC220V 转换为 DC24V 电源，给世纪星数控系统、PLC 输入/输出、24V 继电器线圈、伺服模块、电源模块、吊挂风扇提供电源；QF6、QF7、QF8、QF9、QF10 空气开关为电路的短路保护。

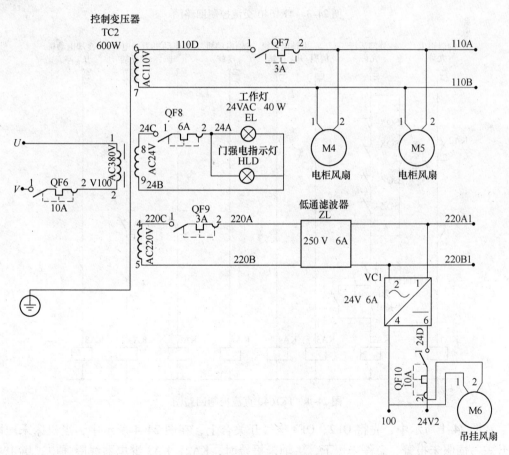

图 24-2 TK1640 电源回路图

24.2.4.4 控制电路分析

A 主轴电动机的控制

如图 24-3、图 24-4 所示分别为交流控制回路图和直流控制回路图。

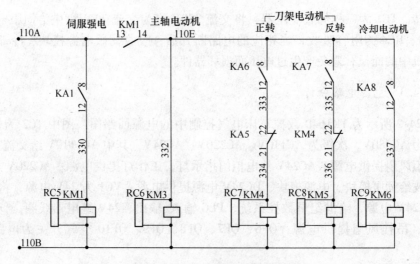

图 24-3　TK1640 交流控制回路图

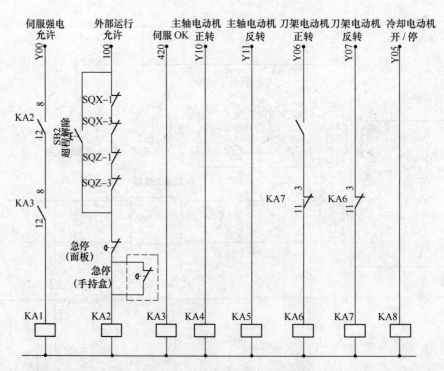

图 24-4　TK1640 直流控制回路图

在图 24-1 所示中，先将 QF2、QF3 空气开关合上，在图 24-4 所示中，当机床未压限位开关、伺服未报警、急停未压下、主轴未报警时，KA2、KA3 继电器线圈通电，继电器触点吸合，并且 PLC 输出点 Y00 发出伺服允许信号，KA1 继电器线圈通电，继电器触点吸合，在图 24-3 所示中，KM1 交流接触器线圈通电，交流接触器触点吸合，KM3 主轴交流接触器线圈通电，在图 24-1 所示中交流接触器主触点吸合，主轴变频器加上 AC380V 电压；若有主轴正转或主轴反转及主轴转速指令时（手动或自动），在图 24-4 所示中，PLC 输出主轴正转 Y10 或主轴反转 Y11 有效、主轴转速指令输出对应于主轴转速的直流电压值

（0~10V）至主轴变频器上，主轴按指令值的转速正转或反转；当主轴速度到达指令值时，主轴变频器输出主轴速度到达信号给 PLC，主轴转动指令完成。

主轴的启动时间、制动时间由主轴变频器内部参数设定。

B　刀架电动机的控制

当有手动换刀或自动换刀指令时，经过系统处理转变为刀位信号，这时在图 24-4 所示中，PLC 输出 Y06 有效，KA6 继电器线圈通电，继电器触点闭合，在图 24-3 所示中，KM4 交流接触器线圈通电，交流接触器主触点吸合，刀架电动机正转；当 PLC 输入点检测到指令刀具所对应的刀位信号时，PLC 输出 Y06 有效撤销，刀架电动机正转停止；接着PLC 输出 Y07 有效，KA7 继电器线圈通电，继电器触点闭合，在图 24-3 所示中 KM5 交流接触器线圈通电，交流接触器主触点吸合，刀架电动机反转，延时一定时间后（该时间由参数设定），并根据现场情况作调整，PLC 输出 Y07 有效销，KM5 交流接触器主触点断开，刀架电动机反转停止，换刀过程完成。为了防止电源短路和电气互锁，在刀架电动机正转继电器线圈、接触器线圈回路中串入了反转继电器、接触器常闭触点，反转继电器、接触器线圈回路中串入了正转继电器、接触器常闭触点，如图 24-3 和图 24-4 所示。请注意，刀架转位选刀只能一个方向转动，取刀架电动机正转。刀架电动机反转时，刀架锁紧定位。

C　冷却电动机控制

当有手动或自动冷却指令时，这时在图 24-4 所示中 PLC 输出 Y05 有效，KA8 继电器线圈通电，继电器触点闭合，在图 24-3 所示中 KM6 交流接触器线圈通电，交流接触器主触点吸合，冷却电动机旋转，带动冷却泵工作。

24.3　知识拓展

机床电气控制系统的工艺设计。

24.3.1　电气设备总装接线图的设计与绘制

（1）功能类似的元件组合在一起。

（2）尽可能减少组件之间的连线数量，接线关系密切的控制电器置于同一组件中。

（3）强、弱电控制器分开，以减少干扰。

（4）力求整齐美观，外形尺寸、质量相近的电器元件组合在一起。

（5）便于检查与调试，将需经常调节、维护的元件和易损元件组合在一起。

24.3.2　电器元件布置图的设计与绘制

（1）一般监视器件布置在控制柜仪表板上，测量仪表布置在仪表板上部，指示灯布置在仪表板下部。体积大或较重的电器元件安装在控制柜下方；发热元件安装在控制柜上方。

（2）强弱电分开并注意屏蔽，防止外界干扰。

（3）布置元器件时，应留布线、接线、维修和调整操作的空间。

（4）电器元件的布置应考虑整齐、美观、对称，尽量使外形与结构尺寸相同的电器元件安装在一起，便于加工、安装和配线。

24.3.3　电器元件接线图的设计与绘制

（1）在接线图中，各电器元件的相对位置与实际安装的相对位置一致。

（2）所有电器元件及其接线座的标注应与电气控制电路图中标注相一致，采用同样的文字符号及线号。

（3）接线图与电气控制电路图不同，接线图应将同一电器元件中的各带电部分，如线圈、触点等画在一起，并用细实线框入。

（4）图中一律用细线条绘制，应清楚地表示出各电器元件的接线关系和接线去向。

（5）接线图中应清楚地标注配线用的各种导线的型号、规格、截面积及颜色。

（6）如果控制电路和信号电路进入控制柜的导线超过 10 根，则必须提供端子板或连接器件，动力电路和测量电路可以直接连接到电器元件的端子上。

（7）端子板上各接点按接线号顺序排列，并将动力线、交流控制线、直流控制线分类排开。

（8）对于板后配线的电器元件接线图应按控制板翻转后的方位绘制电器元件，以便施工、配线，但触点方向不能倒置。

24.3.4　电气控制柜及非标准零件的设计

（1）根据控制面板及柜内各电气部件的尺寸确定电气柜总体尺寸及结构方式。

（2）结构紧凑、外形美观，要与生产机械相匹配，应提出一定的装饰要求。

（3）根据控制面板及柜内电气部件的安装尺寸，设计柜内安装支架，并标出安装孔或焊接安装螺栓尺寸，或注明采用配作方式。

（4）为方便安装、调整及维修，应设计适当的开门方式。

（5）为利于柜内电器的通风散热，在柜体适当部位设计通风孔或通风槽。

（6）为便于电器柜的搬动，应设计合适的起吊勾、起吊孔、扶手架或柜体底部活动轮。

24.3.5　各类元件及材料清单的汇总

24.3.6　编写设计说明书及使用说明书

（1）拖动方案选择的依据及本设计的主要特点。

（2）主要参数的计算过程。

（3）设计任务书中各项技术指标的核算与评价。

（4）设备调试要求及调试方法。

（5）使用、维护要求及注意事项。

24.4　技能训练

题目 1：数控车床主轴电路的安装与调试

实际操作之前，老师可将伺服电路的主电源、控制电源、紧停信号等接好，为本次项目顺利进行做好准备工作，否则系统会产生伺服报警。

（1）认知主轴驱动系统，了解其组成与功能。

（2）检查元器件的质量是否完好，按图进行接线。

（3）对照电路图检查是否有掉线、错线，接线是否牢固。

（4）设置变频器的参数，调试系统。

（5）依次合上断路器，然后接通钥匙开关，按下 NC 启动按钮。

（6）在系统显示器上，输入 M03 或 M04、M05 指令，使主轴电动机运行/停止。

（7）进行断电操作，断电顺序与通电顺序相反。

考核与评价表

教学内容	评价要点	评 分 标 准	评价方式	考核方式	分数权重
学习情境 5	电路分析	正确分析线路原理	教师评价	答辩	0.2
	电路连接	按图接线正确、规范合理		操作	0.3
	调试运行	按照要求和步骤正确调试电路		操作	0.3
	工作态度	认真主动参与学习	小组成员互评	口试	0.1
	团队合作	具有团队合作的精神		口试	0.1

题目 2：数控机床变频器控制系统电路的安装与调试

1. 认知变频器，熟悉其端子功能，检查元器件的质量是否完好，按图进行接线

（1）三相电源线必须接主电路输入端子（L1、L2、L3），严禁接至主电路输出端子（U、V、W），否则会损坏变频器。

（2）变频器必须可靠接地。

（3）若在变频器运行后，改变接线操作，必须在电源切断 10min 以后，经万用表检测电压后进行。因为电源切断后，电容器会长期处于充电状态，所以非常危险。

2. 根据变频器面板说明，熟悉变频器的各按键功能

（1）利用变频器操作面板控制异步电动机。

（2）利用变频器操作面板的电位器旋钮控制电动机速度，利用外部正、反转按钮来控制电动机正转、反转以及停止。

（3）利用变频器操作面板的启动和停止按钮、外部电位器来控制主轴调速。

（4）利用外部电位器来控制电动机转速，利用外部正、反转按钮来控制电动机正转、反转以及停止。

考核与评价表

教学内容	评价要点	评 分 标 准	评价方式	考核方式	分数权重
学习情境 5	电路分析	正确分析线路原理	教师评价	答辩	0.2
	电路连接	按图接线正确、规范合理		操作	0.3
	调试运行	按照要求和步骤正确调试电路		操作	0.3
	工作态度	认真主动参与学习	小组成员互评	口试	0.1
	团队合作	具有团队合作的精神		口试	0.1

题目 3：数控系统的安装与上电/断电操作

（1）认知数控系统，了解其组成，在数控实验台或数控车床上安装数控系统。

（2）在数控实验台或数控车床上进行系统与伺服单元、主轴单元、MDI 单元、机床 I/O 接口、手摇脉冲发生器等外围设备的接线。

（3）根据数控实验台或数控车床通电、断电的顺序操作数控设备。

1）机床的电源（220V）。

2）伺服放大器的控制电源（200V）。

3）I/O Link 连接的从属 I/O 设备，显示器电源（DC 24V）；CNC 控制单元的电源。

考核与评价表

教学内容	评价要点	评 分 标 准	评价方式	考核方式	分数权重
学习情境 5	电路分析	正确分析线路原理	教师评价	答辩	0.2
	电路连接	按图接线正确、规范合理		操作	0.3
	调试运行	按照要求和步骤正确调试电路		操作	0.3
	工作态度	认真主动参与学习	小组成员互评	口试	0.1
	团队合作	具有团队合作的精神		口试	0.1

课 后 练 习

24-1　数控机床对进给驱动系统和主轴驱动系统的控制要求各是什么？有何区别？

24-2　简述伺服驱动系统的分类。

24-3　数控机床对进给驱动系统和主轴驱动系统的控制要求各是什么？有何区别？

24-4　简述伺服驱动系统的分类。

24-5　交流异步电动机的变频调速工作原理和特性是什么？

24-6　主轴为什么需要准停？有哪几种准停方法？

24-7　主轴为何要有进给功能？主轴如何实现进给功能？

24-8　光电编码器检测元件的特点是什么？

附录 电气图常用图形及文字符号

类别	名称	图形符号	文字符号	类别	名称	图形符号	文字符号
开关	单极控制开关		SA	接触器	常开主触头		KM
	手动开关一般符号		SA		常开辅助触头		KM
	三极控制开关		QS		常闭辅助触头		KM
	三极隔离开关		QS	时间继电器	通电延时（缓吸）线圈		KT
	三极负荷开关		QS		继电延时（缓放）线圈		KT
	组合旋钮开关		QS		瞬时闭合的常开触头		KT
	低压断路器		QF		瞬时断开的常闭触头		KT
	控制器或操作开关	后 前 2 1 0 1 2	SA		延时闭合的常开触头		KT
					延时断开的常闭触头		KT
接触器	线圈操作器件		KM		延时闭合的常闭触头		KT

类别	名称	图形符号	文字符号	类别	名称	图形符号	文字符号
时间继电器	延时断开的常开触头	或	KT	位置开关	常开触头		SQ
电磁操作器	电磁铁的一般符号	或	YA		常闭触头		SQ
	电磁吸盘		YH		复合触头		SQ
	电磁离合器		YC	按钮	常开按钮		SB
	电磁制动器		YB		常闭按钮		SB
	电磁阀		YV		复合按钮		SB
非电量控制的继电器	速度继电器常开触头		KS		急停按钮		SB
	压力继电器常开触头		KP		钥匙操作式按钮		SB
发电机	发电机		G				
	直流测速发电机		TG	热继电器	热元件		FR
白炽灯泡	信号灯（指示灯）		HL				
	照明灯		EL				
接插器	插头和插座	或	X 插头 XP 插座 XS		常闭触头		FR

类别	名称	图形符号	文字符号	类别	名称	图形符号	文字符号
中间继电器	线圈		KA	电动机	三相笼型异步电动机		M
	常开触头		KA		三相绕线转子异步电动机		M
	常闭触头		KA		他励直流电动机		M
电流继电器	过电流线圈	$I>$	KA		并励直流电动机		M
	欠电流线圈	$I<$	KA		串励直流电动机		M
	常开触头		KA	熔断器	熔断器		FU
	常闭触头		KA	变压器	单相变压器		TC
电压继电器	过电压线圈	$U>$	KV		三相变压器		TM
	欠电压线圈	$U<$	KV	互感器	电压互感器		TV
	常开触头		KV		电流互感器		TA
	常闭触头		KV		电抗器		L

参 考 文 献

［1］程龙泉. 电机与拖动［M］. 北京：北京理工大学出版社，2011.

［2］张华龙. 电机与电气控制技术［M］. 北京：人民邮电出版社，2008.

［3］杨建林. 机床电气控制技术［M］. 北京：北京理工大学出版社，2011.

［4］赵承荻，姚和芳. 电机与电气控制技术［M］. 北京：高等教育出版社，2006.

［5］夏燕兰. 数控机床电气控制［M］. 北京：机械工业出版社，2013.

［6］许廖. 工厂电气控制设［M］. 北京：机械工业出版社，1999.

［7］张运波，刘淑荣. 工厂电气控制技术［M］. 北京：高等教育出版社，2002.

［8］柴瑞娟. 西门子 PLC 编程技术及工程应用［M］. 北京：机械工业出版社，2006.

［9］胡学林. 电气控制与 PLC［M］. 北京：冶金工业出版社，1997.

［10］程周. 电气控制与 PLC 原理及应用［M］. 北京：电子工业出版社，2010.

［11］宫淑贞. 可编程控制器原理及应用［M］. 北京：人民邮电出版社，2002.

［12］孙平. 可编程控制器原理与应用［M］. 北京：高等教育出版社，2003.

［13］吴中俊，黄永红. 可编程序控制器原理及应用［M］. 北京：机械工业出版社，2005.

［14］SIMATIC S7-200 可编程控制器系统手册［M］. 西门子公司.

［15］中华人民共和国国家标准. 北京：中国标准出版社，2009.

冶金工业出版社部分图书推荐

书　名	作　者	定价(元)
现代企业管理(第2版)(高职高专教材)	李　鹰	42.00
Pro/Engineer Wildfire 4.0(中文版)钣金设计与 焊接设计教程(高职高专教材)	王新江	40.00
Pro/Engineer Wildfire 4.0(中文版)钣金设计与 焊接设计教程实训指导(高职高专教材)	王新江	25.00
应用心理学基础(高职高专教材)	许丽遐	40.00
建筑力学(高职高专教材)	王　铁	38.00
建筑CAD(高职高专教材)	田春德	28.00
冶金生产计算机控制(高职高专教材)	郭爱民	30.00
冶金过程检测与控制(第3版)(高职高专教材)	郭爱民	48.00
天车工培训教程(高职高专教材)	时彦林	33.00
机械制图(高职高专教材)	阎　霞	30.00
机械制图习题集(高职高专教材)	阎　霞	28.00
冶金通用机械与冶炼设备(第2版)(高职高专教材)	王庆春	56.00
矿山提升与运输(第2版)(高职高专教材)	陈国山	39.00
高职院校学生职业安全教育(高职高专教材)	邹红艳	22.00
煤矿安全监测监控技术实训指导(高职高专教材)	姚向荣	22.00
冶金企业安全生产与环境保护(高职高专教材)	贾继华	29.00
液压气动技术与实践(高职高专教材)	胡运林	39.00
数控技术与应用(高职高专教材)	胡运林	32.00
洁净煤技术(高职高专教材)	李桂芬	30.00
单片机及其控制技术(高职高专教材)	吴　南	35.00
焊接技能实训(高职高专教材)	任晓光	39.00
心理健康教育(中职教材)	郭兴民	22.00
起重与运输机械(高等学校教材)	纪　宏	35.00
控制工程基础(高等学校教材)	王晓梅	24.00
固体废物处置与处理(本科教材)	王　黎	34.00
环境工程学(本科教材)	罗　琳	39.00
机械优化设计方法(第4版)	陈立周	42.00
自动检测和过程控制(第4版)(本科国规教材)	刘玉长	50.00
金属材料工程认识实习指导书(本科教材)	张景进	15.00
电工与电子技术(第2版)(本科教材)	荣西林	49.00
计算机网络实验教程(本科教材)	白　淳	26.00
FORGE塑性成型有限元模拟教程(本科教材)	黄东男	32.00